普通高等教育电气工程与自动化（应用型）“十三五”规划教材

电力拖动基础

第2版

主　编　孙克军
副主编　常宇健　孙会琴
参　编　王素芝　石彦辉　闫彩红　安国庆

机 械 工 业 出 版 社

本书共分6章，内容包括电力拖动系统的动力学基础、直流电动机的电力拖动、三相异步电动机的电力拖动、三相同步电动机的电力拖动、电力拖动系统的过渡过程和电力拖动系统电动机的选择等。全书既注重电力拖动理论的分析，也注重工程实际的应用，具有内容充实、重点突出、可操作性强的特点。

本书是普通高等教育电气工程与自动化（应用型）“十三五”规划教材，可作为自动化类、电气类专业的教学用书，或供有关工程技术人员参考。

图书在版编目（CIP）数据

电力拖动基础/孙克军主编．—2版．—北京：机械工业出版社，2016.8（2024.9重印）
普通高等教育电气工程与自动化（应用型）“十三五”规划教材
ISBN 978-7-111-53727-4

Ⅰ.①电…　Ⅱ.①孙…　Ⅲ.①电力传动—高等学校—教材　Ⅳ.①TM921

中国版本图书馆CIP数据核字（2016）第096507号

机械工业出版社（北京市百万庄大街22号　邮政编码100037）
策划编辑：于苏华　责任编辑：于苏华　路乙达　聂文君
责任校对：陈　越　封面设计：张　静
责任印制：李　昂
北京捷迅佳彩印刷有限公司印刷
2024年9月第2版第9次印刷
184mm×260mm · 12.5印张 · 307千字
标准书号：ISBN 978-7-111-53727-4
定价：29.00元

凡购本书，如有缺页、倒页、脱页，由本社发行部调换

电话服务
服务咨询热线：010-88379833
读者购书热线：010-88379649

网络服务
机 工 官 网：www.cmpbook.com
机 工 官 博：weibo.com/cmp1952
教育服务网：www.cmpedu.com
金 书 网：www.golden-book.com

前　言

近年来，我国高等教育事业进入了蓬勃发展的时期，高等教育事业的发展推动了教学改革，开创了教材建设的新局面。本书就是在这种新形势下，为适应高等教育事业的发展，为电气类、自动化类专业而编写的。

本书第1版自2011年出版以来，已经使用了5年，在此期间电力拖动技术又有了较大发展。本书是根据教材使用情况及有关专业的需要，在第1版的基础上修订而成。

本书保留了大部分原有内容，对部分内容进行了修改、调整和补充。例如修改、补充了生产机械的负载转矩特性、串励直流电动机的电力拖动、短时工作制下电动机的选择等；补充了同步电动机的机械特性、同步电动机的电力拖动、短时工作制负载选择断续周期工作制电动机的方法等，而且还补充了部分习题答案。

本书是编者在总结多年教学工作经验的基础上，结合当前有关科技研究成果而编写的，力求做到传统技术与高新技术相结合，讲述基础理论与分析应用实例相结合。全书共分6章，内容包括电力拖动系统的动力学基础、直流电动机的电力拖动、三相异步电动机的电力拖动、三相同步电动机的电力拖动、电力拖动系统的过渡过程和电力拖动系统电动机的选择等。同时，本书编写团队还进行了课程思政探索，录制了相关视频。

本书的主要特点是以电力拖动系统中应用最广泛的他励直流电动机和三相异步电动机电力拖动为重点，侧重于基本理论和基本概念的阐述，并始终强调基本理论的实际应用。本书还适当增加了串励直流电动机的电力拖动和三相同步电动机的电力拖动等，并介绍了运用MATLAB仿真工具对电力拖动运行过程进行仿真分析的方法。书中打“*”号的部分是供选学的内容。

本书由孙克军任主编，常宇健、孙会琴任副主编，第1章由石彦辉编写，第2章由王素芝编写，第3章第3.1~3.3节由孙克军编写，第3章第3.4、3.5节由闫彩红编写，第4章由安国庆编写，第5章由常宇健编写，第6章由孙会琴编写。

在此，编者对关心本书出版、热心提出建议和提供资料的单位和个人一并表示衷心的感谢。由于编者水平有限，书中疏漏和不当在所难免，敬请广大读者见谅，并批评指正。

编　者

目　录

绪　论

1. 电力拖动系统的发展与应用

在现代工业生产、农业生产、交通运输、科学研究和日常生活等各个方面都广泛地使用着电能。因电能具有生产和变换比较经济、传输和分配比较容易、使用和控制比较方便等优点，从而成为国民经济中使用最普遍的一种能量，它已经成为人们用得最多的一种能源。

电能应用的一个重要方面就是利用电动机将电能转换成机械能为生产机械提供动力。在现代，几乎所有的生产机械都是由电动机来拖动的，例如各种机床、轧钢机、电梯、矿井提升机、球磨机、造纸机、纺织机械、印刷机械、化工机械、电力机车、压缩机、起重机、卷扬机、碾米机、水泵、电动工具和家用电器等，可以说是数不胜数。因此，电动机是一种在国民经济中起重要作用的电气设备。

用电动机拖动生产机械工作称为电力拖动（又称电气传动），由电动机来拖动生产机械的系统，称为电力拖动系统。一个完整的电力拖动系统一般是由电动机、传动机构、生产机械、控制设备和电源五部分组成。

众所周知，在现代化工业生产中，需要采用各种生产机械，而这些生产机械又必须由原动机来拖动。拖动生产机械的原动力及原动机可以是各种各样的，历史上就曾采用过人力、水力、风力、蒸汽、液压等拖动方式。尽管这些方式至今或多或少仍然还在沿用，但目前应用得最广泛的还是电力拖动。这是因为：①电能的传输和分配非常方便；②电动机的种类规格很多，它们具有各种各样的机械特性，能在很大程度上满足大多数生产机械的不同要求；③电力拖动系统的操作和控制比较简单，便于实现自动控制和远程操作等。因此，电力拖动在现代工业中得到了最广泛的应用。可以这样说，没有电力拖动，就没有现代工业。

电力拖动的发展，大体上经历了成组拖动、单机拖动和多电动机拖动三个阶段。所谓成组拖动，即用一台电动机拖动一根天轴，再经过传动带或绳索来分别拖动几台生产机械，这种拖动形式由于结构不合理，电动机性能不能充分发挥，而且效率很低、安全性能比较差，所以现在已经很少采用。单机拖动是用一台电动机来拖动一台生产机械，减少了中间传动机构，提高了效率，并可充分利用电动机的调速性能来满足生产机械的工艺要求。随着社会的进步和生产力的发展，一台生产机械往往具有许多运动机构，如仍用一台电动机来拖动，显然是不合适的。因此，人们开始采用了多台电动机来拖动运动机构较复杂的生产机械，即用一台电动机来拖动生产机械中某一个运动部件，这样也易实现自动化生产。所以，现代化电力拖动系统基本上是采用这种多电动机拖动形式。

随着科学技术的发展，尤其大功率电子元器件不断涌现及控制理论不断完善，加上微型计算机的广泛应用，使当今电力拖动已进入到一个自动化电力拖动系统崭新的阶段。然而，不论现代电力拖动系统结构如何复杂，从原理上讲，它们仍然由电动机、传动机构、生产机械、控制设备和电源等组成。

电力拖动系统按拖动生产机械的电动机类型，可分为直流电力拖动系统和交流电力拖动系统。

直流电力拖动系统的优点是系统的起动转矩大，在较大范围内能进行速度的平滑调节且控制简便。然而，由于直流电动机具有换向器和电刷，给运行带来了不少麻烦，如不能在易燃、易爆场合中使用等，所以限制了直流电力拖动向高速、大容量方向发展。尽管这样，直流电力拖动系统至今在各个工业传动中仍发挥着重要的作用。

由于交流电能具有输送方便，交流异步电动机的结构简单、价格便宜、维护方便，且能在高速及环境条件较恶劣场合下应用等优点，故交流电力拖动系统获得了极广泛的应用。但是，长期以来由于交流电力拖动的调速性能（如调速范围、调速精度、平滑性、过载能力）等指标都不及直流电力拖动系统，因此，在要求较高的调速系统中，交流电力拖动系统的应用曾一度受到限制。如今，由于电力电子技术飞速发展，出现了各种类型的整流及逆变电路，不但为直流电力拖动系统解决了可控制直流电源的问题，同时也为交流电力拖动系统提供了频率和电压可调的交流电源。交流调速系统现已广泛应用。

电力拖动自动化在新型电机、大功率半导体器件、大规模集成电路、电子计算机及现代控制理论发展的推动下，发生了巨大的变革，已由单机拖动自动化本身高层次的发展，扩展到生产过程与管理的自动化，数控机床、数控加工中心、智能机器人、自动化检测与运输技术等新型机电一体化产品不断涌现。特别要指出的是，随着计算机仿真技术的发展，特别是像 MATLAB 这样一些仿真软件的不断推出，为电力拖动系统的动态分析和静态分析提供了新颖的技术工具。可以相信，电力拖动系统与电力拖动自动化技术的发展和应用，必然会进入到一个划时代的新阶段。

2. 本课程的性质和任务

本课程是电气工程及其自动化专业的一门重要的专业技术基础课，学生在掌握了电路、电子、电机学等课程知识后，通过本课程学习，将获得由各种电动机所组成的电力拖动系统的基本理论，系统在各种运行状态时的静、动态特性与计算方法，并能掌握用工程方法正确地选择电动机的容量等基本技能，同时也为进一步学习本专业有关后续课程，如“自动控制系统”、“直流调速”、“交流调速”等准备必要的基础知识。

“电力拖动基础”课程的任务，就是要分析和研究电力拖动系统的运行特性、能量关系及工程运用等问题。而要分析和研究这类问题，首先就必须研究电力拖动动力学，即研究电力拖动系统内动力学规律、典型负载的机械特性、复杂系统的简化计算以及系统稳定运行的分析和判断等。其次，还必须分析交、直流电动机的机械特性，并结合负载的转矩特性（又称负载的机械特性），全面分析分别由直流电动机和三相交流电动机组成的拖动系统的运行。其中，既有电动、制动等各种稳定运行，又有包括起动、调速和制动过程在内的各种过渡过程。此外，还要对起动、制动及调速的设备进行分析。

在学习本课程时，要注意各章节之间相互的内在联系，力求达到融会贯通。认真做好每章思考题和习题是学好本课程的关键。另外，实验是必要的实践性教学环节，也应给予一定的重视。

第 1 章　电力拖动系统的动力学基础

1.1　电力拖动系统的组成

所谓的电力拖动系统，是指以电动机作为原动机拖动生产机械完成一定工艺要求的系统。电力拖动系统通常由电动机、传动机构、生产机械、控制设备和电源五部分组成，组成框图如图 1-1 所示。

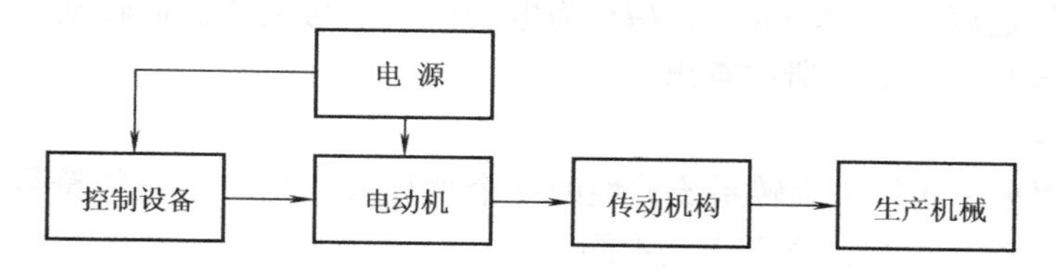

图 1-1　电力拖动系统组成框图

电动机将电能转变为机械能，拖动生产机械作旋转或直线运动。根据所采用的电动机类型不同，电力拖动系统可分为直流电力拖动系统和交流电力拖动系统。

传动机构是将电动机的运动经中间变速或变换运动方式后，再传给生产机械的工作机构。电动机与生产机械可以直接相连，但是，实际多数拖动系统中，电动机与生产机械并不同轴，而在二者之间设有传动机构，如蜗轮与蜗杆、减速箱等。

控制设备由各种电气元器件和装置组成，用来控制电动机使之按一定的规律运转，从而实现对生产机械的自动控制。

电源为电动机、控制设备提供电能。

1.2　电力拖动系统的运动方程式

1.2.1　单轴电力拖动系统的运动方程式

实际的电力拖动系统种类很多，最简单的电力拖动系统是电动机直接与生产机械同轴连接，组成所谓的单轴电力拖动系统，简称单轴系统，示意图如图 1-2 所示。

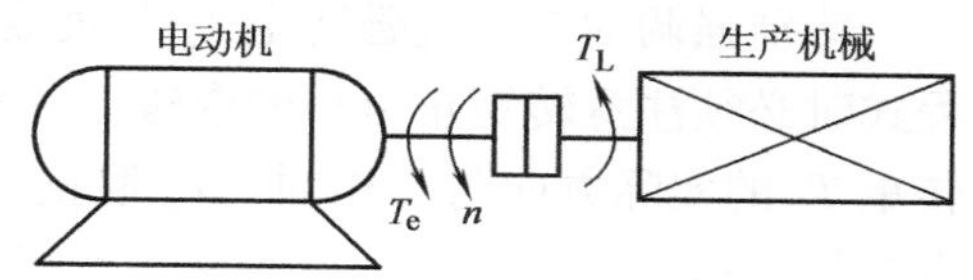

图 1-2　单轴电力拖动系统示意图

在图 1-2 中，n 为电动机的转速，T_e 为电动机的电磁转矩，T_L 为负载转矩。需要指出的是，为分析问题方便，在电力拖动系统中，通常指的负载转矩 $T_L = T_2 + T_0$（式中 T_2 为生产机械的转矩，T_0 为电动机本身的空载转矩），即将 T_0 归并在负载转矩 T_L 中，不再单独考虑。这样，作用在电动机轴上的转矩仅为：具有驱动性质的电磁转矩 T_e 与具有制动性质的负载转矩 T_L。根据刚体转动定律，则

$$T_e - T_L = J\frac{d\Omega}{dt} \tag{1-1}$$

式中，J 为转动部分的转动惯量，包括电动机的转动惯量和生产机械的转动惯量（$kg \cdot m^2$），它是衡量系统惯性作用的一个物理参数；Ω 为电动机的机械角速度（rad/s）。

在工程中，系统的惯性作用常用飞轮矩（或称飞轮惯量）GD^2 来表示。GD^2 和 J 的关系为

$$J = m\rho^2 = \frac{GD^2}{4g} \tag{1-2}$$

式中，m 为转动部分的质量（kg）；G 为转动部分的重力（N）；ρ 为转动部分的惯性半径（m）；g 为重力加速度，$g = 9.8 m/s^2$；GD^2 为电动机转子与生产机械转动部分的飞轮矩之和（$N \cdot m^2$），可从各自的产品手册中查出。

需注意的是：

1）GD^2 是用来描述整个旋转系统惯性的一个物理量，是一个完整符号，不能简单地理解为 G 和 D^2 的乘积。否则，意义完全不同。

2）如果从产品目录中查出的飞轮矩的单位是 $kg \cdot m^2$，则需乘以9.8。

由于工程上常用转速 n 而不用机械角速度 Ω 来描述电动机的转速，考虑到机械角速度 Ω 与转速 n 之间的关系为

$$\Omega = \frac{2\pi n}{60} \tag{1-3}$$

将式（1-2）、式（1-3）代入式（1-1），即得到单轴电力拖动系统运动方程式的实用形式如下：

$$T_e - T_L = \frac{GD^2}{375}\frac{dn}{dt} \tag{1-4}$$

由式（1-4）可知：

1）当 $T_e = T_L$ 时，$\frac{dn}{dt} = 0$，n = 常数，电动机静止或恒速旋转，拖动系统处于稳定运行状态。

2）当 $T_e > T_L$ 时，$\frac{dn}{dt} > 0$，电动机的转速升高，拖动系统处于加速暂态运行状态。

3）当 $T_e < T_L$ 时，$\frac{dn}{dt} < 0$，电动机的转速下降，拖动系统处于减速暂态运行状态。

特别强调的是，电磁转矩 T_e 与负载转矩 T_L 都是具有方向性的物理量，因此使用运动方程式时必须注意转矩正负号的取法。一般规定如下：首先取转速 n 的方向为正方向，若电磁转矩 T_e 的实际方向与 n 相同，T_e 取正号，反之取负号；而对于负载转矩 T_L，若 T_L 的实际方向与 n 相反，T_L 取正号，反之取负号。

1.2.2　多轴电力拖动系统的等效

在多数实际的电力拖动系统中，为了实现转速的匹配，电动机与生产机械之间往往通过

传动机构间接相连。这样，拖动系统就具有两根或两根以上不同转速的轴，故称为多轴电力拖动系统，简称多轴系统，如图 1-3a 所示。由图可知，该拖动系统的传动机构为两级齿轮减速机构，其减速比分别为 j_1、j_2，传动效率分别为 η_1、η_2；三根转轴的转速不相同，分别为 n、$n_1=n/j_1$、$n_L=n_1/j_2=n/(j_1j_2)$；三根轴上的转矩、飞轮矩也都不一样。若用单轴系统的运动方程式来研究其运行情况，就必须列写出每一根轴的运动方程式及各轴间相互关联的方程，然后联立求解，这显然相当复杂和麻烦。考虑到拖动系统研究的主要对象是电动机而不是每根轴上的问题，因此，为简化分析与计算，在实际工程中通常采用折算的方法，将多轴系统等效为一单轴系统，如图 1-3b 所示，然后再利用式（1-4）对多轴系统的静、动态问题进行分析研究。

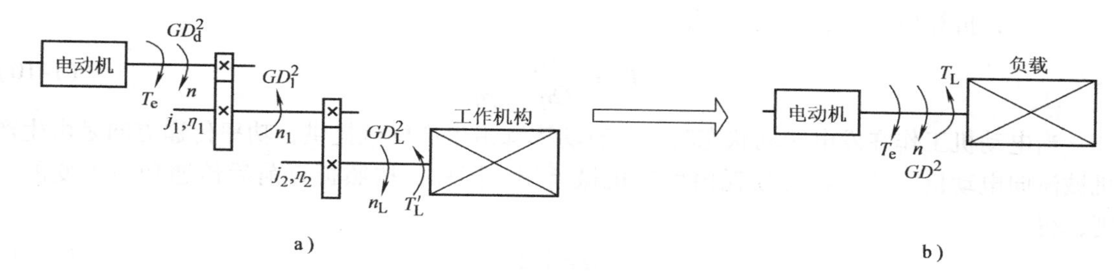

图 1-3　多轴电力拖动系统及其等效的单轴系统
a）多轴电力拖动系统　b）等效的单轴系统

折算的原则是：折算前后系统所传送的功率及所储存的动能不变。具体的折算包括负载转矩的折算和飞轮矩的折算。前者是指从系统已知的实际负载转矩计算出折算到电动机轴上的等效负载转矩；后者是指从已知的各传动轴上的飞轮矩计算出折算到电动轴上的总飞轮矩。由于这两种折算随生产机械工作机构运动形式的不同而不同，下面分三种情况来进行讨论。

1. 工作机构旋转运动时转矩与飞轮矩的折算

（1）负载转矩的折算

设图 1-3a 中工作机构的实际负载转矩为 T'_L，转速为 n_L，相应的角速度 $\Omega_L=2\pi n_L/60$，则工作机构的功率 P'_L 为

$$P'_L=T'_L\Omega_L \tag{1-5}$$

设折算到电动机轴上的负载转矩为 T_L，电动机轴的转速为 n，相应的角速度为 Ω，则折算到电动机轴上的功率 P_L 为

$$P_L=T_L\Omega \tag{1-6}$$

若忽略传动机构的功率损耗，按照折算前后功率不变的原则，于是有

$$P'_L=T'_L\Omega_L=P_L=T_L\Omega \tag{1-7}$$

因此，若忽略传动机构的功率损耗，则折算后的负载转矩 T_L 为

$$T_L=T'_L\frac{\Omega_L}{\Omega}=T'_L\frac{n_L}{n}=\frac{T'_L}{j} \tag{1-8}$$

式中，j 为传动机构的总转速比，$j=\Omega/\Omega_L=n/n_L$。

在多级传动机构中，j 等于各级传动轴转速比的乘积，即 $j=j_1j_2\cdots j_n$。显然，对于图 1-3a 所示的系统，$j=j_1j_2$。一般来说，由于大多数传动机构是减速的，所以 $j>1$。由此可见，从

功率不变的角度来看，工作机构轴上转速低，负载转矩 T'_L 较大，而折算到电动机轴上时，因其转速高，故等效负载转矩 T_L 较小。

实际上，在机械功率的传递过程中，传动机构存在着功率损耗，称为传动损耗。传动损耗可以用传动机构的效率 η 来描述。传动损耗到底是由电动机承担还是由生产机械承担，取决于功率传递的方向。

当电动机工作在电动状态时，由于电动机提供所有的功率，功率传递方向是从电动机流向生产机械，因此传动损耗自然由电动机承担。此时，按照折算前后传递功率不变的原则，得

$$T_L\Omega\eta = T'_L\Omega_L \tag{1-9}$$

于是，折算后的负载转矩 T_L 为

$$T_L = \frac{T'_L\Omega_L}{\Omega\eta} = \frac{T'_L}{j\eta} \tag{1-10}$$

当电动机工作在发电制动状态时，所有功率都由生产机械提供，功率传递方向是由生产机械流向电动机，此时传动损耗由生产机械承担。同样，按照折算前后传递功率不变的原则，得

$$T_L\Omega = T'_L\Omega_L\eta \tag{1-11}$$

因此，折算后的负载转矩 T_L 为

$$T_L = \eta\frac{T'_L\Omega_L}{\Omega} = \eta\frac{T'_L}{j} \tag{1-12}$$

需要注意的是，式（1-10）和式（1-12）中，η 为传动机构的总效率。在多级传动机构中，η 为各级传动部件效率的乘积，即 $\eta = \eta_1\eta_2\cdots\eta_n$。在图1-3a所示的系统中，$\eta = \eta_1\eta_2$。传动机构的效率可在相应的机械工程手册中查得。不同种类的传动机构，其传动效率通常不同。即便同一传动机构，若负载大小不同时，其传动效率也有所不同。因此，在工程中，一般采用满载效率来计算。

（2）飞轮矩的折算

设图1-3a中第一根轴（电动机轴）上的转动惯量为 J_d，第二根轴的转动惯量为 J_1，第三根轴（工作机构转轴）的转动惯量为 J_L，折算到电动机轴上的等效转动惯量为 J。按照折算前后系统储存动能不变的原则，有

$$\frac{1}{2}J\Omega^2 = \frac{1}{2}J_d\Omega^2 + \frac{1}{2}J_1\Omega_1^2 + \frac{1}{2}J_L\Omega_L^2 \tag{1-13}$$

所以，折算后的等效转动惯量 J 为

$$J = J_d + \frac{J_1}{\left(\frac{n}{n_1}\right)^2} + \frac{J_L}{\left(\frac{n}{n_L}\right)^2} \tag{1-14}$$

化简整理后得

$$J = J_d + \frac{J_1}{j_1^2} + \frac{J_L}{(j_1j_2)^2} \tag{1-15}$$

将 $J = \frac{GD^2}{4g}$ 代入式（1-15），可得到等效的单轴飞轮矩 GD^2 为

$$GD^2 = GD_d^2 + \frac{GD_1^2}{j_1^2} + \frac{GD_L^2}{(j_1 j_2)^2} \tag{1-16}$$

式中，GD_d^2 为电动机转子的飞轮矩与装在该轴上的齿轮飞轮矩之和；GD_1^2 为第二根轴上两个齿轮飞轮矩之和；GD_L^2 为第三根轴上工作机构飞轮矩与该轴齿轮飞轮矩之和。

由式（1-16）可知，各级飞轮矩折算到电动机轴上时，应除以电动机与该级之间转速比的二次方。因此，飞轮矩折算的一般形式为

$$GD^2 = GD_d^2 + \frac{GD_1^2}{j_1^2} + \frac{GD_2^2}{(j_1 j_2)^2} + \frac{GD_3^2}{(j_1 j_2 j_3)^2} + \cdots + \frac{GD_L^2}{j^2} \tag{1-17}$$

由于减速传动机构的转速比大于 1，所以由式（1-17）可见，在等效的单轴飞轮矩 GD^2 中，电动机转子本身的飞轮矩所占的比重较大，而工作机构轴上的飞轮矩的折算值占的比重较小；机械轴越远离电动机轴，其折算值越小，对电动机轴的影响就越小。因此，在实际工程中，通常采用下式来估算系统的等效飞轮矩，以减少折算的麻烦：

$$GD^2 = (1+\delta) GD_d^2 \tag{1-18}$$

式（1-18）中，GD_d^2 是电动机自身转子的飞轮矩；δ 为小于 1 的数，一般取 $\delta = 0.2 \sim 0.3$，若电动机轴上还有其他部件，则 δ 的值需加大。

2. 工作机构平移运动时转矩与飞轮矩的折算

图 1-4 所示为龙门刨床传动机构示意图，经多级齿轮减速后，再通过齿轮与齿条的啮合，电动机的旋转运动就变成工作台的平移运动。由于平移运动属于直线运动，所以其转矩和飞轮矩的折算与上述的旋转运动有所不同。

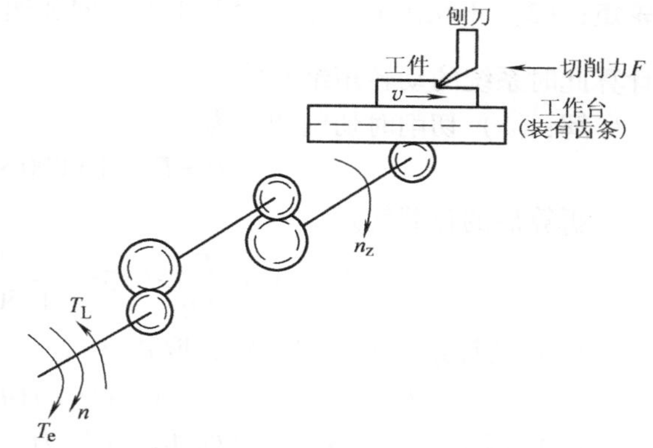

图 1-4　龙门刨床传动机构示意图

（1）转矩的折算

设切削时图 1-4 中工作台与工件的平移速度为 v(m/s)，工作机构做平移运动时受到的阻力（切削力）为 F(N)，则切削功率 P(W) 为

$$P = Fv \tag{1-19}$$

切削力 F 反映到电动机轴上表现为负载转矩 T_L，依据折算前后功率不变的原则，若不考虑传动损耗，则有

$$Fv = T_L \Omega \tag{1-20}$$

于是

$$T_L = \frac{Fv}{\Omega} = \frac{Fv}{2\pi n/60} = 9.55\frac{Fv}{n} \tag{1-21}$$

当考虑传动损耗时，由于传动机构的损耗是由电动机承担的，若设传动机构效率为 η，则有

$$T_L = 9.55\frac{Fv}{n\eta} \tag{1-22}$$

(2) 飞轮矩的折算

设作平移运动的物体总质量为 m_L，其重量 $G_L = m_L g$，所产生的动能为

$$\frac{1}{2}m_L v^2 = \frac{1}{2}\frac{G_L}{g}v^2 \tag{1-23}$$

设平移物体折算至电动机轴上的转动惯量为 J_L，根据折算前后动能相等的原则，有

$$\frac{1}{2}m_L v^2 = \frac{1}{2}J_L \Omega^2 \tag{1-24}$$

将 $J_L = \frac{GD_L^2}{4g}$、$\Omega = \frac{2\pi n}{60}$ 及式（1-23）代入式（1-24），即得到平移物体折算到电动机轴上的飞轮矩为

$$GD_L^2 = 365\frac{G_L v^2}{n^2} \tag{1-25}$$

需指出的是，系统传动机构中转动部分飞轮矩的折算与前面相同，系统总飞轮矩应为这两部分之和。

例1-1 某机床电力拖动系统如图1-4所示，已知切削力 $F = 10000\text{N}$，工作台与工件运动速度 $v = 0.8\text{m/s}$，传动机构效率 $\eta = 0.91$，交流电动机转速 $n = 1450\text{r/min}$，电动机的飞轮矩 $GD_d^2 = 200\text{N}\cdot\text{m}^2$。求：（1）切削时折算到电动机轴上的负载转矩；（2）估算系统的总飞轮矩；（3）不切削时，工作台及工件反向加速，电动机以 $\frac{\mathrm{d}n}{\mathrm{d}t} = 500\text{r/(min}\cdot\text{s}^{-1})$ 恒加速运行，计算此时系统的动转矩绝对值。

解：（1）切削时切削功率为

$$P = Fv = 10\,000 \times 0.8\text{W} = 8000\text{W}$$

折算后的负载转矩

$$T_L = 9.55\frac{Fv}{n\eta} = 9.55 \times \frac{8000}{1450 \times 0.91}\text{N}\cdot\text{m} = 57.9\text{N}\cdot\text{m}$$

（2）估算系统的总飞轮矩，取 $\delta = 0.2$

$$GD^2 \approx (1+\delta)GD_d^2 = (1+0.2)GD_d^2 = 1.2 \times 200\text{N}\cdot\text{m}^2 = 240\text{N}\cdot\text{m}^2$$

（3）不切削时，系统的动转矩绝对值为

$$T = \frac{GD^2}{375}\frac{\mathrm{d}n}{\mathrm{d}t} = \frac{240}{375} \times 500\text{N}\cdot\text{m} = 320\text{N}\cdot\text{m}$$

3. 工作机构做升降运动时转矩与飞轮矩的折算

有些生产机械的工作机构是做升降运动的，如电梯、起重机等。虽然升降运动与平移运动同属直线运动，但两者仍有区别。现以起重机为例来进行讨论。图1-5所示为起重机电力拖动示意图。

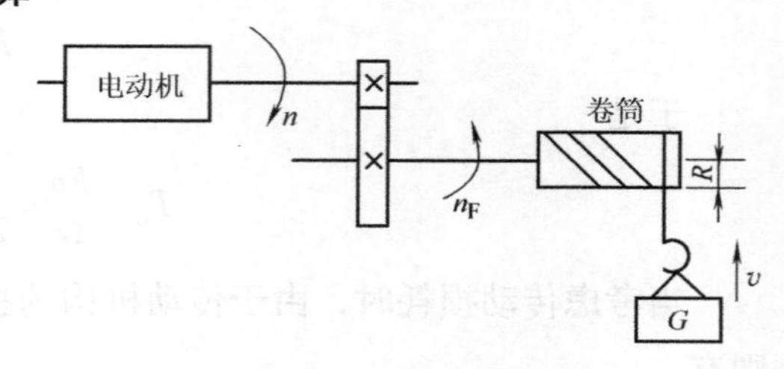

图1-5 起重机电力拖动示意图

(1) 转矩的折算

在图1-5中，当提升重物时，电动机工作在电动状态，功率的传递方向由电动机到负载；而当下放重物时，重物因重力作用拉着整个系

统反向运动，此时电动机工作在发电制动状态，所有的功率由负载提供，功率的传递方向由负载流向电动机。由于负载转矩的折算与功率传递方向密切相关，因此，提升重物和下放重物时负载转矩的折算值不同，需分别进行分析。

假设重物的重量为 $G=mg$，提升重物和下放重物时的速度均为 v，卷筒半径为 R，总转速比为 j。

1）提升重物。提升重物时，作用在卷筒轴上的负载转矩为 GR，若不计传动机构损耗，则折算到电动机轴上的负载转矩 T_L 为

$$T_L=\frac{GR}{j} \tag{1-26}$$

若考虑传动机构的损耗，则折算到电动机轴上的负载转矩 T_L 为

$$T_L=\frac{GR}{j\eta_c^{\uparrow}}=9.55\frac{Gv}{n\eta_c^{\uparrow}} \tag{1-27}$$

式中，$\eta_c^{\uparrow}$ 为提升重物时传动机构的效率。

由此可见，提升重物时，传动机构的损耗转矩 $\Delta T^{\uparrow}$ 为

$$\Delta T^{\uparrow}=\frac{GR}{j\eta_c^{\uparrow}}-\frac{GR}{j} \tag{1-28}$$

2）下放重物。下放重物时，重物对卷筒轴的负载转矩仍为 GR。若不计传动损耗，折算到电动机轴上的负载转矩仍为 GR/j，且负载转矩的方向也不变。

若考虑传动机构的损耗，则折算到电动机轴上的负载转矩 T_L 为

$$T_L=\frac{GR}{j}\eta_c^{\downarrow}=9.55\frac{Gv}{n}\eta_c^{\downarrow} \tag{1-29}$$

式中，$\eta_c^{\downarrow}$ 为下放重物时传动机构的效率。

下放重物时，传动机构的损耗转矩 $\Delta T^{\downarrow}$ 为

$$\Delta T^{\downarrow}=\frac{GR}{j}-\frac{GR}{j}\eta_c^{\downarrow} \tag{1-30}$$

当对同一重物提升和下放时，可认为传动机构的损耗相等，即 $\Delta T^{\uparrow}=\Delta T^{\downarrow}$，于是有

$$\eta_c^{\downarrow}=2-\frac{1}{\eta_c^{\uparrow}} \tag{1-31}$$

由式（1-31）可知，提升与下放同一重物时传动机构的效率不同。若提升时传动机构的效率 $\eta_c^{\uparrow}<0.5$，则下放时传动机构的效率 $\eta_c^{\downarrow}<0$，这说明下放重物时，重物重力产生的功率不足以克服传动机构的损耗，还需要电动机输出机械功率，以帮助重物下放。此时，称为强迫下放。如果电动机不提供下放方向的驱动，重物是掉不下来的，这种传动机构的自锁作用将会使电梯这类升降系统的运行更为安全。因此，在实际生产中，常采用高损耗的传动机构，如蜗轮蜗杆传动（其提升效率 $\eta_c^{\uparrow}$ 仅为 0.3～0.5），来使下放效率 $\eta_c^{\downarrow}$ 为负值，以达到安全保护的作用。

（2）飞轮矩的折算

由于升降运动和平移运动都属于直线运动，所以其飞轮矩的折算方法与平移运动相同。

例 1-2　由电动机与卷扬机组成的电力拖动系统如图 1-5 所示。设重物 $G=5000\text{N}$，当电动机的转速 $n=1000\text{r/min}$ 时，重物的上升速度 $v=2\text{m/s}$，电动机转子的转动惯量 $GD_d^2=78.4\text{N}\cdot\text{m}^2$，卷筒直径 $D_F=0.5\text{m}$，卷筒的转动惯量 $GD_F^2=74.48\text{N}\cdot\text{m}^2$，减速机构的转动惯量

和钢绳质量可以忽略不计，传动机构的效率 $\eta_c^{\uparrow}=0.95$。试求：(1) 使重物匀速上升时电动机转子轴上的输出转矩；(2) 整个系统折算到电动机轴上的总飞轮矩；(3) 使重物以 $1\mathrm{m/s^2}$ 的加速度上升时电动机转子轴上的输出转矩。

解：(1) 当重物匀速上升时，电动机转子轴上的输出转矩与折算到电动机轴上的负载转矩相等。

按照功率传递方向，于是有

$$T_L=9.55\frac{Gv}{n\eta_c^{\uparrow}}=9.55\times\frac{5000\times2}{1000\times0.95}\mathrm{N\cdot m}=100.5\mathrm{N\cdot m}$$

(2) 根据题意，卷筒的转速为

$$n_F=\frac{60v}{\pi D_F}=\frac{60\times2}{\pi\times0.5}\mathrm{r/min}=76.43\mathrm{r/min}$$

由于传动机构的总转速比 j 为

$$j=\frac{n}{n_F}=\frac{1000}{76.43}=13.084$$

所以折算到电动机转子轴上的总飞轮矩 GD^2 为

$$GD^2=GD_d^2+\frac{GD_F^2}{j^2}+365\frac{Gv^2}{n^2}=\left(78.4+\frac{74.48}{13.084^2}+365\frac{5000\times2^2}{1000^2}\right)\mathrm{N\cdot m^2}=86.135\mathrm{N\cdot m^2}$$

(3) 考虑到电动机的转速与提升重物速度之间的关系

$$n=n_Fj=\frac{60v}{\pi D_F}j$$

于是电动机的加速度与提升重物时的加速度之间的关系为

$$\frac{dn}{dt}=\frac{60}{\pi D_F}ja_L$$

因此，当重物以 $1\mathrm{m/s^2}$ 的加速度上升时电动机转子轴上的输出转矩为

$$T=T_L+\frac{GD^2}{375}\frac{dn}{dt}=T_L+\frac{GD^2}{375}\frac{60}{\pi D_F}ja_L$$

$$=\left(100.5+\frac{86.135}{375}\times\frac{60}{\pi\times0.5}\times13.084\times1\right)\mathrm{N\cdot m}=215.35\mathrm{N\cdot m}$$

1.3 生产机械的负载转矩特性

生产机械的转速 n 与对应的负载转矩 T_L 的关系式 $n=f(T_L)$ 称为生产机械的负载转矩特性（简称负载特性），又称为生产机械的机械特性（或负载的机械特性）。在生产实践中，生产机械工作机构的种类繁多，但大多数生产机械的负载转矩特性基本上可归纳为三大类典型特性，即恒转矩负载特性、恒功率负载特性和风机、泵类负载特性。

1.3.1 恒转矩负载的转矩特性

恒转矩负载特性是指生产机械的负载转矩 T_L 的大小与其转速 n 无关，当转速 n 变化时，

负载转矩 T_L 保持不变（即 T_L = 常数）。根据负载转矩的方向是否与转速的方向有关，恒转矩负载可进一步分为反抗性恒转矩负载和位能性恒转矩负载两大类。

1. 反抗性恒转矩负载

反抗性（又称摩擦性）恒转矩负载的特点是：负载转矩 T_L 的大小与转速 n 无关（即负载转矩 T_L 的大小不变），但其作用的方向总是与转速 n 的方向相反，即负载转矩总是阻碍电动机的运转。当电动机的旋转方向改变时，负载转矩的方向也随之改变，负载转矩始终是制动性质的转矩。

根据负载转矩正、负号的规定，对于反抗性恒转矩负载，当转速 n 为正时，负载转矩 T_L 与转速 n 的正方向相反，T_L 应为正，其负载特性曲线位于第Ⅰ象限；当转速 n 为负时，负载转矩 T_L 也应变为负，其负载特性曲线位于第Ⅲ象限，如图 1-6 所示，T_L 始终与 n 同正负。

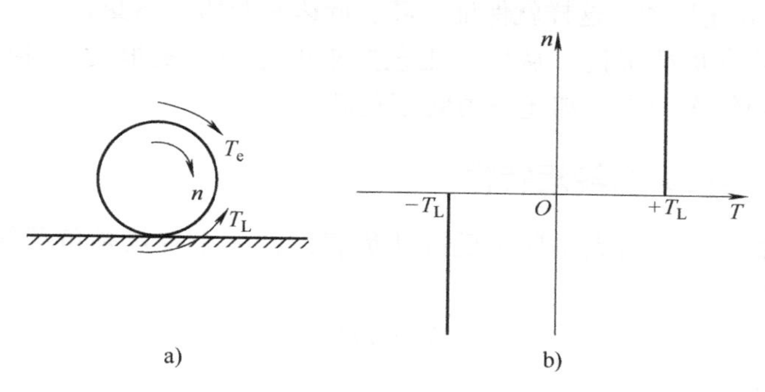

图 1-6　反抗性恒转矩负载的转矩特性曲线及其正方向
a）负载转矩正方向　b）反抗性恒转矩负载特性

属于这类特性的生产机械主要有：轧钢机、皮带运输机、机床的平移机构、电车在平道上行驶等由摩擦力产生转矩的负载。

2. 位能性恒转矩负载

位能性恒转矩负载的特点是：由于物体的重力等产生的负载转矩 T_L 的作用方向固定不变，所以 T_L 不随转速 n 方向的改变而改变。即负载转矩 T_L 的大小、方向均与转速 n 无关。起重机、卷扬机、电梯等提升类装置均为位能性恒转矩负载。当提升重物时，负载转矩为阻转矩，其作用方向与电动机转速方向相反；当下放重物时，负载转矩变为驱动转矩，其作用方向与电动机转速方向相同，促使电动机旋转，帮助重物下放。

假设提升重物时 n 为正方向，下放重物时 n 为负方向，根据负载转矩正、负号的规定，不论电动机是做提升还是下放运动，由重物重力产生的负载转矩始终为正，显然相应的转矩特性曲线分别位于第Ⅰ、Ⅳ象限，如图 1-7 所示。

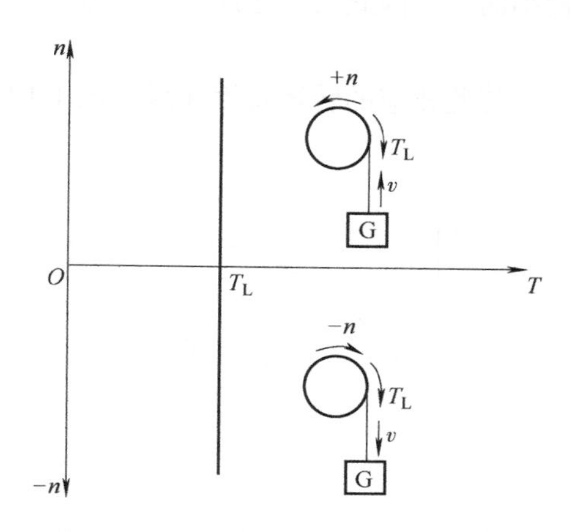

图 1-7　位能性恒转矩负载的转矩特性曲线

1.3.2 恒功率负载的转矩特性

恒功率负载的方向特点是属于反抗性负载，其大小特点是当转速 n 变化时，负载从电动机吸收的功率为恒定值（即 $P_L = T_L\Omega = T_L\dfrac{2\pi n}{60} = \dfrac{2\pi}{60}T_L n =$ 常数），所以

$$T_L = \frac{P_L}{\Omega} = \frac{60P_L}{2\pi n} = 9.55\frac{P_L}{n} \tag{1-32}$$

由式（1-32）可知，恒功率负载的转矩 T_L 与转速 n 成反比，其转矩特性曲线如图1-8所示。具有这一特性的生产机械有车床、刨床等。

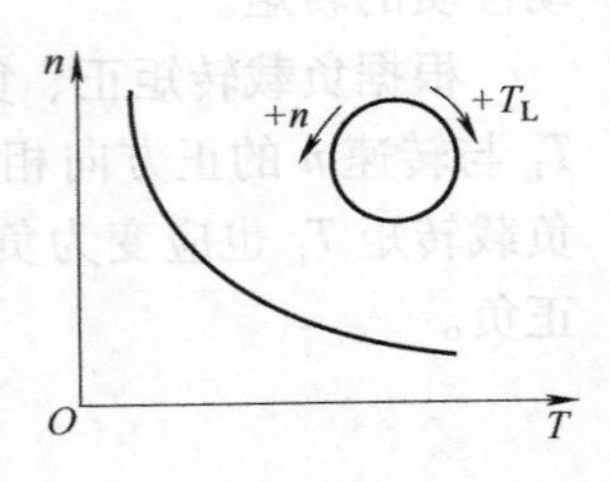

图1-8 恒功率负载的转矩特性曲线

例如，车床具体到每次切削的切削转矩都属于恒转矩负载。但是根据工艺要求，在进行粗加工时，切削量大，切削阻力矩（T_L）也大，所以要低速切削；而在进行精加工时，切削量小，切削阻力矩（T_L）也小，所以要高速切削。这样就保证了高、低速时的功率不变。

显然，对于恒功率负载来说，从生产工艺要求的总体看是恒功率负载，但是具体到每次加工，却还是恒转矩负载。

1.3.3 风机、泵类负载的转矩特性

风机、泵类负载的方向特点是属于反抗性负载，其大小特点是负载转矩 T_L 的大小与转速 n 的二次方成正比，即

$$T_L = kn^2 \tag{1-33}$$

式中，k 为比例常数。

常见的风机、泵类负载有通风机、水泵、油泵和螺旋桨等，其转矩特性曲线如图1-9所示。由式（1-33）和图1-9可知，风机、泵类负载的转矩特性曲线为一条抛物线。

必须指出，上述介绍的三种典型的负载转矩特性都是从实际生产机械中概括抽象而来的，而实际生产机械的负载转矩特性往往以某种典型特性为主或是某几种典型特性的组合。例如，实际的通风机（或水泵）主要是风机、泵类负载转矩特性，但是轴上还有轴承摩擦产生的摩擦转矩 T_0，而轴承摩擦又是反抗性恒转矩负载的转矩特性，只是运行时后者数值较小而已。因此实际通风机（或水泵）的负载转矩特性的数学表达式应为

$$T_L = T_0 + kn^2 \tag{1-34}$$

与此相应的转矩特性曲线如图1-10中的曲线2所示。

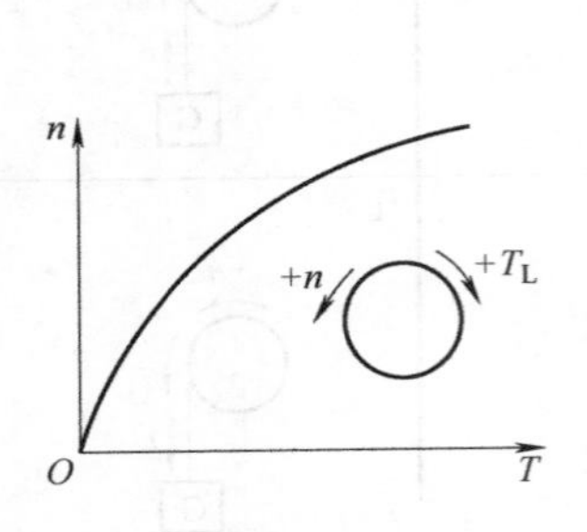

图1-9 风机、泵类负载的转矩特性曲线

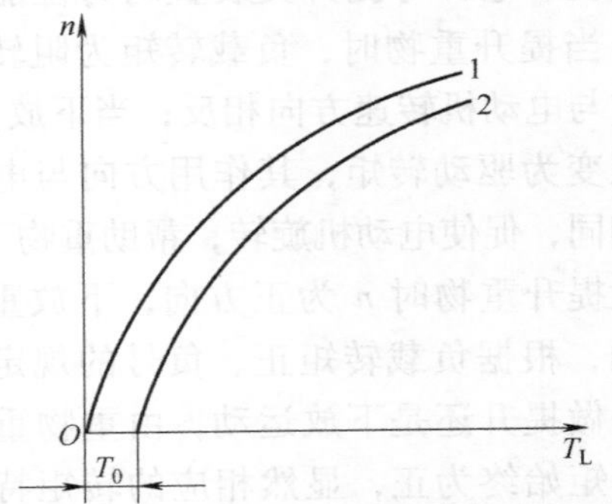

图1-10 实际风机、泵类负载的转矩特性曲线

1.4　电力拖动系统稳定运行的条件

1.4.1　电力拖动系统的平衡状态

由电力拖动系统的运动方程式可知，系统的运行状态既取决于电动机的机械特性，又取决于生产机械的负载转矩特性。这两种特性的任意配合，是否都能使拖动系统稳定运行呢？要回答此问题，可将这两条特性曲线绘制在同一坐标平面上，如图 1-11 所示。曲线 1 是他励直流电动机的机械特性 $n=f(T_e)$，曲线 2 是恒转矩负载的转矩特性 $n=f(T_L)$，这两条曲线的交点 A 称为系统的运行点或工作点。在运行点 A 处由于满足 $T_e=T_L$，系统以恒速运行，称该拖动系统在 A 点处于平衡状态。

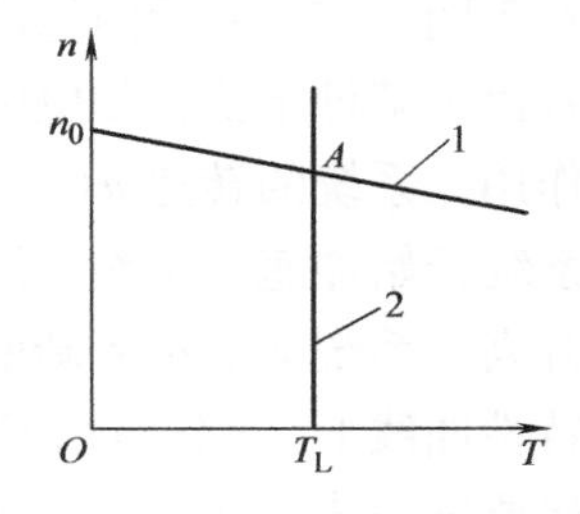

图 1-11　电力拖动系统的平衡状态

1.4.2　电力拖动系统的稳定平衡状态

对于原来处于平衡状态的电力拖动系统，如果在运行过程中，电动机的机械特性和负载转矩保持不变，则这种平衡状态会一直持续下去。但是，系统在实际运行中，不可避免地会受到各种干扰的影响，如电网电压的波动、负载的变化等，其结果必将使系统偏离原来的平衡状态。若系统能够在新的条件下自动达到新的平衡，或者在干扰消失后能够恢复到原来的平衡状态，则称该系统原来的平衡状态是稳定平衡状态，即系统是稳定的；若系统不能自动地达到新的平衡或者在干扰消失后无法回到原来的平衡状态，则称系统原来的状态为不稳定的平衡状态，即系统是不稳定的。

现以图 1-12 所示的两种情况为例来进行讨论，并设负载均是恒转矩负载。

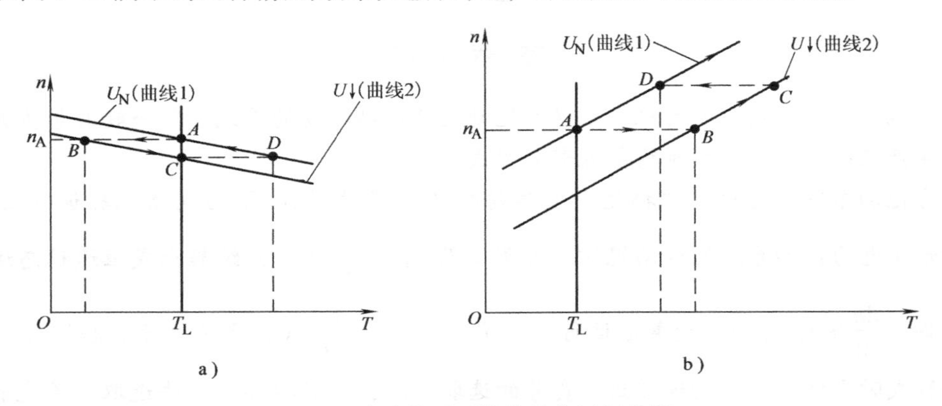

图 1-12　电力拖动系统的稳定运行分析
a) 电力拖动系统的稳定平衡状态　b) 电力拖动系统的不稳定平衡状态

设拖动系统原来运行在图 1-12a 中的 A 点，由于某种干扰，如电网电压的突然下降，电动机的机械特性平行下移至曲线 2。在电压突变的瞬间，由于拖动系统存在很大的机械惯性，系统的转速 $n(=n_A)$ 不能突变，电动机的电枢电动势 E_a 也保持不变，于是，系统的工作点由 A 点跳变到 B 点，此时对应的电磁转矩 $T_e<T_L$，系统开始减速，工作点从 B 点开始

沿特性曲线2向下移动，最终稳定运行于 C 点，此时系统处于新的平衡状态。

若电网电压恢复到 U_N，电动机的机械特性曲线又上移至曲线1，同样可认为系统的转速 n 不能突变，于是，系统的工作点由 C 点突跳到 D 点，此时由于 $T_e > T_L$，根据动力学方程式可知，系统自然要加速，于是工作点沿特性曲线1上升，最终又重新回到 A 点。即一旦扰动消失后，系统能够回到原来的平衡状态。

由此可见，图1-12a所示的拖动系统在 A 点是稳定的平衡状态，系统能够稳定运行。

对于图1-12b所示的拖动系统，设原来也运行在 A 点，此时 $T_e = T_L$，系统处于平衡状态。若由于某种干扰，如电网电压的突然下降，电动机的机械特性平行下移至曲线2。由于惯性作用，系统的转速 $n(=n_A)$ 不能突变，工作点由 A 点跳变到 B 点，此时，由于 $T_e > T_L$，系统开始加速，工作点沿特性曲线2向上移动，电动机的电磁转矩 T_e 越来越大，转速 n 不断升高，系统无法进入新的平衡状态。即便干扰消失，电网电压恢复到 U_N，机械特性恢复到特性曲线1，工作点由 C 点跳变至 D 点，由于此时 $T_e > T_L$，根据动力学方程式，拖动系统仍然要进一步加速，工作点将向远离 A 点的方向运行，不可能回到原来的平衡点 A，且最终由于转速的不断升高使得转轴或工作机构损坏。可见，图1-12b所示的拖动系统在 A 点是不稳定的平衡状态，系统不能稳定运行。

1.4.3 电力拖动系统的稳定运行条件

通过上述分析可知：对于恒转矩负载，只要电动机具有下降的机械特性，电力拖动系统就能稳定运行；否则，若电动机具有上升的机械特性，系统将不能稳定运行。

对于其他类型的负载，可由动力学方程式的分析，得出一般电力拖动系统稳定运行的充要条件：电动机的机械特性与生产机械的负载转矩特性必须有交点，且在该交点处应满足

$$\frac{dT_e}{dn} < \frac{dT_L}{dn} \tag{1-35}$$

本章小结

电力拖动系统是指由电动机提供动力拖动生产机械运动的系统。它一般由电动机、传动机构、生产机械、电源和控制设备五部分组成。

电力拖动系统的运动方程描述了电磁转矩 T_e、负载转矩 T_L 与电动机转速 n 之间的关系，揭示了电力拖动系统的运动规律。当 $T_e = T_L$ 时，$\frac{dn}{dt}=0$，系统静止或恒速稳态运行；当 $T_e > T_L$ 时，$\frac{dn}{dt}>0$，系统加速暂态运行；当 $T_e < T_L$ 时，$\frac{dn}{dt}<0$，系统减速暂态运行。使用该运动方程式时需注意：各物理量正、负号的选取问题，一般按如下方法选取：首先取转速 n 的方向为正方向，若电磁转矩 T_e 的实际方向与 n 相同，T_e 取正号，反之取负号；而对于负载转矩 T_L，若 T_L 的实际方向与 n 相反，T_L 取正号，反之取负号。

最简单的电力拖动系统是单轴系统，而实际多数电力拖动系统是复杂的多轴系统。为简化多轴系统的分析计算，通常采用折算方法将多轴系统等效为一单轴系统，该单轴一般是指电动机的转子轴。折算的原则是折算前后系统传递的功率及储存的动能不变。具体的折算包括负载转矩的折算和飞轮矩的折算，且二者的折算随工作机构运动形式的不同而不同。

与电动机的机械特性相同，负载转矩与转速之间的关系称为负载的转矩特性。典型的负载有恒转矩负载、恒功率负载和风机、泵类负载三大类。其中，恒转矩负载根据负载转矩的方向是否与转速方向有关，可进一步分为反抗性恒转矩负载和位能性恒转矩负载。

系统的稳定运行是指当系统受到外部干扰（如电网电压的波动、负载的变化等）时，系统偏离原来的平衡状态。若系统能够在新的条件下自动达到新的平衡，或者在干扰消失后能够恢复到原来的平衡状态，则该电力拖动系统能稳定运行；若系统不能自动地达到新的平衡或者在干扰消失后无法回到原来的平衡状态，则该系统不能稳定运行。电力拖动系统稳定运行的条件：电动机的机械特性与生产机械的负载转矩特性必须有交点，且在该交点处满足 $\frac{dT_e}{dn}<\frac{dT_L}{dn}$。

思考题与习题

1-1　什么是电力拖动系统？它由哪几部分组成？各部分的功能是什么？

1-2　电力拖动系统的运动方程式是什么？试说明方程式中电磁转矩 T_e、负载转矩 T_L 与转速 n 正、负的规定以及如何根据运动方程式分析系统的运动规律。

1-3　何谓飞轮矩 GD^2、转动惯量 J？二者之间的关系是什么？

1-4　在研究电力拖动系统时，为什么要把多轴电力拖动系统等效为单轴电力拖动系统？等效时需对哪些物理量进行折算？折算的原则是什么？

1-5　起重机提升和下放重物时，传动机构的损耗是由电动机承担还是由重物位能承担？提升和下放同一重物时，传动机构的效率是否相等？

1-6　什么是生产机械的负载转矩特性？一般分为哪几种基本类型？各有什么特点？请举例说明。

1-7　什么是电力拖动系统的稳定运行？电力拖动系统稳定运行的条件是什么？

1-8　某起重机电力拖动系统示意图如图 1-13 所示。电动机 $P_N=20kW$，$n_N=950r/min$，传动机构转速比 $j_1=3$，$j_2=3.5$，$j_3=4$，各级齿轮传递效率 $\eta_1=\eta_2=\eta_3=0.95$，各轴的飞轮矩，$GD_1^2=125N\cdot m^2$，$GD_2^2=50N\cdot m^2$，$GD_3^2=40N\cdot m^2$，$GD_4^2=460N\cdot m^2$，卷筒直径 $D=0.5m$，吊钩重 $G_0=1900N$，被吊重物 $G=49000N$，忽略电动机空载转矩、钢丝绳重量和滑轮传递的损耗。试求：

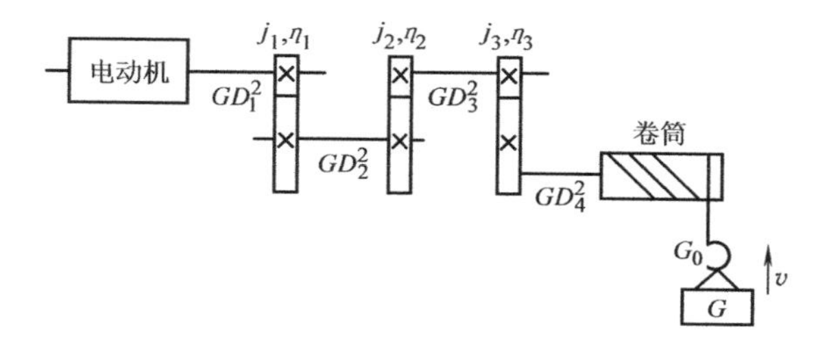

图 1-13　题 1-8 附图

（1）以速度 $v=0.3m/s$ 提升重物时，负载（重物及吊钩）转矩、卷筒转速、电动机输出功率及电动机的转速；

（2）负载的飞轮矩及折算到电动轴上的系统总飞轮矩；

（3）以加速度为 $0.1m/s^2$ 提升重物时，电动机输出的转矩。

1-9　某龙门刨床的主传动机构示意图如图 1-14 所示。齿轮 1 与电动机直接连接，各齿轮数据见表 1-1。刨床的切削力 $F_z=9800N$，切削速度 $v_z=45m/min$，传动机构总效率 $\eta_c=0.8$，齿轮 6 的节距 $t_6=$

20mm，电动机的飞轮矩 $GD_d^2=230\text{N}\cdot\text{m}^2$，工作台与床身的摩擦系数 $\mu=0.1$。试求：

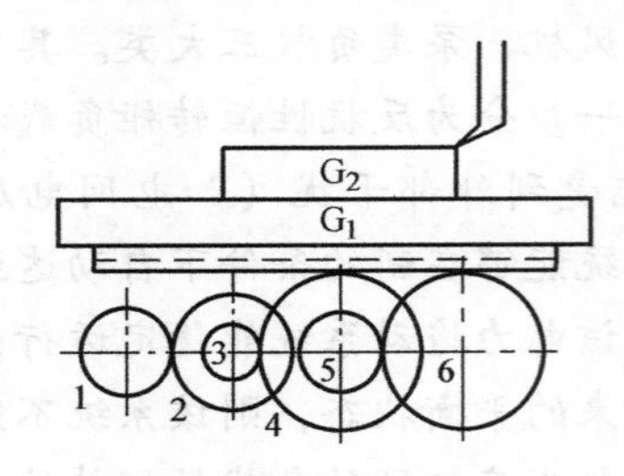

图 1-14　题 1-9 附图

（1）折算到电动机轴上的系统总飞轮矩及负载转矩；

（2）切削时电动机的输出功率。

表 1-1　传动机构各齿轮数据

序　　号	名　　称	GD^2/（N·m²）	重量/N	齿　　数
1	齿轮	8.30		30
2	齿轮	40.25		55
3	齿轮	19.50		38
4	齿轮	56.80		64
5	齿轮	37.50		30
6	齿轮	137.20		75
G_1	工作台		14 700	
G_2	工件		9800	

第 2 章　直流电动机的电力拖动

直流电动机以其良好的起动性能和调速性能，广泛应用于对起动和调速性能要求较高的生产机械上。因此，对直流电力拖动系统的研究，不但具有理论意义，还具有一定的实用价值。

本章先研究他励直流电动机的机械特性，然后分析其起动、制动与调速的方法及特点，在第 2.5 节中将介绍串励直流电动机的机械特性及运转状态，最后介绍基于 MATLAB 平台设计的直流电动机机械特性的绘制和电动机起动过程的仿真。

2.1　他励直流电动机的机械特性

直流电动机的机械特性是指在电枢电压、励磁电流、电枢回路电阻为恒值的条件下，电动机的转速 n 与电磁转矩 T_e 的关系 $n=f(T_e)$；由于转速和转矩都是机械量，因而把它称为机械特性。利用机械特性和负载转矩特性可以确定系统的稳态转速，分析系统的运行情况。因此，电动机的机械特性是研究电动机拖动性能的主要工具，是电动机最重要的特性之一。

2.1.1　机械特性方程式

图 2-1 所示为他励直流电动机的电气原理图。图中 U 为外施电源电压，U_f 是励磁电压，E_a 是电枢电动势，I_a 是电枢电流，I_f 是励磁电流，R_a 是电枢电阻（包含电枢绕组电阻和电刷接触电阻），R_Ω 是电枢外串电阻，R_f 是励磁绕组电阻，$R_{\Omega f}$是励磁电路外串电阻。按图中所标明的各个物理量的正方向，可列出电枢回路的电动势平衡方程式如下：

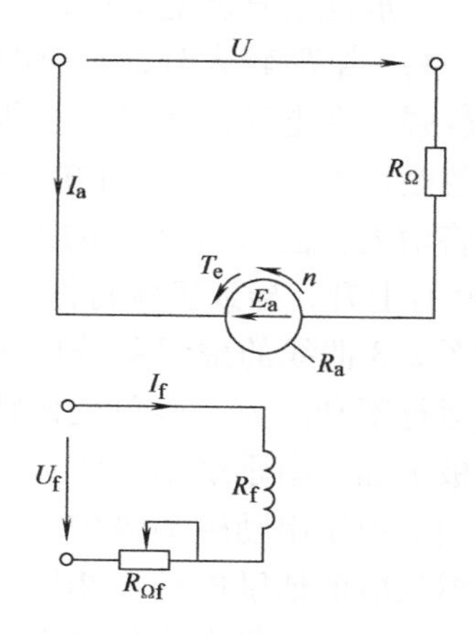

图 2-1　他励直流电动机的电气原理图

$$U=E_a+I_aR \tag{2-1}$$

式中，R 为电枢回路总电阻，$R=R_a+R_\Omega$。

将电动势 $E_a=C_e\Phi n$ 及电磁转矩 $T_e=C_T\Phi I_a$ 代入式(2-1)中，整理后可得他励直流电动机的机械特性方程式如下：

$$\begin{aligned} n &= \frac{U}{C_e\Phi}-\frac{R}{C_eC_T\Phi^2}T_e \\ &= n_0-\beta T_e \end{aligned} \tag{2-2}$$

式中，n_0 为直流电动机的理想空载转速，$n_0=\dfrac{U}{C_e\Phi}$；β 为机械特性的斜率，$\beta=\dfrac{R}{C_eC_T\Phi^2}$；$C_e$ 为电动势常数；C_T 为转矩常数，$C_T=9.55C_e$。

由式（2-2）可知，当U、Φ、R为常数时，机械特性是一条以β为斜率向下倾斜的直线，如图2-2所示。从机械特性图上可看出，转速n随转矩T_e的增大而降低，这说明电动机加载后转速会有一些降落。

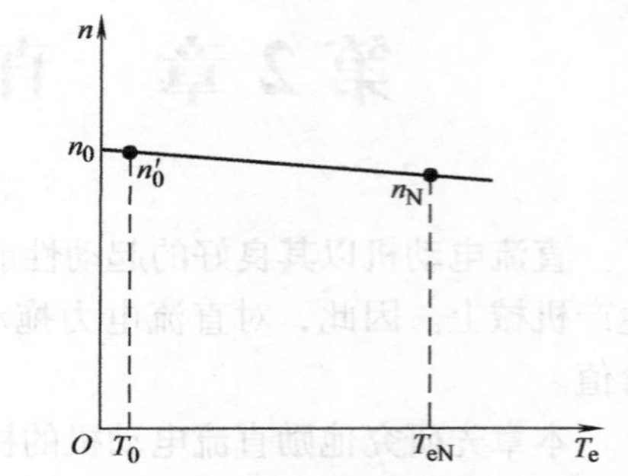

图2-2 他励直流电动机的机械特性

关于他励直流电动机的机械特性，有以下几点需要说明：

1）机械特性方程式中的U、Φ、R是可调参变量，改变其中任一参数，机械特性随之变化。

2）$T_e=0$是电动机的理想空载状态，所以n_0是理想空载转速；电动机实际空载时，轴上有一个很小的阻转矩，即空载转矩T_0；稳态时，$T_e=T_0$，所以电动机实际的空载转速n_0'为

$$n_0'=n_0-\frac{R}{C_e C_T \Phi^2}T_0 \tag{2-3}$$

由式（2-3）可知，n_0'略小于n_0，即实际空载转速略低于理想空载转速。

3）特性斜率$\beta=\frac{R}{C_e C_T \Phi^2}$。$\beta$越小，特性越平，这样的机械特性称作硬特性；$\beta$越大，特性越陡，这样的特性叫作软特性。

式（2-2）中的第二项$\beta T_e=n_0-n=\Delta n$，称作转速降，是电动机由理想空载到某一负载时所引起的转速变化。在一定负载转矩下，特性越软，β越大，转速降Δn越大。

一般他励直流电动机，当电枢无外串电阻时，由于R_a很小，所以机械特性很硬。

4）当T_e较大时，对应的电枢电流I_a较大，电枢反应较强，在电动机无稳定绕组的情况下，其去磁作用不可忽略；由式（2-2）可知，当磁通Φ减小时，n_0及Δn都将增大，但n_0增大后的效果起决定作用，因此，使得n略有上升，导致机械特性曲线在负载大时呈上翘现象，如图2-3曲线的虚线部分所示。这种现象对电动机的稳定运行不利。为了避免机械特性的上翘，可在电动机主磁极上加一串励绕组，使其磁动势抵消电枢反应的去磁作用。由于串励磁动势较弱，且其机械特性又与不考虑电枢反应的他励电动机相同，因此加装了串励绕组的这种直流电动机仍视为他励直流电动机，是具有稳定绕组的他励直流电动机。

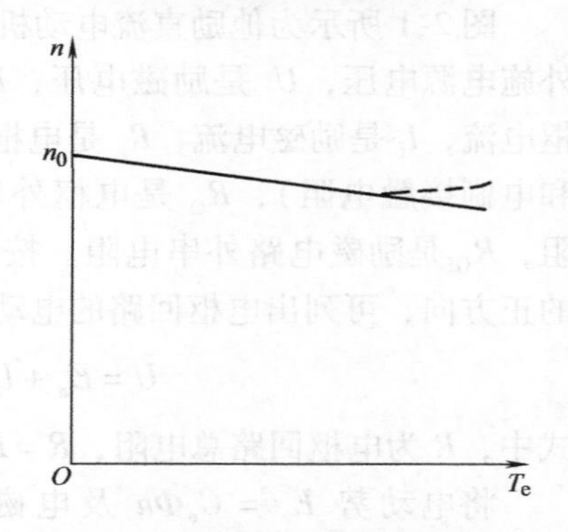

图2-3 电枢反应对机械特性的影响

2.1.2 固有机械特性和人为机械特性

电动机的机械特性可进一步区分为固有机械特性和人为机械特性。

1. 固有机械特性

当$U=U_N$、$\Phi=\Phi_N$，电枢无外串电阻R_Ω时的机械特性，称为固有机械特性。固有机械特性方程式为

$$n=\frac{U_N}{C_e\Phi_N}-\frac{R_a}{C_eC_T\Phi_N^2}T_e \tag{2-4}$$

由式（2-4）知，固有机械特性具有以下特点：

1）因为 R_a 很小，所以机械特性斜率 β 较小，机械特性很硬。大容量的 Z_2 系列直流电动机，其额定转速变化率 $\Delta n_N=[(n_0-n_N)/n_N]\times100\%$ 仅为3% ~8%，因此基本上是一种恒速电动机。

2）当 $T_e=T_N$ 时，$n=n_N$，此运行点是电动机的额定运行点。

固有机械特性如图2-4中曲线1所示。

2. 人为机械特性

改变电动机的参数 U 或 Φ 或 R_Ω，使其不等于固有机械特性时的值，所得到的机械特性即为人为机械特性。

他励直流电动机人为机械特性有下列三种：

（1）电枢回路串电阻时的人为机械特性

保持 $U=U_N$，$\Phi=\Phi_N$，在电枢回路中串入电阻 R_Ω 时的机械特性，称为电枢回路串电阻的人为机械特性。

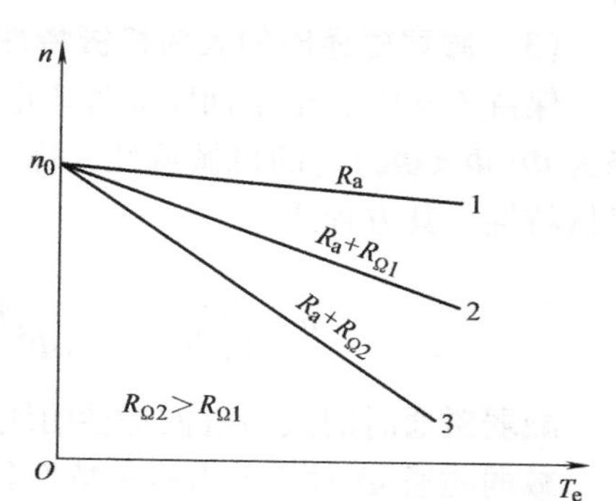

图2-4　他励直流电动机的固有机械特性和电枢回路串电阻的人为机械特性

电枢回路串电阻的人为机械特性方程式为

$$n=\frac{U_N}{C_e\Phi_N}-\frac{R_a+R_\Omega}{C_eC_T\Phi_N^2}T_e \tag{2-5}$$

其机械特性曲线如图2-4中的曲线2、曲线3所示。

与固有机械特性比较，电枢串电阻的人为机械特性具有下列特点：

1）$n_0=\dfrac{U_N}{C_e\Phi_N}$。与固有特性具有相同的理想空载转速。

2）$\beta=\dfrac{R_a+R_\Omega}{C_eC_T\Phi_N^2}$。电枢串入电阻后，特性斜率 β 增大，特性变软；且串入的 R_Ω 越大，β 越大，特性越软。

3）改变 R_Ω 的大小，可以得到一组与纵轴交于一点（n_0 点）但斜率不同的机械特性，如图2-4所示。

（2）降低电枢电压时的人为机械特性

保持 $\Phi=\Phi_N$，电枢回路无外串电阻（$R_\Omega=0$），将电枢绕组的电压降至 U 时的机械特性，称为降低电枢电压时的人为机械特性。

降低电压时的人为机械特性方程式为

$$n=\frac{U}{C_e\Phi_N}-\frac{R_a}{C_eC_T\Phi_N^2}T_e \tag{2-6}$$

根据式（2-6）作出对应的人为机械特性如图2-5所示。

改变电枢电压的人为特性具有如下特点：

1）电枢绕组电压降为 $U(U<U_N)$ 时，理想空载转速 $n_0=U/(C_e\Phi_N)$ 与 U 成正比减小。

2）机械特性斜率 β 与电枢电压 U 无关，在降低电枢电压后，β 保持不变，与固有机械特性斜率相同。

3）电压降为不同值时，所得人为机械特性是一组平行于固有机械特性的直线，如图2-5中的曲线2、曲线3所示。

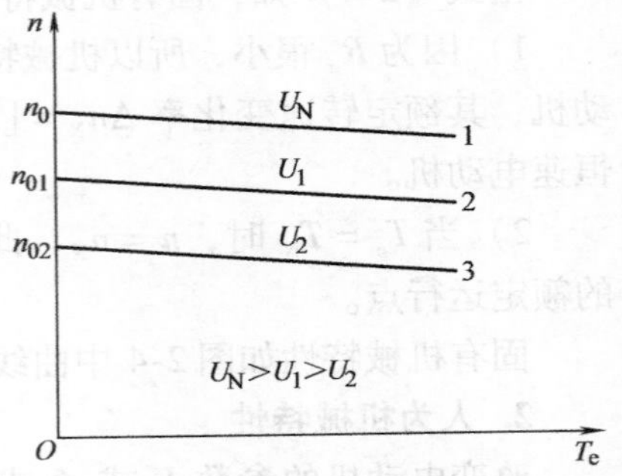

图2-5 他励直流电动机改变电枢电压时的人为机械特性

(3) 减弱磁通时的人为机械特性

保持 $U=U_N$，电枢回路无外串电阻（$R_\Omega=0$），磁通降为 $\Phi(\Phi<\Phi_N)$ 时的机械特性，称为减弱磁通时的人为机械特性，其方程式为

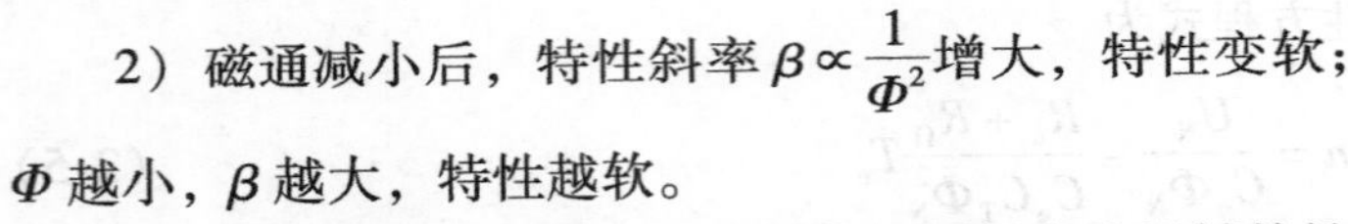

$$n=\frac{U_N}{C_e\Phi}-\frac{R_a}{C_eC_T\Phi^2}T_e \tag{2-7}$$

减弱磁通时的人为机械特性曲线如图2-6所示。

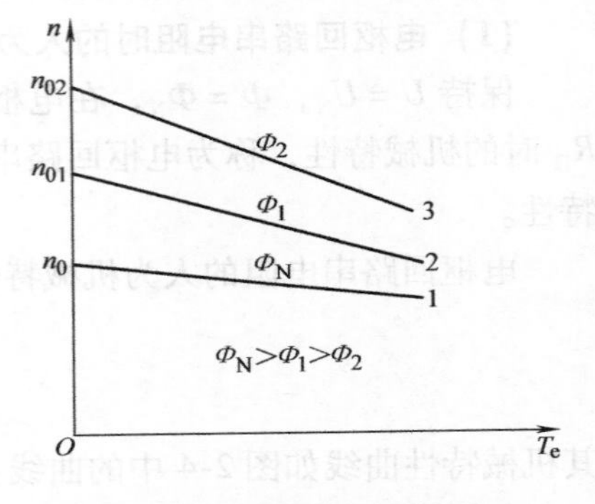

图2-6 减弱磁通时的人为机械特性

减弱磁通 Φ 时的人为机械特性具有以下特点：

1）磁通减至 $\Phi(\Phi<\Phi_N)$ 时，$n_0'=\frac{U_N}{C_e\Phi}$ 比固有特性的 $n_0=\frac{U_N}{C_e\Phi_N}$ 高，Φ 越小，n_0' 越高。

2）磁通减小后，特性斜率 $\beta\propto\frac{1}{\Phi^2}$ 增大，特性变软；Φ 越小，β 越大，特性越软。

3）减弱磁通 Φ，使其为不同值，所得人为机械特性是一组处于固有特性之上且比固有特性软的直线。

需要说明的一点是，调磁时之所以要减弱磁通，是因为一般 $\Phi=\Phi_N$ 时，电动机的磁路已经轻度饱和，若要增加磁通，使 $\Phi>\Phi_N$，需大幅度增加励磁电流，这会使励磁绕组发热超过限度，因此，调节磁通一般是由 Φ_N 向下调，即减弱磁通。

关于弱磁的人为机械特性处于固有机械特性之上，减弱磁通会使转速升高这一特点，可从下面的深入分析中加强理解：机械特性与横轴交点是 $n=0$ 的堵转点，电动机的堵转转矩 $T_k=C_T\Phi I_k$，其中 $I_k=U_N/R_a$ 是堵转电流，可达 $(10\sim20)I_N$，因此堵转转矩 T_k 一般也远大于 T_{eN}。n_0 点与 T_k 点之间的直线即为电动机的机械特性。当磁通 Φ 减小时，T_k 与 Φ 成正比减小，n_0 与 Φ 成反比增大。图2-7给出了 Φ 为不同值时的人为机械特性。由于机械特性常用区域不超过 $2T_N$，而 T_N 远小于 T_k，故减弱磁通后的人为特性处于固有特性之上（Φ 不太小时），而减弱磁通后的转速将升高；只有当负载特别大或磁通特别小时，减弱磁通会使转速下降。

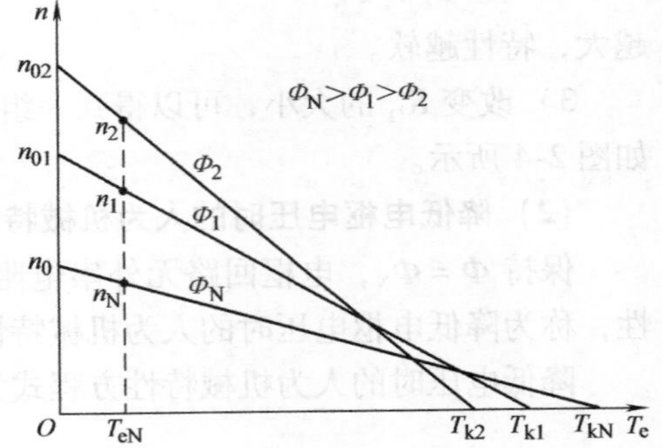

图2-7 具有堵转点的弱磁人为机械特性

2.1.3　机械特性的绘制

在设计和分析电力拖动系统时，需要计算和绘制电动机的机械特性。在工程应用中，往往根据电动机的铭牌数据、产品目录或实测数据来求取机械特性。对计算有用的数据有 P_N、U_N、I_N 和 n_N。

他励直流电动机的机械特性是一条直线，只要求出直线上的任意两点，就可绘出这条直线。一般选理想空载点（0，n_0）及额定转矩点（T_{eN}，n_N）。

1. 固有机械特性的绘制

固有机械特性的求取步骤如下：

1）测取或估算电枢绕组电阻 R_a。如果已有电动机，R_a 可以实测；否则可用下式估算：

$$R_a=(\frac{1}{2}\sim\frac{2}{3})\frac{U_NI_N-P_N}{I_N^2} \tag{2-8}$$

估算公式的依据是：电动机额定负载时的电枢铜耗 $I_N^2R_a$ 占总损耗（$U_NI_N-P_N$）的$\frac{1}{2}\sim\frac{2}{3}$。这是符合实际情况的，所以所估算的 R_a 较准确。

2）计算 $C_e\Phi_N$、$C_T\Phi_N$

$$C_e\Phi_N=\frac{U_N-I_NR_a}{n_N} \tag{2-9}$$

$$C_T\Phi_N=9.55C_e\Phi_N$$

3）求理想空载转速 n_0

$$n_0=\frac{U_N}{C_e\Phi_N}$$

4）计算额定电磁转矩 T_{eN}

$$T_{eN}=C_T\Phi_NI_N$$

5）绘制固有机械特性。过点（0，n_0）及点（T_{eN}，n_N）的直线即为固有机械特性曲线。

2. 人为机械特性的绘制

人为机械特性的绘制可仿照固有机械特性的绘制方法，从人为机械特性上取两点，一般仍选理想空载点（0，n_0'）及额定转矩点（T_{eN}，n_N'）。在绘制人为特性时，R_a 的求取，$C_e\Phi_N$、$C_T\Phi_N$ 及 T_{eN}的计算与之前的完全一样，只需根据人为机械特性对应的参数（U、Φ 或 R_Ω）重新计算 n_0'和 n_N'。

1）降低电压时的人为机械特性

$$n_0'=\frac{U}{C_e\Phi_N}$$

$$n_N'=n_0'-\frac{R_a}{C_eC_T\Phi_N^2}T_{eN}$$

2）减弱磁通时的人为机械特性

$$n_0' = \frac{U_N}{C_e\Phi}$$

$$n_N' = n_0' - \frac{R_a}{C_e C_T \Phi^2} T_{eN}$$

3）电枢回路串电阻时的人为机械特性

$$n_0' = n_0$$

$$n_N' = n_0 - \frac{R_a + R_\Omega}{C_e C_T \Phi_N^2} T_{eN}$$

那么过点（0，n_0'）及点（T_{eN}，n_N'）的直线即为所求的人为机械特性。

2.2 他励直流电动机的起动

直流电动机的起动是指电动机接通电源后，由静止状态加速到稳定运行状态的过程。电动机初始起动瞬间（$n=0$）的电枢电流称为起动电流，该瞬间的电磁转矩称为起动转矩，分别用 I_{st} 和 T_{st} 表示。起动电流 I_{st} 为

$$I_{st} = \frac{U}{R} \tag{2-10}$$

式中，U 为电枢电压；R 为电枢回路总电阻。

起动转矩 T_{st} 为

$$T_{st} = C_T \Phi I_{st} \tag{2-11}$$

对电动机起动的基本要求是：

1）起动转矩要足够大；$T_{st} \geqslant 1.1T_L$（T_L 为负载转矩）。

2）起动电流要小于允许值，一般要求 I_{st} 小于或等于 $(1.5\sim2)I_N$。

3）起动设备要简单、经济、可靠。

他励直流电动机起动时，首先要将励磁绕组接通电源，并调节励磁电流 I_f，使 $I_f = I_{fN}$，从而使 $\Phi = \Phi_N$；然后再将电枢电路接通电源，使电动机安全起动。电动机起动时若将电枢绕组直接接到额定电压的电源上，那么起动电流 $I_{st} = U_N/R_a$ 会很大，可达 $(10\sim20)I_N$。过大的起动电流会引起电网电压下降，影响接于同一电网上的其他电器设备的正常运行；过大的起动电流对电动机本身也有危害，会使电动机换向恶化，产生冲击性转矩，损坏电枢绕组及传动机构。所以，除了个别容量很小的电动机之外，一般的直流电动机不允许全压起动。

直流电动机常用的起动方法有三种：直接起动、电枢回路串电阻起动和降压（减压）起动。

2.2.1 直接起动

直接起动是指对电动机不采取任何限流措施，直接接到额定电压的电网上起动。

直接起动操作简单，不需要起动设备，但起动时冲击电流很大，一般很难满足限流要求，所以，仅适用于4kW以下的小型直流电动机。

2.2.2　降低电枢绕组电压起动

当直流电源的电压可调时，可以采用降低电枢绕组电压起动的方法限制起动电流。

起动开始时，加于电枢的端电压很低，其值应保证起动电流不超过允许值，即 $U \leqslant I_{st}R_a$。随着转速的上升，逐步调高电压，使电枢电流限制在一定范围之内。

减压起动的优点是起动电流小，起动过程平滑，能量损耗小；缺点是设备投资较高。

采用减压起动时，需要一套专用的调压电源，目前大多采用可控整流电源。

2.2.3　电枢回路串电阻起动

为了限制起动电流，起动时在电枢回路中串入起动电阻 R_{st}，然后电枢绕组加全压起动。所串入的起动电阻值应使起动电流不大于允许值 $I_{允}$，即 $I_{st}=U_N/(R_a+R_{st})\leqslant I_{允}$，而 $R_{st}\geqslant(U_N/I_{允}-R_a)$。

电动机电枢串入起动电阻 R_{st} 后接通电源，在起动电流产生的起动转矩作用下，电动机开始起动并逐渐加速，随着转速的上升，反电动势 E_a 逐渐增大，电枢电流由 I_{st} 逐渐减小，起动转矩也随之减小，系统的加速度减小。为了加快起动过程，应保持较大的起动转矩，这就要求起动过程中电枢电流应控制在一定范围内，一般是 $1.1I_N \sim 2I_N$。为此，随着转速的升高，应将起动电阻逐步切除，最后使电动机转速达到运行值。

这种起动方法，电枢回路所串入的起动电阻往往是分段电阻，起动电阻的个数一般为 2~5 个，在起动过程中逐级切除，所以又称为电枢回路串电阻分级起动，起动级数就是所串入起动电阻的个数，起动级数用 m 表示，起动级数越多，起动过程越快越平稳，但起动设备庞大，投资较大。

下面以电枢串电阻两级起动为例，介绍一下起动过程。图 2-8 所示为采用两级电阻起动时电动机的电路及机械特性。图中 K 为接通电枢电源的接触器主触点，K_1、K_2 为控制用接触器的主触点，R_{st1}、R_{st2} 为分级起动串入的外加电阻。

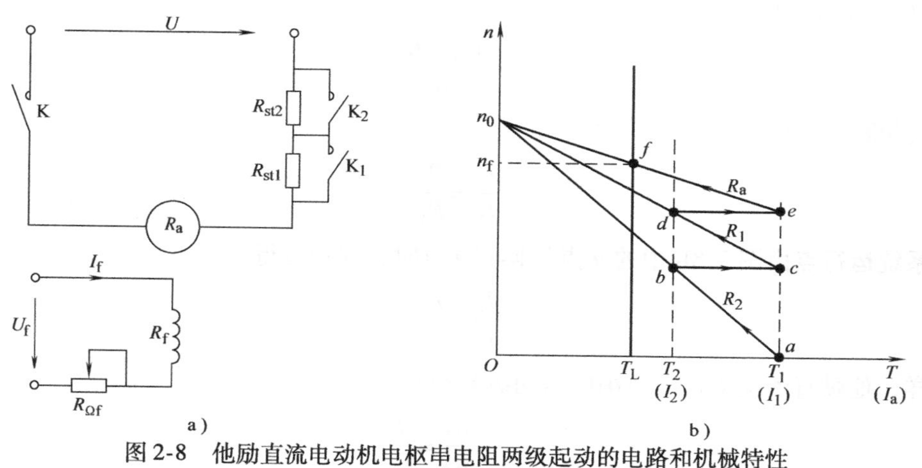

图 2-8　他励直流电动机电枢串电阻两级起动的电路和机械特性

a）电路　b）机械特性

起动开始时，先励磁，并将磁通调至额定值；再接通触点 K，此时触点 K_1、K_2 断开，电枢回路串入两个电阻 R_{st1} 和 R_{st2} 接通电源，所加电压为 U_N，则起动电流为

$$I_{st} = I_1 = \frac{U_N}{R_2}$$

式中

$$R_2 = R_a + R_{st1} + R_{st2}$$

由电流 I_1 所产生的起动转矩 T_1 如图 2-8b 所示，由于 $T_1 > T_L$，电动机开始起动，随着电动机的转速上升，电磁转矩逐渐下降，如图 2-8b 中的特性 $a \to b$ 所示，加速度变小。为得到较大的加速度，到 b 点时接通触点 K_2，把电阻 R_{st2} 切除。b 点的转矩 T_2 称为切换转矩，所对应的电枢电流 $I_2 = T_2/C_T\Phi$ 称为切换电流。电阻 R_{st2} 切除后，电枢电路总电阻 $R_1 = R_a + R_{st1}$，机械特性变成直线 n_0dc 了。电阻切换的瞬间，由于机械惯性，转速不能突变，电动势也保持不变，因而电枢电流将因 R_{st2} 被切除而突增，转矩也按比例增大。如果电阻设计得当，可以保证突增后的电流等于 I_1，突增后的转矩等于 T_1；即运行点由切换前的 b 点平移至切换后的 c 点，如图 2-8b 中的 $b \to c$，这时电动机又获得较大的加速度。当电动机由 c 点加速到 d 点时，接通触点 K_1，将电阻 R_{st1} 切除，这时电枢电路总电阻为 R_a，对应的机械特性为固有特性 n_0fe，如图 2-8b 所示。切除 R_{st1} 的瞬间，电动机运行点由 d 点过渡到 e 点，电枢电流又一次由 I_2 回升到 I_1，电磁转矩由 T_2 突增至 T_1，系统在较大加速度下加速至稳定转速，此时 $T_e = T_L$，电动机起动过程到此结束。

2.2.4　起动电阻的计算

现以图 2-8 为例，介绍他励直流电动机分级起动电阻的计算。

在图 2-8b 中，当电动机的运行点由机械特性 n_0ba 的 b 点切换到特性 n_0dc 的 c 点时，由于切除电阻 R_{st2} 进行得很快，可忽略电感的影响，认为 $n_b = n_c$，则 $E_{ab} = E_{ac}$，对应于 b 点，有

$$I_2 = \frac{U_N - E_{ab}}{R_2}$$

对应于 c 点，有

$$I_1 = \frac{U_N - E_{ac}}{R_1}$$

两式相除，再代入 $E_{ab} = E_{ac}$，得

$$\frac{I_1}{I_2} = \frac{R_2}{R_1}$$

当系统运行点由图 2-8b 中的 d 点切换到 e 点时，同理可得

$$\frac{I_1}{I_2} = \frac{R_1}{R_a}$$

这样，他励直流电动机电枢串电阻两级起动时，得

$$\frac{I_1}{I_2} = \frac{R_2}{R_1} = \frac{R_1}{R_a}$$

推广到 m 级起动的一般情况，得

$$\frac{I_1}{I_2} = \frac{R_m}{R_{m-1}} = \frac{R_{m-1}}{R_{m-2}} = \cdots = \frac{R_2}{R_1} = \frac{R_1}{R_a}$$

式中，R_m，R_{m-1}，…为第 m，$m-1$，…级电枢电路总电阻。

令 $\beta=I_1/I_2$（或 $\beta=T_1/T_2$），β 称为起动电流比（或起动转矩比），则

$$\left.\begin{aligned}R_1&=R_a\beta\\R_2&=R_1\beta=R_a\beta^2\\&\vdots\\R_{m-1}&=R_{m-2}\beta=R_a\beta^{m-1}\\R_m&=R_{m-1}\beta=R_a\beta^m\end{aligned}\right\}\tag{2-12}$$

式（2-12）是各级起动总电阻的计算公式，若需求各级的分段电阻值 R_{stm}、$R_{st(m-1)}$、…、R_{st2}、R_{st1}，只需将各相邻两级总电阻相减即得。

各级分段起动电阻的计算公式为

$$\left.\begin{aligned}R_{st1}&=R_1-R_a=(\beta-1)R_a\\R_{st2}&=R_2-R_1=(\beta^2-\beta)R_a=\beta(\beta-1)R_a\\&\vdots\\R_{st(m-1)}&=R_{m-1}-R_{m-2}=(\beta^{m-1}-\beta^{m-2})R_a=\beta^{m-2}(\beta-1)R_a\\R_{stm}&=R_m-R_{m-1}=(\beta^m-\beta^{m-1})R_a=\beta^{m-1}(\beta-1)R_a\end{aligned}\right\}\tag{2-13}$$

若电动机的最大起动电流 I_1 已知，那么初始起动时电枢回路总电阻 R_m 可由下式求得：

$$R_m=\frac{U_N}{I_1}\tag{2-14}$$

由式（2-12）中的 $R_m=R_a\beta^m$ 知，起动电流比 β 为

$$\beta=\sqrt[m]{\frac{R_m}{R_a}}\tag{2-15}$$

在计算起动电阻时，可能有下列两种情况：①起动级数 m 已定；②起动级数 m 未定。下面分别给出各级起动电阻的计算步骤：

（1）起动级数 m 已定

1）估算或实测电阻 R_a。

2）选最大起动电流 I_1（或 T_1），一般 $I_1=(1.5\sim2.0)I_N$［或 $T_1=(1.5\sim2.0)T_N$］。

3）按式（2-14）计算 R_m。

4）按式（2-15）计算起动电流比 β。

5）计算转矩 $T_2=\dfrac{T_1}{\beta}$，检验 T_2 是否满足 $T_2\geqslant(1.1\sim1.2)T_L$，如果不满足，应重新选择 I_1（或 T_1），直至满足该条件为止。

6）按式（2-12）计算各级起动总电阻。

7）按式（2-13）计算各级分段起动电阻。

（2）起动级数 m 未定

1）初选起动最大电流 I_1 及切换电流 I_2（或 T_1 及 T_2），I_1（或 T_1）按前述方法选择，I_2（或 T_2）按下式选择：$I_2=(1.1\sim1.2)I_N$［或 $T_2=(1.1\sim1.2)T_N$］，也可选为 $I_2=(1.2\sim1.5)I_L$［或 $T_2=(1.2\sim1.5)T_L$］。

2）计算起动电流比初值，$\beta=\dfrac{I_1}{I_2}$或$\beta=\dfrac{T_1}{T_2}$。

3）估算或实测 R_a。

4）计算电阻 R_m，$R_m=\dfrac{U_N}{I_1}$。

5）确定起动级数 m：$m=\dfrac{\lg\dfrac{R_m}{R_a}}{\lg\beta}$，并将 m 圆整至整数。

6）修正起动电流比β：$\beta=\sqrt[m]{\dfrac{R_m}{R_a}}$。

7）检验 T_2 是否满足 $T_2\geqslant(1.1\sim1.2)T_L$，如果不满足，重新修正 I_1 或 I_2 值，按上述步骤重新计算，直至 T_2 满足要求为止。

8）按式（2-12）计算各级起动总电阻；按式（2-13）计算各级分段起动电阻。

例 2-1 某他励直流电动机额定功率 $P_N=30\text{kW}$，额定电压 $U_N=440\text{V}$，额定电流 $I_N=77.8\text{A}$，额定转速 $n_N=1500\text{r/min}$，电枢回路总电阻 $R_a=0.376\Omega$，电动机拖动额定负载运行，负载为恒转矩负载。

（1）若采用电枢回路串电阻起动，起动电流 $I_{st}=2I_N$ 时，计算应串入的起动电阻 R_{st} 及起动转矩 T_{st}；（2）若采用减压起动，条件同上，求电压应降至多少并计算起动转矩。

解：（1）电枢回路串电阻起动时，应串电阻 R_{st}

$$R_{st}=\frac{U_N}{I_{st}}-R_a=\frac{U_N}{2I_N}-R_a=\frac{440}{2\times77.8}\Omega-0.376\Omega=2.452\Omega$$

额定电枢电动势 E_{aN} 为

$$E_{aN}=U_N-I_{aN}R_a=(440-77.8\times0.376)\text{V}=410.75\text{V}$$

$$C_e\Phi_N=\frac{E_{aN}}{n_N}=\frac{410.75}{1500}=0.2738$$

$$C_T\Phi_N=9.55C_e\Phi_N=9.55\times0.2738=2.615$$

额定电磁转矩 T_{eN} 为

$$T_{eN}=C_T\Phi_N I_{aN}=2.615\times77.8\text{N}\cdot\text{m}=203.45\text{N}\cdot\text{m}$$

起动转矩 T_{st} 为

$$T_{st}=C_T\Phi_N I_{st}=C_T\Phi_N(2I_N)=2.615\times2\times77.8\text{N}\cdot\text{m}=406.91\text{N}\cdot\text{m}$$

（2）减压起动时，起动电压 U_{st}

$$U_{st}=I_{st}R_a=2I_NR_a=2\times77.8\times0.376\text{V}=58.5\text{V}$$

起动转矩 T_{st}

$$T_{st}=C_T\Phi_N I_{st}=C_T\Phi_N(2I_N)=2.615\times2\times77.8\text{N}\cdot\text{m}=406.91\text{N}\cdot\text{m}$$

例 2-2 一台他励直流电动机，额定功率 $P_N=22\text{kW}$，额定电压 $U_N=220\text{V}$，额定电流 $I_N=120\text{A}$，额定转速 $n_N=1000\text{r/min}$。采用电枢回路串电阻分级起动，起动级数 $m=3$，求各

级起动电阻。

解：因起动级数已知，所以按上述第一种情况进行起动电阻计算。

（1）初选 I_1。选取最大起动电流 $I_1=2I_N=2\times120A=240A$。

（2）计算最大电枢回路总电阻 R_m

$$R_m=\frac{U_N}{I_1}=\frac{220}{240}\Omega=0.917\Omega$$

（3）计算起动电流比 β，首先估算电枢绕组电阻 R_a

$$R_a=\frac{1}{2}\times\frac{U_NI_N-P_N}{I^2_N}=\frac{1}{2}\times\frac{220\times120-22000}{120^2}\Omega=0.153\Omega$$

$$\beta=\sqrt[m]{\frac{R_m}{R_a}}=\sqrt[3]{\frac{0.917}{0.153}}=1.816$$

（4）计算 I_2 并校核是否合格

$$I_2=\frac{I_1}{\beta}=\frac{240}{1.816}A=132.16A$$

$$1.1I_N=1.1\times120A=132A$$

$$1.2I_N=1.2\times120A=144A$$

因为 $1.1I_N<I_2<1.2I_N$，所以 I_2 校核合格。

（5）计算各级起动时电枢回路总电阻

$$R_1=\beta R_a=1.816\times0.153\Omega=0.278\Omega$$

$$R_2=\beta^2R_a=1.816^2\times0.153\Omega=0.505\Omega$$

$$R_3=\beta^3R_a=1.816^3\times0.153\Omega=0.916\Omega$$

（6）计算各级起动时电枢回路中外串的起动电阻

$$R_{st1}=R_1-R_a=(0.278-0.153)\Omega=0.125\Omega$$

$$R_{st2}=R_2-R_1=(0.505-0.278)\Omega=0.227\Omega$$

$$R_{st3}=R_3-R_2=(0.916-0.505)\Omega=0.411\Omega$$

2.3 他励直流电动机的制动

电动机拖动生产机械工作时，可能处于两种运转状态：电动状态和制动状态。

1）电动状态。其特点是电磁转矩 T_e 与转速 n 的方向相同，T_e 是驱动转矩，电动机将电能转换成机械能带动负载。

2）制动状态。其特点是电磁转矩 T_e 与转速 n 的方向相反，T_e 是制动转矩，电动机将机械能转换成电能消耗在电阻上或回馈电网。

大部分情况下，电动机工作在电动状态，但有些场合要求对电动机实行制动，制动的目的有三个：①使系统停车；②使系统的转速降低；③使位能性负载稳速下放。

如果制动的目的是使系统停车，那么最简单的停车方法就是自由停车法，即断开电源，系统就会慢慢停下来。这种制动方法停车时间较长，对有些生产机械不适用，例如电车在紧急停车时，若采用自由停车，就要出事故。为了停车或减速，还可以采用一种机械制动法，即使用电磁制动器，俗称“抱闸”，其制动原理与自行车刹车相同。但这种制动方法不适合用于需要频繁起、制动的生产机械，因为每次都用抱闸进行制动不但加快闸皮磨损、增加维修负担，而且控制不便，生产效率低。因此，电力拖动系统最常采用的制动方法是电气制动（又称电磁制动）法，即使电动机进入制动状态，产生制动转矩，从而使系统减速或快速停车，还能使位能性负载稳速下放。

电气制动方法有三种：能耗制动、反接制动和回馈制动。下面分别介绍。

2.3.1　能耗制动

能耗制动一般用于两种情况：①使反抗性恒转矩负载准确停车；②使位能性负载稳速下放。

1. 制动原理

图2-9所示为他励直流电动机能耗制动电路。开关Q接电源侧，为电动运行状态，此时电枢电流 I_a、电动势 E_a、转速 n 及电磁转矩 T_e 的方向如图2-9a所示，所有物理量的方向均为正方向；需要制动时，将开关Q投向制动电阻 R_B，如图2-9b所示，此时电动机的电枢绕组断开电源，接到了制动电阻 R_B 上，电动机便进入能耗制动状态。

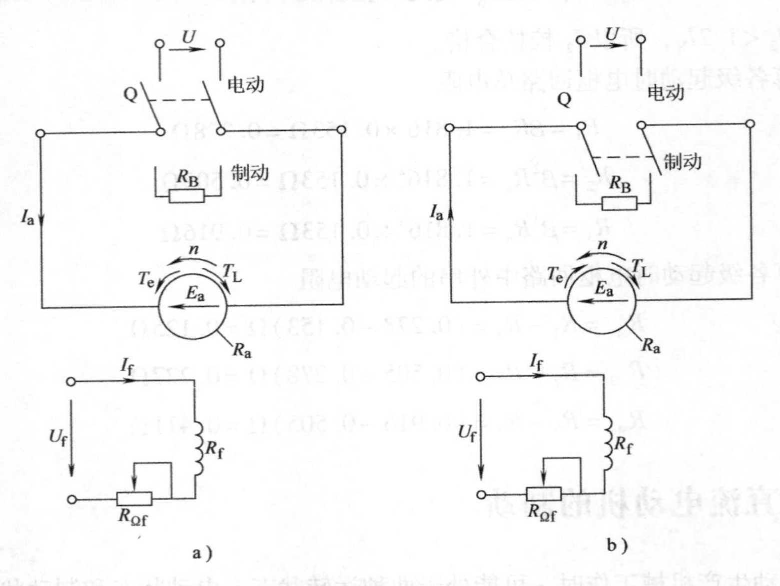

图2-9　他励直流电动机能耗制动电路
a) 电动状态　b) 能耗制动状态

初始制动时，由于机械惯性的存在，转速 n 的大小及方向均不变，与电动状态时相同，因此电枢电动势 E_a 的方向也与电动状态时相同。由于 $U=0$，所以 E_a 产生电枢电流 I_a，即

$$I_a=-\frac{E_a}{R_a+R_B}$$

式中的负号表明此时的电枢电流 I_a 与电动状态时方向相反，由此而产生的电磁转矩 T_e 也与电动状态时方向相反，因此 T_e 与 n 反向，电动机进入制动状态。在制动过程中，电动机靠

系统的动能发电，并将产生的电能消耗在电阻（$R_a + R_B$）上，因此称之为能耗制动。

2. 机械特性

能耗制动的特点是 $U=0$，$\Phi=\Phi_N$，$R=R_a+R_B$，代入式（2-2）中，得能耗制动的机械特性方程式为

$$n = -\frac{R_a + R_B}{C_e C_T \Phi_N^2} T_e = -\beta T_e \tag{2-16}$$

由式（2-16）知，$n=0$ 时，$T_e=0$；n 为正时 T_e 为负，n 为负时 T_e 为正。因此能耗制动时机械特性位于Ⅱ、Ⅳ象限，且通过坐标原点，如图 2-10 所示的机械特性 BC 段。该机械特性的斜率 $\beta=(R_a+R_B)/(C_e C_T \Phi_N^2)$，与电枢回路串电阻 R_B 的人为机械特性斜率相同，两条机械特性互相平行。

能耗制动时，电动机工作点的变化情况可用机械特性图说明。假设制动前电动机工作在固有机械特性的 A 点上（见图 2-10），稳态运行转速为 n_A。开始制动时，转速不能突变，工作点由 A 点平移到能耗制动机械特性 BC 的 B 点上，对应的电磁转矩为 T_B（见图 2-10）。因 T_B 为负而 n 为正，因此 T_B 为制动转矩。在电动机的制动转矩和负载制动转矩共同作用下，电动机减速，工作点由 B 点沿机械特性曲线的 BC 向原点 O 移动，随着转速 n 的下降，制动转矩逐渐减小，当转速 n 降为零时，制动转矩也为零，电动机停车。但这是否为最后的制动结果，取决于电动机所带负载，下面分两情况讨论。

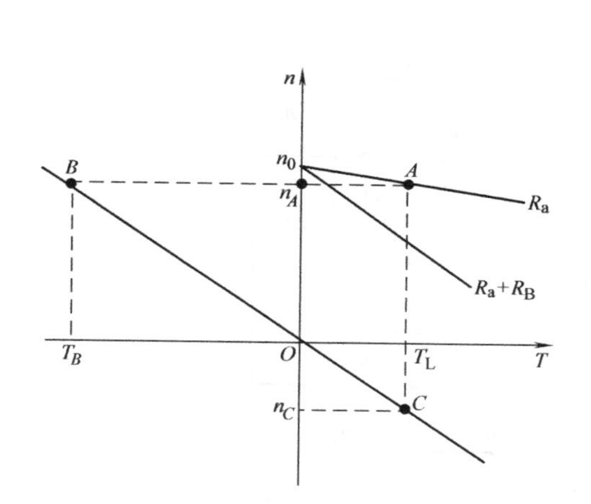

图 2-10　能耗制动时的机械特性

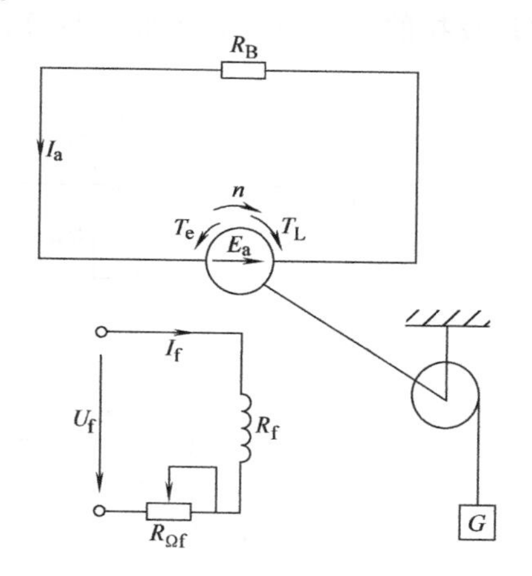

图 2-11　电动机带位能性负载时的能耗制动电路

若电动机拖动的负载是反抗性负载，那么当工作点到达原点 O 时，$n=0$，$T_e=0$，电动机准确停车。

若电动机拖动位能性负载，如图 2-11 所示，那么当工作点到达原点 O 时，虽然 $n=0$ 时，$T_e=0$，但在位能性负载作用下，电动机将反转并加速，工作点将沿机械特性 BC 由 O 点向 C 点移动。此时 n 与 E_a 的方向均与电动状态时相反，即 $n<0$，$E_a<0$，而由 E_a 产生的电枢电流 I_a 方向却与电动状态时相同 $I_a=(-E_a)/(R_a+R_B)$，$I_a>0$，由 I_a 产生的电磁转矩 T_e 也与电动状态时相同，此时，$n<0$，$T_e>0$，T_e 与 n 反向，T_e 仍为制动转矩。随着反向转速的增加，制动转矩 T_e 不断增大，直到 $T_e=T_L$，电动机的转速稳定，不再变化，电动机处于能耗制动运行状态，实现重物的稳速下放。

3. 制动电阻 R_B 的取值

制动时电枢串入的制动电阻 R_B，其大小不但影响初始制动转矩和制动的最大电流，还会影响下放位能负载时的稳定速度。R_B 越小，能耗制动特性的斜率越小，机械特性越平，初始制动转矩的绝对值越大，制动越快。但 R_B 不能太小，否则会造成制动电流过大，这是不允许的。通常限制最大制动电流 I_{max} 不超过 $(2 \sim 2.5)I_N$，所以选择 R_B 的公式是

$$R_B \geqslant \frac{E_a}{I_{max}} - R_a \tag{2-17}$$

式中，E_a 为初始制动瞬间的电枢电动势，等于制动前电动运转状态时的值。

4. 能耗制动的优缺点及应用

优点：简单、安全、减速平稳，用于反抗性负载能准确停车。

缺点：转速下降时制动转矩下降快，制动过程慢。

应用：适用于一般生产机械要求准确停车或低速稳定下放重物的场合。

2.3.2 反接制动

反接制动分为电压反接的反接制动和转速反向的反接制动两种。

1. 电压反接的反接制动

(1) 制动原理

电压反接的反接制动电路如图 2-12 所示。

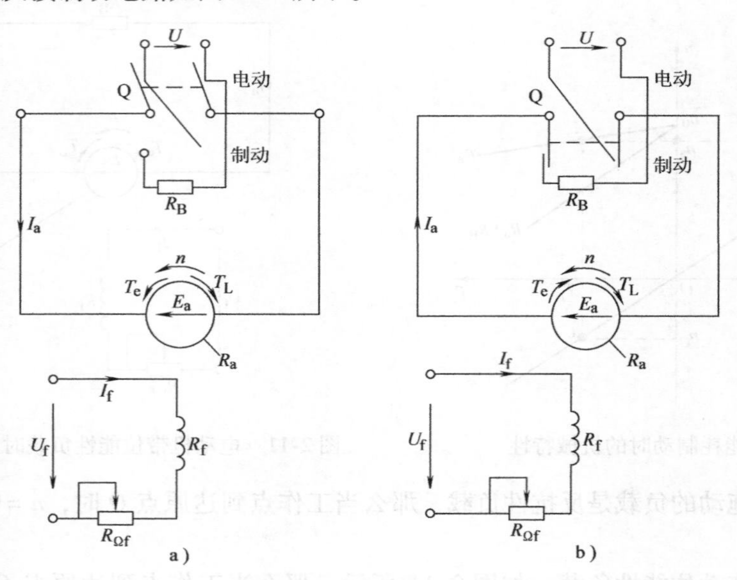

图 2-12 电压反接的反接制动电路

a) 电动状态 b) 电压反接制动状态

当开关 Q 投向“电动”侧时，电枢接正极性的电源电压，此时电动机处于电动运转状态。电动状态时所有物理量的方向（见图 2-12a）均为正方向。进行制动时，开关 Q 投向“制动”侧，如图 2-12b 所示。此时电枢回路串入制动电阻 R_B 后，接向极性相反的电源电压，即电枢电压由原来的正值变为负值。在电枢回路中，U 与 E_a 顺向串联，共同产生很大

的反向电流，即

$$I_a = -\frac{U_N + E_a}{R_a + R_B}$$

由于 I_a 为负，由其产生的 T_e 也为负，而 n 为正，T_e 与 n 反向，电动机进入制动状态。这种制动是因电枢绕组反接电压实现的，所以称为电压反接制动。

（2）机械特性

电压反接制动的特点是 $U = -U_N$，$\Phi = \Phi_N$，$R = R_a + R_B$，其机械特性方程式为

$$n = -\frac{U_N}{C_e\Phi_N} - \frac{R_a + R_B}{C_eC_T\Phi_N^2}T_e$$

$$= -n_0 - \beta T_e \tag{2-18}$$

对应的特性曲线是一条通过 $-n_0$ 点，斜率为 $(R_a + R_B)/C_eC_T\Phi_N^2$ 的直线，如图2-13中机械特性曲线 BC 所示。电压反接制动时工作点的变化情况可用图2-13说明。设电动机原来工作在固有机械特性上的 A 点，反接制动时，由于转速不能突变，工作点由 A 点平移到反接制动机械特性曲线 BC 上的 B 点，B 点对应的制动转矩为 T_B。在电动机的制动转矩和负载制动转矩共同作用下，转速开始下降，工作点由 B 点向 C 点移动。当到达 C 点时，$n=0$，电动机停转，反接制动结束。但由于 $n=0$ 时 $T_e \neq 0$，电动机有反向起动转矩 T_C，$T_C = -C_T\Phi_N U_N/(R_a + R_B)$，因此电动机具有反向起动的能力。

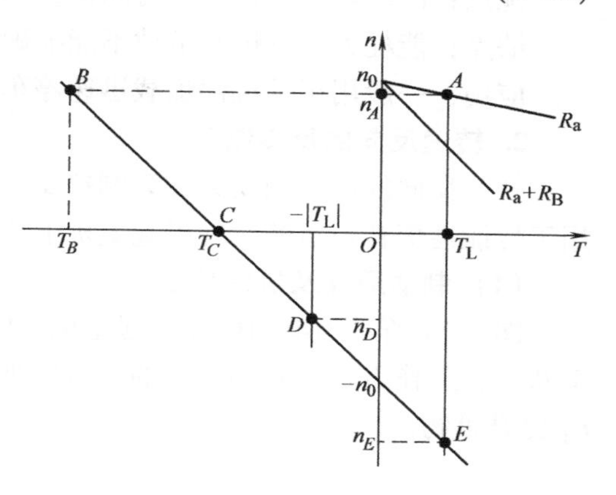

图2-13 电压反接时的制动机械特性

如果电动机所带负载是反抗性负载，当 $|T_C| < T_L$ 时，系统停车；当 $|T_C| > T_L$ 时，若不断开电源，电动机将反向起动，并一直加速到 D 点，进入反向电动状态下稳速运行。因此，对于反抗性负载，如果制动的目的是停车，那么当转速接近于零时，应及时断开电源，以免电动机反转。

当电动机带位能性负载进行电压反接制动时，电动机工作点将由 B 点制动到 C 点，然后电动机反转，由 C 点反向加速至 $-n_0$，在位能性负载作用下，继续反向加速，直至到达 E 点，此时 $T_e = T_L$，系统在 E 点稳速运行。电动机在 E 点工作时，$T_e > 0$，$n_E < 0$，T_e 与 n 反向，电动机处于制动状态。这是一种以 $|n| > |n_0|$ 为特点的制动——回馈制动。

（3）制动电阻的选择

电压反接制动时，初始制动电流很大，如果不加以限制，将远远超过允许值。因此电压反接的同时，必须在电枢电路内串入合适的制动电阻 R_B，以达到限流的目的。选择制动电阻 R_B 的公式为

$$R_B \geqslant \frac{U_N + E_a}{I_{max}} - R_a \tag{2-19}$$

一般 $I_{max} = (2 \sim 2.5)I_N$，$E_a$ 可据制动前电动状态运行时的条件确定。

与式（2-17）比较可见，反接制动电阻比能耗制动电阻差不多大一倍，电动机的机械特性曲线比能耗制动时陡得多。因此制动过程中制动转矩（BC 段对应的转矩值）都比较大，制动作用强烈，制动更为迅速。

（4）能量关系

反接制动时，电压 U、电枢电流 I_a 及电磁转矩 T_e 均为负值，而转速 n 和电动势 E_a 均为正值，所以，输入电功率 $P_1 = UI_a > 0$，表明电动机从电源吸收电功率，即电源向电动机输入电功率；输出功率 $P_2 = T_2\Omega \approx T_e\Omega < 0$，表明电动机从轴上输入机械功率，制动时电动机将电源输入的电功率和轴上输入的机械功率全部抵偿了电动机的损耗，因此其能量损耗非常大。

（5）电压反接制动的优、缺点及应用

优点：制动转矩大，制动时间短，制动强烈。

缺点：能耗大，反抗性负载不能准确停车。

应用：一般用于反抗性负载迅速停车或反转。

2. 转速反向的反接制动

转速反向的反接制动又称为倒拉反转反接制动（或倒拉反转运行）。这种制动方法只适用于位能性恒转矩负载。现以起重机下放重物为例说明其制动原理。

（1）制动原理及机械特性

图 2-14 所示为电动机拖动起重机时的转速反向的反接制动电路。电动机原来工作在电动状态，工作点是固有特性上的 A 点，如图 2-15 中直线 n_0A 所示，此时电动机以稳定转速 n_A 提升重物。

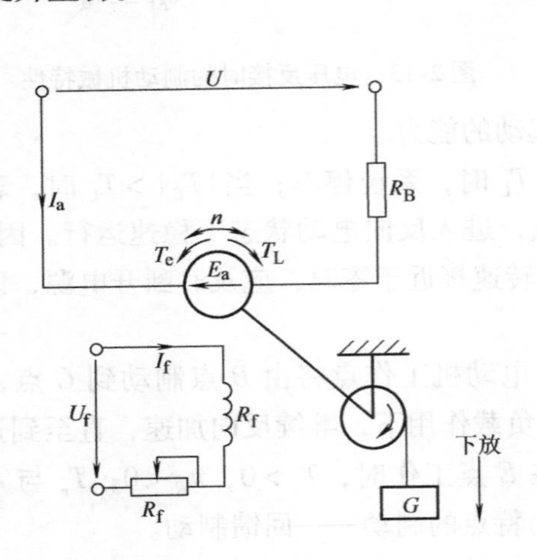

图 2-14　转速反向的反接制动电路

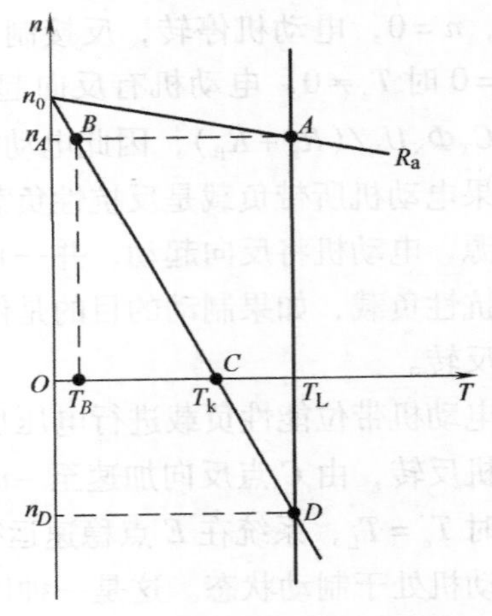

图 2-15　转速反向的反接制动机械特性

如果在电枢回路中串入一个较大的电阻 R_B，电动机的机械特性将变为电枢串电阻的人为机械特性，如图 2-15 中的直线 n_0D 所示。在串入 R_B 的瞬间，由于机械惯性，转速不能突变，所以工作点由固有机械特性上的 A 点平移到人为机械特性上的 B 点，此时电磁转矩 $T_B < T_L$，于是转速开始下降，工作点由 B 点沿特性 n_0D 向 C 点移动；到达 C 点时，$n=0$，电磁转矩为堵转转矩 T_k，因 T_k 仍小于负载转矩 T_L，所以在重物的重力作用下电动机反向起动，重物开始下放。随着转速 n 的反向，电动势 E_a 也反向，电枢电流 I_a 将由 E_a 和 U_N 共同

产生：$I_a = \frac{U_N + |E_a|}{R_a + R_B}$，其方向仍为电动状态时的方向，产生的电磁转矩也仍保持提升重物方向未变，但转速 n 反向了。所以，T_e 与 n 反向，电动机由 C 点开始进入制动状态，如图 2-15 中特性 n_0D 的 CD 段。随着反向转速的增加，电动势 E_a 的绝对值增大，电枢电流 I_a 和制动转矩 T_e 也相应增大。当工作点移动到 D 点时，电磁转矩与负载转矩平衡，电动机以 D 点对应的转速稳定运转，重物得以稳速下放。

由于这种制动发生在重物倒拉电动机，使电动机转速反向的状态，而且 E_a 与 U 也是顺向串联，共同产生电枢电流，这一点与电压反接制动相似，因此把这种制动称为转速反向的反接制动。

转速反向的反接制动特性就是电枢串电阻的人为机械特性在第Ⅳ象限的延伸部分，即图 2-15 中特性 n_0D 的 CD 段，其特性方程式对应于电枢串电阻的人为机械特性方程式

$$n = \frac{U_N}{C_e\Phi_N} - \frac{R_a + R_B}{C_eC_T\Phi_N^2}T_e$$

中 $T_e > 0$、$n < 0$ 的条件时的情况。

（2）电阻 R_B 的确定

为了实现转速反向的反接制动，电枢电路内串入了一个较大的电阻 R_B。R_B 的值将影响最后稳定运行时电动机的转速，从而影响重物的下放速度。所以电阻 R_B 的值需由负载所要求的稳定下放转速（设为 n_D）来确定。其计算公式为

$$R_B = \frac{U_N + C_e\Phi_N|n_D|}{I_a} - R_a \tag{2-20}$$

式中，I_a 为带负载 T_L 运行时的电枢电流。

（3）能量关系

转速反向的反接制动时的能量关系同电压反接时一样，也是既从电源吸收电能，又从轴上吸收机械能，然后将吸收的全部能量变成损耗消耗掉。能量损耗大，不经济。

（4）转速反向的反接制动的优、缺点

优点：制动设备简单，操作方便。

缺点：能耗大，经济性差。

一般用于起重机低速稳定下放重物。

2.3.3　回馈制动

若在某种条件下，出现电动机的运行转速 n 高于理想空载转速 n_0 的情况，那么电动势 E_a 将高于电压 U，电枢电流 $I_a = (U - E_a)/R$ 将反向，由此产生的电磁转矩 T_e 也反向，T_e 与 n 方向相反，电动机进入制动状态。在此制动状态下，电动机将机械功率转换成电功率回馈给电网，因此称为回馈制动。

回馈制动的特征：$|n| > |n_0|$，且 n 与 n_0 同方向。

回馈制动可能出现于下列两种情况。

1. 重物的稳速下放

电动机拖动位能性负载最初工作于电动状态，工作点为 A 点，如图 2-13 所示。此时重物稳速提升。

若要求重物以高于 n_0 的速度下放，可进行电压反接制动操作，即电枢反接电压 U，同时串入制动电阻 R_B。反接后电动机的机械特性变为图 2-13 所示的直线 BE，电动机的工作点由 A 到 B，再到 C、到 D，最后达到 E。以 E 点对应的转速 n_E 稳速下放重物，因为 $|n_E|>|n_0|$，所以实现了以高于 $|n_0|$ 的速度下放重物的要求。下面分析一下电动机工作状态的转换过程。

电动机在 A 点工作时处于电动状态，带动重物稳速上升。电压反接后由于机械惯性，转速 n 不能突变，工作点由 A 点平移到 B 点（见图 2-13），电动机进入反接制动状态。在制动转矩 T_e 及 T_L 共同作用下，电动机减速，重物减速上升，电动机的工作点由 B 点向 C 点移动。到达 C 点时，$n=0$，电动机停转，重物停在空中。此时在重物的重力和电动机的反向电磁转矩共同作用下，电动机反转并加速，电动机进入反向电动状态，工作点由 C 点向 $-n_0$ 点移动，重物加速下放。到达 $-n_0$ 点时，$|n|=|n_0|$，$|E_a|=|U_N|$，电枢电流 $I_a=0$，电磁转矩 $T_e=0$，电动机轴上仅有重力产生的负载转矩 T_L（忽略 T_0）。在 T_L 作用下，反向转速继续上升，工作点由 $-n_0$ 点向 E 点移动，此时由于 $|n|>|n_0|$，$|E_a|>|U_N|$，$I_a=(-U_N+|E_a|)/R>0$，$T_e>0$，T_e 与 n 反向，电动机进入回馈制动状态。当到达 E 点时，$T_e=T_L$，$n=n_E$，且 $|n_E|>|n_0|$，重物得以高于 n_0 的速度下放。

2. 他励直流电动机的降压（或增磁）调速过程

在降压调速的操作过程中，当突然降低电压而感应电动势还来不及变化时，就会发生 $E_a>U$ 的情况，也即出现了回馈制动状态，如图 2-16 所示。现分析如下：

电动机原来工作在 A 点，以转速 n_A 稳速运行。进行降压调速时，将电压由 U_N 减小至 U_1，由于 n 不能突变，工作点由 A 平移至人为机械特性 Bn_{01} 的 B 点，这时 $n_A>n_{01}$，$E_a>U_1$，使得 $I_a=(U_1-E_a)/R$ 变为负值，T_e 随之变为制动转矩，在 T_e 及 T_L 共同作用下，转速下降，直到 C 点，此时 $n=n_{01}$，$T_e=0$。而后在 T_L 作用下 n 继续下降，直至 $n=n_1$，$T_e=T_L$，电动机稳定运行。在工作点由 B 点向 C 点移动期间，由于 $n>n_{01}$，电动机处于回馈制动状态。同理，在图 2-16 所示的 $D\rightarrow E$ 段和 $F\rightarrow G$ 段也对应着电动机的回馈制动状态。

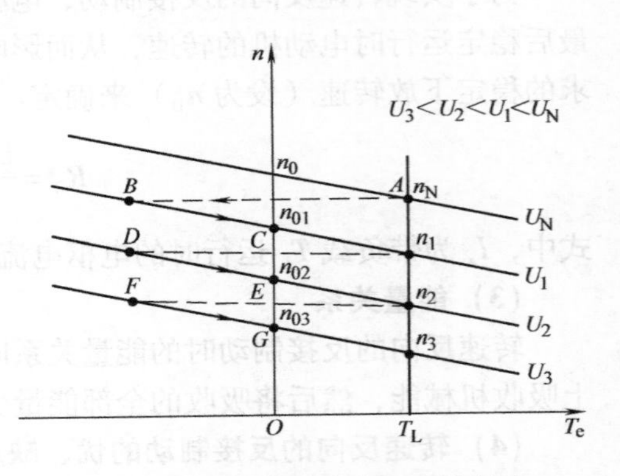

图 2-16 降压调速过程中的回馈制动

回馈制动也同样会发生在增磁调速过程中，其产生原因和制动过程类似于降压调速，此处就不再详细说明了。

回馈制动只有 $|n|>|n_0|$ 时才能实现，所以不能用于制动停车。在调速时可从电动状态自行过渡到回馈制动状态，不需要改接线路，简单、易于实现。稳速下放重物时将位能转换成电能回馈电网，非常经济。

例 2-3 一台他励直流电动机，额定功率 $P_N=5.5\text{kW}$，额定电压 $U_N=220\text{V}$，额定电流 $I_N=30.3\text{A}$，额定转速 $n_N=1000\text{r/min}$，电枢回路总电阻 $R_a=0.74\Omega$，忽略空载转矩 T_0，电动机带额定负载运行，要求电枢电流最大值 $I_{amax}\leqslant 2I_{aN}$。若该电动机正在运行于正向电动状态，试计算：

（1）负载为恒转矩负载，采用能耗制动停车时，在电枢回路中应串入的制动电阻最小

值 R_{Bmin} 是多少？（2）负载为恒转矩负载，若采用反接制动停车时，在电枢回路中应串入的制动电阻最小值 R'_{Bmin} 是多少？（3）若负载为位能性恒转矩负载，例如起重机，忽略传动机构损耗，要求电动机运行在 -500r/min 匀速下放重物，采用倒拉反转运行，在电枢回路中应串入的制动电阻 R_B 是多少？

解：（1）负载为恒转矩负载，采用能耗制动时，求在电枢回路中应串入的 R_{Bmin}：

因为该电动机的励磁方式为他励，所以电动机的额定电枢电流 $I_{aN}=I_N=30.3\text{A}$。

① 计算额定运行时的电枢感应电动势 E_{aN}

$$E_{aN}=U_N-I_{aN}R_a=(220-30.3\times0.74)\text{V}=197.6\text{V}$$

② 能耗制动时应串入的制动电阻最小值 R_{Bmin}

$$R_{Bmin}=\frac{E_{aN}}{I_{amax}}-R_a=\frac{E_{aN}}{2I_{aN}}-R_a=\frac{197.6}{2\times30.3}\Omega-0.74\Omega=2.52\Omega$$

（2）负载为恒转矩负载，采用反接制动时，求在电枢回路中应串入的 R'_{Bmin}：

$$R'_{Bmin}=\frac{U_N+E_{aN}}{I_{amax}}-R_a=\frac{U_N+E_{aN}}{2I_{aN}}-R_a=\frac{220+197.6}{2\times30.3}\Omega-0.74\Omega=6.15\Omega$$

（3）负载为位能性恒转矩负载，采用倒拉反转运行时，求在电枢回路中应串入的 R_B：

① 转速 $n=-500\text{r/min}$ 时的电枢感应电动势 E_a

$$E_a=\frac{n}{n_N}E_{aN}=\frac{-500}{1000}\times197.6\text{V}=-98.8\text{V}$$

② 应在电枢回路中串入的制动电阻 R_B

$$R_B=\frac{U_N-E_a}{I_{aN}}-R_a=\frac{220-(-98.8)}{30.3}\Omega-0.74\Omega=9.78\Omega$$

2.4　他励直流电动机的调速

电动机所驱动的生产机械，常常要在不同的情况下以不同的速度工作，以确保产品的质量并提高生产效率。这就要求采用一定的方法来改变生产机械的工作速度，以满足生产的需求。这种人为改变系统转速的做法称为调速。电力拖动系统有三种调速方法：

1）机械调速。保持电动机转速不变，通过改变传动机构的速比实现调速。其特点是传动机构比较复杂，且为有级调速。

2）电气调速。在负载一定时，通过改变电动机的电气参数（如 U、R_Ω 或 Φ）而改变电动机的转速，从而改变生产机械的转速。其特点是电动机可与生产机械的工作机构同轴。电气调速机构简单，易实现调速的自动控制，且可达到无级调速。

3）电气—机械调速。电气调速与机械调速配合使用。

本书只讨论电气调速方法及其特点。

前面已介绍过，电动机的稳态转速是电动机的机械特性与负载转矩特性交点（工作点）对应的转速，若想改变电动机的转速，需改变两个特性的交点；在负载不变时，就是需要改变电动机的机械特性。由他励直流电动机的机械特性方程式

$$n=\frac{U}{C_e\Phi}-\frac{R_a+R_\Omega}{C_eC_T\Phi^2}T_e$$

可知，调速的方法有三种：电枢串电阻调速、降压调速和弱磁调速。

在生产实际中，为生产机械选择调速方法时，必须做好技术经济比较。衡量调速质量的标准称为调速指标。

下面先介绍调速指标，然后再讨论调速方法。

2.4.1 调速指标

调速指标有两大类，即技术指标和经济指标。

1. 技术指标

技术指标是衡量技术优劣的，有四个方面的指标：调速范围、静差率、调速的平滑性和调速时的容许输出。

（1）调速范围 D

在额定负载下，电动机可能达到的最高转速 n_{max} 与最低转速 n_{min} 之比称为调速范围，用 D 表示。即

$$D=\frac{n_{max}}{n_{min}} \tag{2-21}$$

不同的生产机械对电动机的调速范围有不同的要求，例如车床 $D=20\sim120$，龙门刨床 $D=10\sim40$，轧钢机 $D=3\sim120$，造纸机 $D=3\sim20$ 等。

由调速范围 D 的表达式可见，要扩大调速范围 D，必须尽可能地提高 n_{max} 和降低 n_{min}。电动机的最高转速 n_{max} 受到电动机的机械强度、换向等方面的限制，一般在额定转速之上转速提高的范围不大。而最低转速 n_{min} 受到低速运行时相对稳定性的限制，也不能任意调低，需由生产机械提出的相对稳定性要求决定。

（2）静差率 δ

电动机在某一条机械特性上运行时，其额定负载下的转速降 Δn_N 与其理想空载转速 n_0 的百分比，称为该机械特性的静差率，用 δ 表示。即

$$\delta=\frac{n_0-n_N}{n_0}\times100\%=\frac{\Delta n_N}{n_0}\times100\% \tag{2-22}$$

式（2-22）中的 n_N 为任一机械特性上额定负载下的转速，与通常意义上的额定转速不一样；而 Δn_N 为对应的转速降。

静差率 δ 的意义：电动机从理想空载到带额定负载运行时，稳态转速下降的相对值，反映了静态转速相对稳定的程度。δ 越小，当负载变化时引起的转速变化越小，转速的相对稳定性就越好；反之 δ 越大，静态转速波动就越大，相对稳定性就越差。因此又将 δ 称为调速的相对稳定性。

生产机械调速时，为保证一定的转速稳定程度，要求静差率 δ 小于某一允许值 $\delta_{允}$。不同的生产机械，其 $\delta_{允}$ 是不同的，例如，一般普通车床 $\delta\leqslant30\%$，精密机床要求 $\delta\leqslant1\%\sim5\%$，而精度高的造纸机则要求 $\delta\leqslant0.1\%$。

由静差率 δ 的定义式可看出，δ 与两个因素有关：

1）在 n_0 一定时，$\delta\propto\Delta n_N$。机械特性越软，Δn_N 越大，δ 就越大，如图2-17中机械特性1与机械特性2所示。这种情况对应于电枢串电阻调速，所串电阻越大，机械特性越软，δ 越大。当电动机电枢回路串电阻后，其机械特性的静差率 δ 正好等于生产机械所要求的 $\delta_{允}$，

那么在这条机械特性上带额定负载运行的稳态转速就是电枢回路串电阻调速的最低转速 n_{min}。即以这条人为特性为基准，若所串电阻增大，则 $\delta>\delta_{允}$，不满足生产机械的要求；若所串电阻比之小，则 $\delta<\delta_{允}$，可满足生产机械的要求，因此该机械特性对应的 $n_N=n_{min}$。可见电动机所能达到的最低转速 n_{min}受静差率的限制。

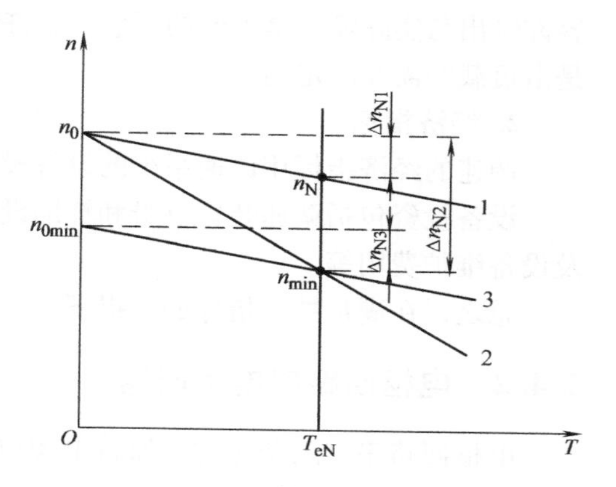

图2-17 不同机械特性下的静差率

2）在 Δn_N 一定时，$\delta\propto\frac{1}{n_0}$。$\Delta n_N$ 一定，机械特性硬度一定，n_0 越小，δ 越大，如图2-17中的机械特性1和机械特性3所示。这种情况对应于降压调速，电压越低，n_0 越小，δ 就越大。当电压降至某一值时，若所得人为机械特性的静差率 δ 正好满足生产机械对静差率的要求，即 $\delta=\delta_{允}$，那么在该电压值之上，有 $\delta<\delta_{允}$；在其之下，有 $\delta>\delta_{允}$。因此，该电压值是降压调速时的最低电压值，所对应的人为机械特性上的 n_N 是降压调速的最低转速 n_{min}。

调速范围 D 与静差率 δ 既有联系，又相互制约，这一点可从下面推导出的二者关系式中看出。

在满足静差率要求的低速特性上有

$$\delta=\frac{\Delta n_N}{n_{0min}}=\frac{n_{0min}-n_{min}}{n_{0min}}$$

调速范围 D 为

$$D=\frac{n_{max}}{n_{min}}=\frac{n_{max}}{n_{0min}-\Delta n_N}=\frac{n_{max}\delta}{\Delta n_N(1-\delta)} \tag{2-23}$$

式（2-23）表明：

1）δ 一定时，调速范围 D 受额定负载下的转速降 Δn_N 影响，这一点可通过图2-17说明。将机械特性3与机械特性2比较，可见电枢回路串电阻调速时的 Δn_{N2} 比降压调速时的 Δn_{N3} 大，因此在所要求的静差率相同时，电枢回路串电阻调速的调速范围 D_2 要比降压调速的 D_3 小。

2）生产机械所允许的静差率 $\delta_{允}$ 越小，调速范围 D 就越小。所以调速范围 D 只有在对静差率有一定要求时才有意义。

（3）调速的平滑性

在一定的调速范围内，调速的级数越多，每一级转速的调节量越小，则调速的平滑性越好。调速的平滑性用平滑系数 φ 表示，其定义是相邻两级转速之比，即

$$\varphi=\frac{n_i}{n_{i-1}} \tag{2-24}$$

式（2-24）中，n_i 为高速，n_{i-1}为低速。φ 越接近于1，调速的平滑性越好，$\varphi=1$ 称为无级调速或平滑调速，这时转速连续可调。

（4）调速时的容许输出

容许输出是指电动机在得到充分利用的情况下，所能输出的最大转矩和功率。电动机的

容许输出与实际输出是不同的概念，容许输出是电动机长期运行时输出的极限，而实际输出是由负载的需要决定的。

2. 经济指标

调速的经济指标用调速系统的设备投资及运行费用衡量。

设备投资包括调速装置自身和辅助设备的投资等。运行费用包括运行过程中的损耗大小及设备维护费用等。

总之，在满足技术指标的前提下，应力求设备投资少，电能损耗小，而且维护方便。

2.4.2　电枢回路串电阻调速

电枢回路串电阻调速时，保持电源电压 $U = U_N$，磁通 $\Phi = \Phi_N$，电枢回路串接电阻 R_Ω，调节 R_Ω 的大小，可使转速改变。

他励直流电动机电枢回路串电阻调速的机械特性如图 2-18 所示。现以图 2-18 为例说明调速过程。

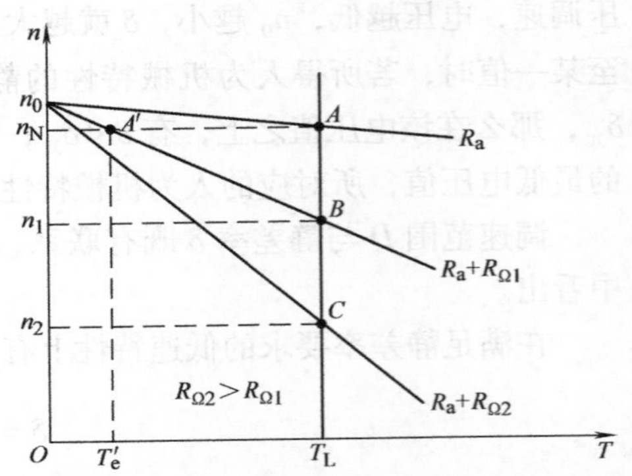

图 2-18　他励直流电动机电枢串电阻调速的机械特性

设电动机拖动恒转矩负载 T_L 在固有特性曲线上的 A 点稳速运行，其转速为 n_N。若电枢回路串入电阻 $R_{\Omega1}$，则电动机的机械特性曲线变为 n_0B，因串电阻瞬间转速不能突变，故 E_a 不变，而电枢电流 I_a 由 I_N 突变至 $(U_N - E_a)/(R_a + R_{\Omega1})$，比 I_N 要小，由此产生的转矩 $T'_e < T_L$，工作点平移到 A' 点。在 A' 点，因为 $T'_e < T_L$，电动机开始减速。随着 n 的减小，电磁转矩逐渐增大，即工作点沿 $A'B$ 方向移动，当到达 B 点时，$T_e = T_L$，达到了新的平衡，电动机以 B 点的转速 n_1 稳速运行。

通过上面的介绍，可以看出电枢回路串入电阻会使电动机转速降低，且串入的电阻值越大，转速越低，如图 2-18 所示的特性 n_0B 和 n_0C 所对应的外串电阻 $R_{\Omega1} < R_{\Omega2}$，而转速 $n_1 > n_2$。因此这种调速方法的最高转速 $n_{max} = n_N$，其调速方向是由 n_N 向下调。

电枢串电阻调速的优点是设备简单，操作方便。缺点是由于电阻只能分段调节，因而调速的平滑性差；低速时特性软；转速的相对稳定性差；当要求 δ 一定时，调速范围 D 很小，即使要求 $\delta_{允} = 50\%$，调速范围 D 仍然很小，一般 $D \approx 2$，可见对静差率要求较高的生产机械几乎无法调速；轻载时近乎无调速作用；低速运行时损耗大、效率低。因此，电枢串电阻调速一般用在对调速性能要求不高的生产设备上，例如中小型起重机等。

2.4.3　降低电枢绕组电压调速

降压调速时，保持 $\Phi = \Phi_N$，电枢回路无外串电阻（$R_\Omega = 0$），调节电源电压 U，使转速得到调节。

由于电动机的工作电压不允许超过额定电压 U_N，因此调压调速时电压只能从 U_N 向下调节。降压调速的机械特性如图 2-19 所示。下面用图 2-19 说明降压调速过程。

设电动机拖动恒转矩负载 T_L 运行于固有特性曲线上的 A 点。运行转速为 n_N。若电源电压由 U_N 下调为 U_1，则电动机的机械特性变为人为机械特性 $n_{01}B$。在降压瞬间，由于惯性，

转速 n 不能突变，工作点由原来的 A 点平移到 A'点；在 A'点，$T'_e < T_L$，转速 n 开始减小；随着 n 的减小，E_a 减小，$I_a = \dfrac{U_1 - E_a}{R_a}$增大，电磁转矩 T_e 增大，工作点由 A'点向 B 点移动；到达 B 点时，$T_e = T_L$，$n = n_1$，电动机以较低的转速稳速运行。

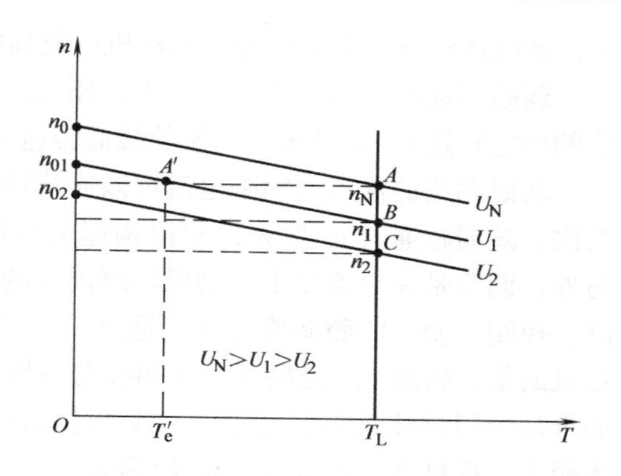

图 2-19　他励直流电动机降压调速的机械特性

由图 2-19 可以看出，在一定负载下，电动机的转速会随电枢电压的降低而降低，因此这种调速方法最高转速 $n_{max} = n_N$，调速方向是由 n_N 向下调。

降压调速的优点是调速范围大，一般可达 2.5 ~ 12；调速前后机械特性的斜率不变，硬度较高，转速的相对稳定性较好；由于电压是连续可调的，因此转速可平滑调节，是无级调速；调速时电能损耗较小。降压调速的缺点是要求有独立的可调直流电源，初期投资大；采用 G—M（发电机—电动机）机组时要经过三次能量转换，效率低。

降压调速的调速指标好，一般用于对调速性能要求比较高的生产机械上，例如精密机床、轧钢机、造纸机等。

可调直流电源目前用得最多的是晶闸管整流装置，其特点是体积小、占地面积小，重量轻，噪声小，效率高，维护方便。当电动机容量较大（数兆瓦以上）时，一般用 G—M 机组，以一台直流发电机作为调速电动机的直流电源，改变发电机的励磁电流，即可改变发电机发出的感应电动势，从而改变直流电动机的电枢电压，进而使电动机的转速得以改变。这种系统设备多，投资大，效率低，维护比较麻烦。因此应用越来越受限制。

2.4.4　减弱磁通调速

弱磁调速时，保持 $U = U_N$，电枢回路无外串电阻（$R_\Omega = 0$），调节励磁电流 I_f，即调节磁通 Φ，从而调节转速。

他励直流电动机弱磁调速时的机械特性如图 2-20 所示。下面以图 2-20 为例说明调速原理及过程。

设电动机拖动恒转矩负载 T_L 在固有特性曲线上的 A 点运行，其转速为 n_N。若磁通由 Φ_N 减小到 Φ_1，则电动机的机械特性变为人为机械特性 $n_{01}B$。在减弱磁通的瞬间，由于惯性转速 n 不能突变，E_a 随 Φ 而减小，电枢电流 $I_a = (U_N - E_a)/R_a$ 随之增大，电磁转矩 T_e 增大，电动机的工作点由原来的 A 点平移到 A'点，由图 2-20 可以看出，A'点的电磁转矩 $T'_e > T_L$，因此电动机开始加速；随着转速 n 的增大，E_a 增大，电流 I_a 减小，转矩 T_e 减小，工作点由 A'点沿特性 $n_{01}B$ 向 B 点移动，到达 B 点时，$T_e = T_L$，$n =$

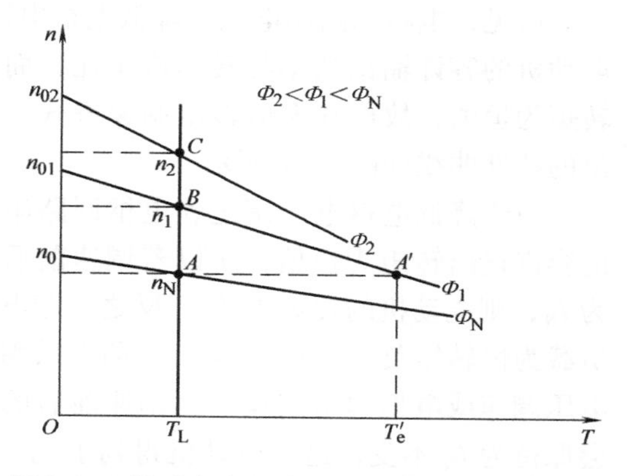

图 2-20　他励直流电动机弱磁调速的机械特性

n_1，系统达到新的平衡状态，电动机以较高的转速 n_1 稳定运行。

弱磁调速时，如果负载不太大，那么适当减弱磁通，会使转速升高。因此额定磁通时对应的额定转速 n_N 应是弱磁调速的最低转速 n_{min}，这种调速方法是从 n_N 向上调。

弱磁调速的优点是励磁电流可以连续调节，因此调速的平滑性好，可以实现无级调速。其次，减弱磁通时 n_0 增大，使得调速前后静差率 δ 变化不大，因此转速的相对稳定性好；另外，调节是在电流较小的励磁回路进行的，所以控制设备容量小、投资小、损耗小、效率高、控制方便。弱磁调速的缺点是对于普通电动机调速范围不大，$D \leqslant 2$。这主要是因为电动机的最高转速 n_{max} 受机械强度和换向条件的限制，不能调得太高，因此调速范围 D 不大。如果是专门设计的调磁电动机，其调速范围 D 也仅可达 3～4，这种电动机与普通电动机比，体积大、耗材多、成本高，很不经济。

弱磁调速常与降压调速配合应用：在 n_N 以下，采用降压调速；在 n_N 以上，采用弱磁调速。

弱磁调速适用于需要调速的恒功率负载，例如重型机床、龙门刨床等。

2.4.5　调速时的容许输出

电动机的容许输出是指电动机在某一转速下长期运行时所能输出的最大转矩和功率。容许输出的大小主要取决于电动机的发热，而电动机的发热又取决于电枢电流。在调速过程中，只要在不同转速下电流不超过额定值 I_N，电动机长期运行，其发热就不会超过容许的限度。因此，在一定转速下，电枢电流为额定值时的输出功率和转矩便是容许输出功率、容许输出转矩。

显然，在一定的转速下，若电动机的实际输出达到了它的容许输出，那么电动机既得到了充分利用，又实现了安全运行。

下面就讨论一下电枢回路串电阻、调压、弱磁三种调速方法的容许输出。

电枢回路串电阻调速和降低电枢电压调速时，磁通 $\Phi = \Phi_N$，如果在不同转速下保持 $I_a = I_N$，即电动机得到充分利用，那么电动机的容许输出转矩和功率分别为

$$T_{容许} = C_T \Phi_N I_N = 常数$$

$$P_{容许} = T_{容许} \Omega = Cn \propto n$$

式中，C 为常数。

可见，电枢回路串电阻和降低电枢电压调速时，电动机的容许输出功率与转速成正比，而容许输出转矩为恒值，故称其为恒转矩调速方式。其容许输出的特性曲线如图 2-21 所示。

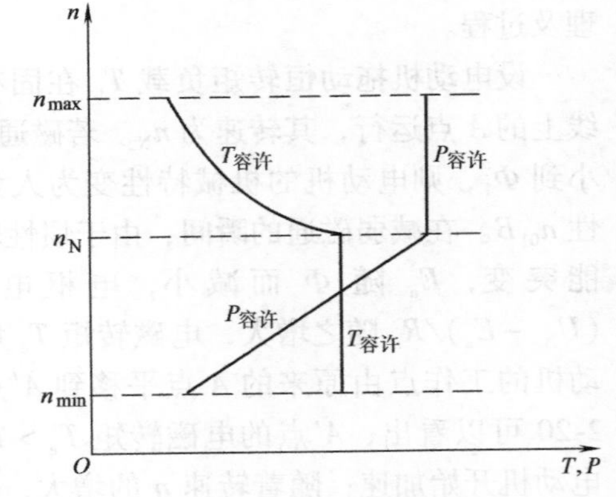

图 2-21　他励直流电动机调速时的容许输出的特性曲线

由于降低电枢电压调速和电枢回路串电阻调速的容许输出转矩为恒值，所以若调速前后保持电流为 I_N，则电动机的转矩为 T_N；反之，若电动机所带负载为恒转矩负载，且 $T_L = T_N$，那么采用降低电枢电压调速或电枢串电阻调速，调速前后的电枢电流会保持为 I_N 不变，这时电动机得到了充分利用。所以这两种调速方法适合于恒转矩负载。

弱磁调速时，电压 $U = U_N$，电枢无外串电阻（$R_\Omega = 0$），磁通 Φ 变化；在不同的转速下若保持 $I_a = I_N$ 不变，则

$$E_a = U_N - I_N R_a = C_e \Phi n$$

所以

$$\Phi = \frac{E_a}{C_e n} = \frac{U_N - I_N R_a}{C_e n} = \frac{k}{n}$$

电动机的容许输出转矩和功率分别为

$$T_{容许} = C_T \Phi I_N = C_T I_N \frac{k}{n} = \frac{k'}{n}$$

$$P_{容许} = T_{容许} \Omega = \frac{k'}{n} \frac{2\pi n}{60} = C$$

$$C = \frac{2\pi}{60} k' = \frac{2\pi}{60} C_T I_N E_{aN} / C_e = P_N$$

可见，弱磁调速时，电动机的容许输出转矩与转速成反比，而其容许输出功率为恒值（P_N），故称之为恒功率调速方式。其容许输出的特性曲线如图 2-21 所示。

容许输出功率 $P_{容许} = P_N$ 表明，弱磁调速时，若调速前后保持电枢电流为 I_N，则电动机输出的功率是恒值 P_N；反过来说，若电动机带恒功率负载 $P_L = P_N$，那么调磁前后不同的转速下电动机的电枢电流会始终保持为恒值 I_N，所以弱磁调速适合于恒功率负载。

例 2-4　一台他励直流电动机，额定功率 $P_N = 22\text{kW}$，额定电压 $U_N = 220\text{V}$，额定电流 $I_N = 115\text{A}$，额定转速 $n_N = 1500\text{r/min}$，电枢回路总电阻 $R_a = 0.1\Omega$，忽略空载转矩 T_0，负载为恒转矩负载，当电动机带额定负载运行时，要求把转速降到 1000r/min，试计算（忽略电枢反应）：（1）采用电枢回路串电阻调速时，电枢回路应串入的调速电阻 R_Ω；（2）采用降低电源电压调速时，需把电枢绕组端电压 U 降到多少；（3）上述两种调速情况下，电动机的输入功率与输出功率（输入功率不计励磁回路之功率）。

解：（1）采用电枢回路串电阻调速时，应串入的调速电阻 R_Ω。因为电动机为他励直流电动机，所以额定电枢电流 $I_{aN} = I_N = 115\text{A}$，额定电枢电动势 E_{aN} 为

$$E_{aN} = U_N - I_{aN} R_a = 220\text{V} - 115 \times 0.1\text{V} = 208.5\text{V}$$

由此求得

$$C_e \Phi_N = \frac{E_{aN}}{n_N} = \frac{208.5}{1500} \text{V/(r/min)} = 0.139\text{V/(r/min)}$$

转速降到 $n = 1000\text{r/min}$ 时，因为调速前后每极磁通未变，即 $\Phi = \Phi_N$，所以

$$E_a = C_e \Phi_N n = 0.139 \times 1000\text{V} = 139\text{V}$$

转速降到 $n = 1000\text{r/min}$ 时，因为负载转矩未变，每极磁通未变，所以调速前后电枢电流不变，即 $I_a = I_{aN}$，于是

$$R_a + R_\Omega = \frac{U_N - E_a}{I_a} = \frac{U_N - E_{aN}}{I_{aN}} = \frac{220 - 139}{115} \Omega = 0.704\Omega$$

由此求得

$$R_{\Omega}=0.704-R_a=(0.704-0.1)\Omega=0.604\Omega$$

（2）采用降低电源电压调速时，降低后的电枢绕组端电压 U。因为前面已求得，电动机的转速降为1000r/min时，电动机的电枢电动势 $E_a=139V$，电枢电流 $I_a=I_{aN}=115A$，所以，电动机的转速降为1000r/min时，电枢绕组端电压应为

$$U=E_a+I_aR_a=139V+115\times0.1V=150.5V$$

（3）电动机的转速 $n=1000r/min$ 时，电动机的输入功率和输出功率。电动机额定运行时的输出转矩 T_{2N} 为

$$T_{2N}=9550\frac{P_N}{n_N}=9550\times\frac{22}{1500}N\cdot m=140.1N\cdot m$$

因为负载为恒转矩负载，所以电动机的转速 $n=1000r/min$ 时，电动机的输出功率 P_2 应为

$$P_2=T_2\Omega=T_{2N}\frac{2\pi}{60}n=140.1\times\frac{2\pi}{60}\times1000W=14664W$$

电枢回路串电阻调速时，电动机的输入功率 P_1' 为

$$P_1'=U_NI_N=220\times115W=25300W$$

降低电源电压调速时，电动机的输入功率 P_1'' 为

$$P_1''=UI_N=150.5\times115W=17308W$$

例 2-5 例 2-4 中的他励直流电动机，仍忽略空载转矩 T_0，负载仍为恒转矩负载，电动机带额定负载运行时，如果只调节励磁回路中的调节电阻 R_{fj}，使磁通减少15%，此时电枢回路不串电阻，试求（设磁路未饱和）：（1）开始瞬间的电枢电流 I_a' 及电磁转矩 T_e'；（2）稳定后的电枢电流 I_a 及电动机的转速 n。

解：（1）开始瞬间的电枢电流 I_a' 及电磁转矩 T_e'。因为改变磁通的瞬间，由于机械惯性，电动机的转速未突变，即 $n=n_N$。所以电枢电动势 E_a' 随磁通成正比地减少，故

$$\frac{E_a'}{E_{aN}}=\frac{C_e\Phi'n'}{C_e\Phi_Nn_N}=\frac{C_e\Phi'n_N}{C_e\Phi_Nn_N}=\frac{\Phi'}{\Phi_N}=\frac{(1-0.15)\Phi_N}{\Phi_N}=0.85$$

由此求得

$$E_a'=0.85E_{aN}=0.85\times208.5V=177.23V$$

此时电枢电流突然增加到最大值 I_a'，即

$$I_a'=\frac{U_N-E_a'}{R_a}=\frac{220-177.23}{0.1}A=427.7A$$

相应的电磁转矩 T_e' 增大为

$$\begin{aligned}T_e'&=C_T\Phi I_a'=C_T(1-0.15)\Phi_NI_a'=0.85C_T\Phi_NI_a'\\&=0.85\times9.55C_e\Phi_NI_a'=0.85\times9.55\times0.139\times427.7N\cdot m\\&=482.6N\cdot m\end{aligned}$$

（2）稳定后的电枢电流 I_a 及转速 n。因为负载转矩不变，由于磁通减少到 $\Phi'=$

$0.85\Phi_N$，故电流从 115A 增加到

$$I_a = \frac{\Phi_N}{\Phi'} I_{aN} = \frac{\Phi_N}{0.85\Phi_N} \times 115\text{A} = \frac{1}{0.85} \times 115\text{A} = 135.3\text{A}$$

稳定后的电枢电动势 E_a 为

$$E_a = U_N - I_a R_a = 220\text{V} - 135.3 \times 0.1\text{V} = 206.47\text{V}$$

由于磁通 $\Phi' = 0.85\Phi_N$，所以稳定后的转速 n 为

$$n = \frac{E_a}{C_e \Phi'} = \frac{E_a}{C_e \times 0.85\Phi_N} = \frac{E_a}{0.85 C_e \Phi_N} = \frac{206.47}{0.85 \times 0.139} \text{r/min}$$
$$= 1747.5\text{r/min}$$

※2.5　串励直流电动机的电力拖动

串励直流电动机的电路如图 2-22 所示。串励直流电动机的特点是电枢电流 I_a、励磁电流 I_f 与电动机的输入电流 I 三者相等，即

$$I_a = I_f = I \tag{2-25}$$

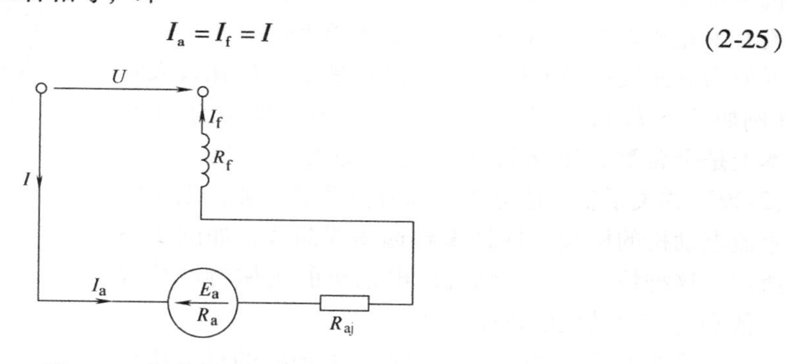

图 2-22　串励直流电动机的电路

2.5.1　串励直流电动机的机械特性

串励直流电动机的机械特性是指当电源电压 U 为常值、电枢回路电阻为常值时，电动机的转速 n 与电磁转矩 T_e 之间的关系曲线，即 $n = f(T_e)$。

当电流 I 或者电磁转矩 T_e 比较小时，电动机的磁路尚未饱和，励磁电流 I_f 与气隙每极磁通 Φ 基本上呈线性关系，即 $\Phi = K_f I_f = K_f I_a$，式中 K_f 为比例常数。根据图 2-22 可列出串励直流电动机的电动势平衡方程式

$$U = E_a + I_a(R_a + R_{aj}) \tag{2-26}$$

将电动势 $E_a = C_e \Phi n = C_e k_f I_a n$ 带入式（2-26），可得串励直流电动机的转速表达式

$$n = \frac{U - I_a(R_a + R_{aj})}{C_e \Phi}$$
$$= \frac{U - I_a(R_a + R_{aj})}{C_e K_f I_a}$$

$$=\frac{U-I_a(R_a+R_{aj})}{C_e' I_a}$$

$$=\frac{U}{C_e' I_a}-\frac{R_a+R_{aj}}{C_e'} \tag{2-27}$$

式中，$C_e'=C_eK_f$ 是比例常数；R_a 是电枢回路总电阻（包括串励绕组电阻）；R_{aj}是外串电阻。

把 $\Phi=K_fI_a$ 带入直流电动机电磁转矩的计算公式 $T_e=C_T\Phi I_a$，可得串励直流电动机电磁转矩

$$T_e=C_T\Phi I_a=C_TK_fI_aI_a=C_T'I_a^2 \tag{2-28}$$

式中，$C_T'=C_TK_f$ 是比例常数。

把上式代入串励直流电动机的转速表达式，可得串励直流电动机的机械特性表达式为

$$n=\frac{\sqrt{C_T'}}{C_e'}\frac{U}{\sqrt{T_e}}-\frac{R_a+R_{aj}}{C_e'} \tag{2-29}$$

从上式可以看出，串励直流电动机的机械特性方程式表示的曲线是一条双曲线，故串励直流电动机的机械特性如图 2-23 所示。从图中可以看出，当电枢电流 I_a 和电磁转矩 T_e 不太大、磁路不饱和时，机械特性近似为双曲线；当电枢电流 I_a 和电磁转矩 T_e 比较大时（例如 $T_e>T_N$），磁路已经饱和，气隙每极磁通 Φ 基本上是个常数，不再随电枢电流的增加而增加，式(2-29) 的关系就不成立了。随着负载的增加，则串励直流电动机的机械特性越来越远离双曲线，如图 2-23 所示。这种情况下，串励直流电动机的机械特性接近于他励直流电动机的机械特性。

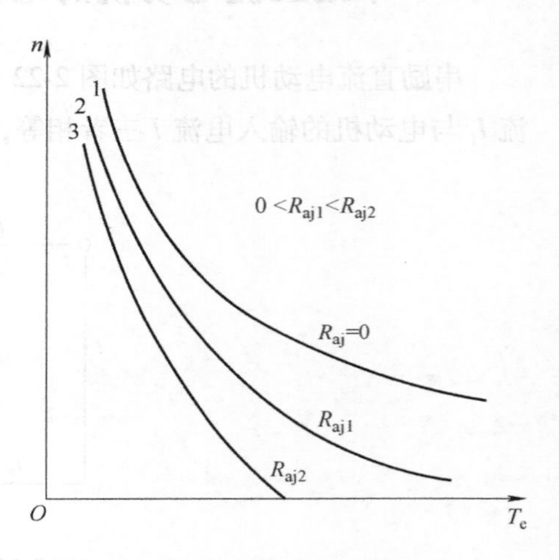

图 2-23　串励直流电动机的机械特性

由图 2-23 可以看出，串励直流电动机的机械特性有以下特点：

1）与他励直流电动机相比，串励直流电动机的机械特性较软。这是因为负载增加时，I_a 增大，电阻压降 I_a（R_a+R_{aj}）增大，同时每极磁通 Φ 也增大，这两个因素都促使电动机的转速下降。因此，串励直流电动机的转速随负载的增加而迅速下降，其机械特性是一条非线性的软特性曲线。

2）串励直流电动机的空载转速非常高。这是因为空载时，I_a 接近于零，磁通 Φ 变为很小的剩磁 Φ_r，所以其空载转速 $n_0=\dfrac{U_N}{C_e\Phi_r}$极高，会发生“飞速”的危险。因此串励直流电动机不允许空载运行或在很轻的负载下运行。

3）因为串励直流电动机的电磁转矩 T_e 与电枢电流的二次方成正比，因此串励直流电动机的起动转矩大、过载能力强。所以串励直流电动机多用于重载起动的设备，例如起重机、电力机车、无轨电车等。

串励直流电动机的机械特性同样也分为固有机械特性和人为机械特性。

1. 固有机械特性

当电源电压 $U=U_N$，电枢回路无外串电阻（即 $R_{aj}=0$）时的机械特性，称为串励直流

电动机的固有机械特性，其机械特性曲线如图 2-23 中的曲线 1 所示。

2. 人为机械特性

串励直流电动机同样可以采用电枢回路串电阻、改变电源电压和改变磁通的方法来获得三种人为机械特性。

(1) 电枢串电阻时的人为机械特性

当电源电压 $U=U_N$，电枢回路串入外串电阻 R_{aj} 时所得到的机械特性，即为电枢串电阻时的人为机械特性，其机械特性曲线如图 2-23 中的曲线 2 和曲线 3 所示。电枢回路串入外串电阻 R_{aj} 后，机械特性变软。

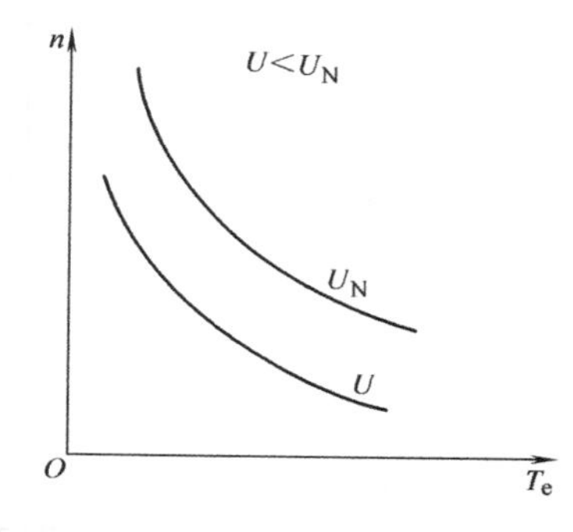

图 2-24　降低电源电压时的人为机械特性

(2) 降低电源电压时的人为机械特性

当电源电压降为 U，电枢回路无外串电阻（即 $R_{aj}=0$）时的机械特性，即为降低电源电压时的人为机械特性，其机械特性曲线为低于固有机械特性并与之平行的曲线，如图 2-24 所示。

(3) 改变磁通时的人为机械特性

为了减弱磁通 Φ，可在串励绕组上并联分流电阻 R_P，如图 2-25 所示。此时励磁电流 $I_f<I_a$，与固有机械特性相比，由于磁通减弱，其人为机械特性位于固有机械特性之上，如图 2-26 中的曲线 2 所示。

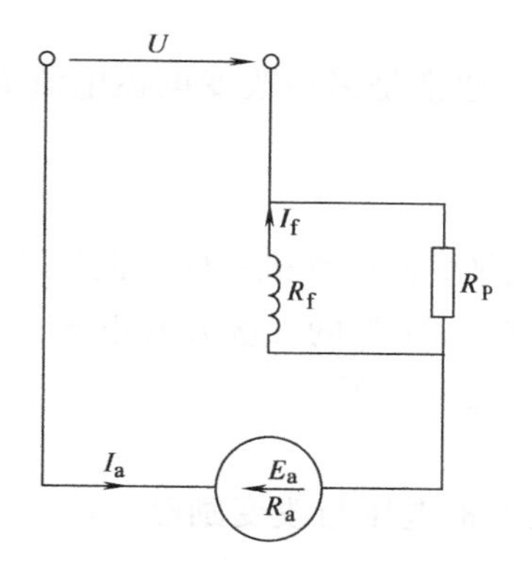

图 2-25　励磁绕组并联分流电阻的电路

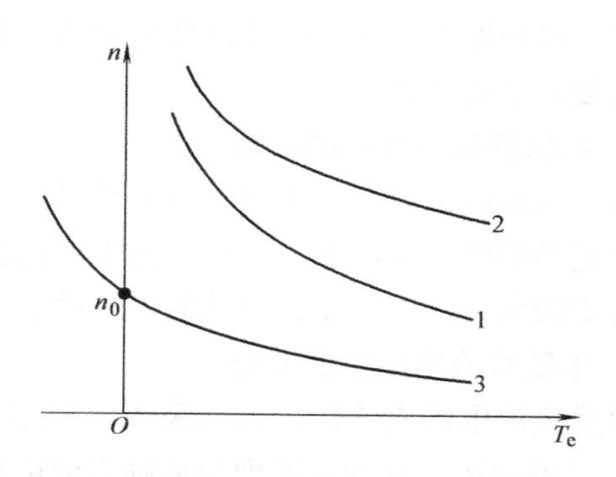

图 2-26　改变磁通的人为机械特性

1—固有机械特性　2—励磁绕组并联分流电阻时

3—电枢并联分流电阻时

若想增加磁通 Φ，可在电枢两端并联分流电阻 R_P，如图 2-27 所示。此时，励磁电流 $I_f>I_a$，与未并联分流电阻 R_P 的固有机械特性曲线相比，由于磁通增大了，其人为机械特性曲线位于固有机械特性曲线之下，如图 2-26 中的曲线 3 所示。

由图 2-26 中的曲线 3 可见，电枢并联分流电阻后，该直流电动机有理想空载转速 n_0，这是因为当 $I_a=0$ 时，$I_f=I_P=\dfrac{U}{R_P+R_f}$，磁通 Φ 有较大值，所以 n_0 是存在的。

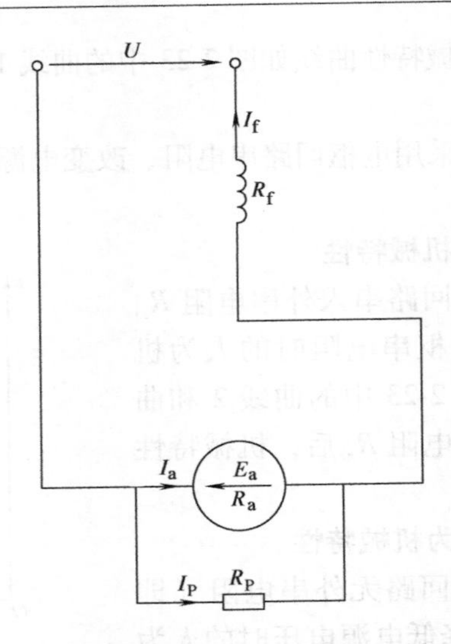

图 2-27　电枢并联分流电阻的电路

2.5.2　串励直流电动机的起动与调速

串励直流电动机既可以正向电动运行，也可以反向电动运行。改变串励直流电动机的旋转方向时，不能简单地直接改变电源电压的极性，因为直流电动机旋转方向由其电枢导体受力方向来决定。根据左手定则，当电枢电流的方向或磁场的方向（即励磁电流的方向）中有一者反向时，电枢导体受力方向即改变，电动机旋转方向随之改变。但是，如果电枢电流和磁场两者方向同时改变，则电动机的旋转方向不变。

在一般情况下，为了避免改变电动机主极磁化方向，通常是采用改变电枢电流 I_a 方向的方法使电动机反转。

1. 串励直流电动机的起动

为了限制起动电流，串励直流电动机的起动方法与他励直流电动机一样，也是采用电枢串电阻起动和降低电源电压起动。由于电磁转矩 T_e 与电枢电流 I_a 的二次方成正比，所以其起动转矩较大，适用于重载起动的生产设备，如起重机、电力机车等。

2. 串励直流电动机的调速

串励直流电动机的调速也是采用电枢串电阻、降低电枢电压与改变励磁电流（即减弱磁通）三种方法，其调速原理与他励直流电动机相同。

（1）电枢串电阻调速

改变电枢电阻调速时，可以在电枢电路中串联调速变阻器或分级调速电阻，这种调速方法在电车上经常采用。但是，由于电阻只能分段调节，故调速不均匀，属有级调速，调速平滑性差。另外，在调速过程中，较大的电枢电流要流过电枢回路中所串联的调速电阻，将会使调速电阻上的电能损耗增大。调速电阻串得越大，电能损耗也就越大，电动机的效率越低。

（2）降低电枢电压调速

改变电枢端电压调速对于串励直流电动机来说也是适用的。在电力牵引机车中，常把两台串励直流电动机从并联运行改为串联运行，以使加于每台电动机的电压从全压降为半压，从而改变电动机的转速。

(3) 改变励磁电流调速

对于串励直流电动机，不能在其串励回路串接电阻来改变励磁电流。正确的方法是采用与串励绕组并联的电阻来把电流分路，从而改变电动机的励磁电流，达到弱磁调速的目的，如图 2-25 所示。也可以在电枢两端并联电阻以增加励磁电流，如图 2-27 所示。

2.5.3 串励直流电动机的制动

由于串励直流电动机的理想空载转速为无穷大，不可能出现 $n > n_0$，所以，串励直流电动机只有能耗制动和反接制动两种制动方法，不可能得到回馈制动。

1. 串励直流电动机的能耗制动

对于串励直流电动机，能耗制动时电枢电流与励磁电流不能同时反向，否则无法产生制动转矩。所以，串励直流电动机能耗制动时，应在切断电源后，立即将励磁绕组与电枢绕组反向串联，再串入制动电阻 R_B，构成闭合回路，或将串励改为他励形式。因此，串励直流电动机的能耗制动方法有两种：一种是他励能耗制动，主要用来匀速下放位能性恒转矩负载；另一种是自励式能耗制动，主要用于断电事故状态时的安全制动停车。

(1) 他励式能耗制动

他励式能耗制动是把串励直流电动机的励磁绕组由串励形式改接成他励形式，即把励磁绕组单独接到电源上，电枢绕组外接制动电阻 R_B 后构成闭合回路，其电路如图 2-28 所示。由于串励直流电动机的励磁绕组电阻 R_f 很小，如果仍采用原来的电源，则将会在励磁绕组中产生非常大的电流，以致烧毁励磁绕组，因此，必须在励磁回路中串入一个较大的限流电阻 R_{fj}。此外，还必须保持励磁电流 I_f 的方向与电动运行状态时相同，否则将不能产生制动转矩（因为电枢电流 I_a 已反向）。

串励直流电动机采用他励式能耗制动与他励直流电动机能耗制动完全相同，其制动过程是一样的，其机械特性是通过坐标原点的直线，如图 2-29 中直线 BC 段所示。从机械特性曲线分析可知，若电动机带的是反抗性恒转矩负载，则运行点从 A 过渡到 B 后，电动机将沿能耗制动曲线降速到 n 为零而可靠停车；若电动机带的是位能性恒转矩负载，则电动机从正转降速到原点后，电动机将会在重物的拖动下反转而最后稳定运行于 C 点，以 n_C 的速度均匀下放重物。他励式能耗制动的效果较好，应用较广泛。

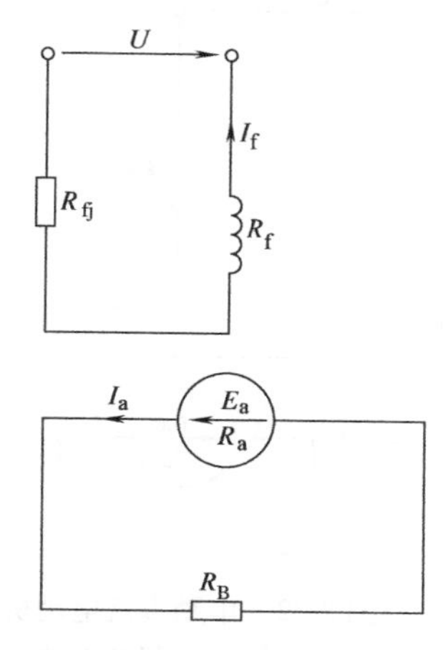

图 2-28　他励式能耗制动电路

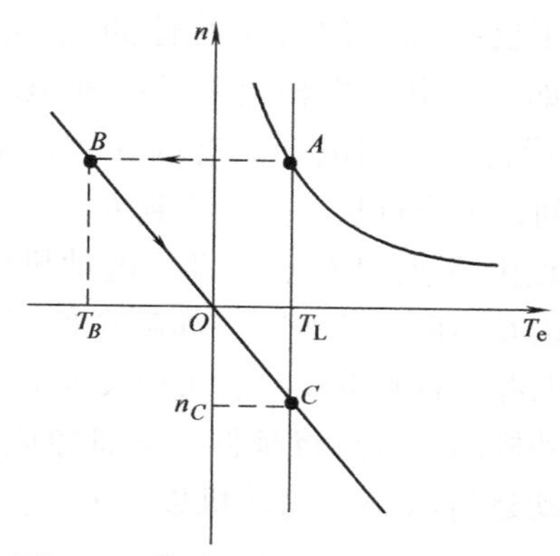

图 2-29　他励式能耗制动的机械特性

（2）自励式能耗制动

自励式能耗制动时，首先将电动机脱离电源，然后通过制动电阻 R_B 构成闭合回路，由于此时电枢电流 I_a 反向，为了实现制动，必须将励磁绕组两端对调，以保证励磁电流 I_f 的方向不变，如图 2-30 所示。

自励式能耗制动的机械特性如图 2-31 中曲线 BO 所示。由图 2-31 可见，自励能耗制动开始时，制动转矩较大，随着电动机的转速下降，电枢电动势 E_a 将减小，电枢电流 I_a 也随之减小。由于串励直流电动机的电磁转矩 T_e 与 I_a^2 成正比地减小，制动转矩下降很快，制动效果变弱，所以制动时间长且制动不平稳。由于这种制动方式不需要电源，因此主要用于断电事故时的安全制动。

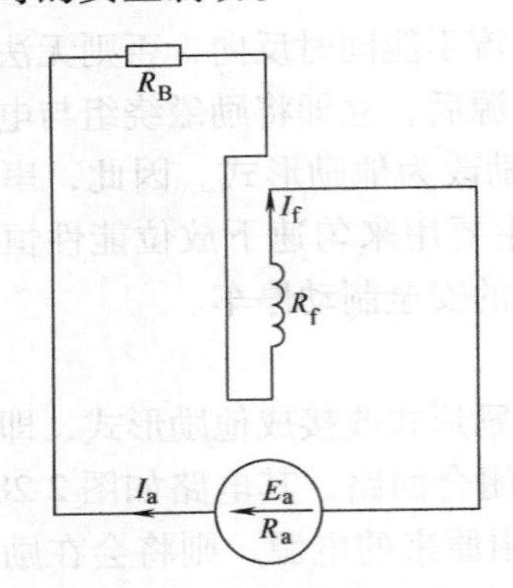

图 2-30 自励式能耗制动电路

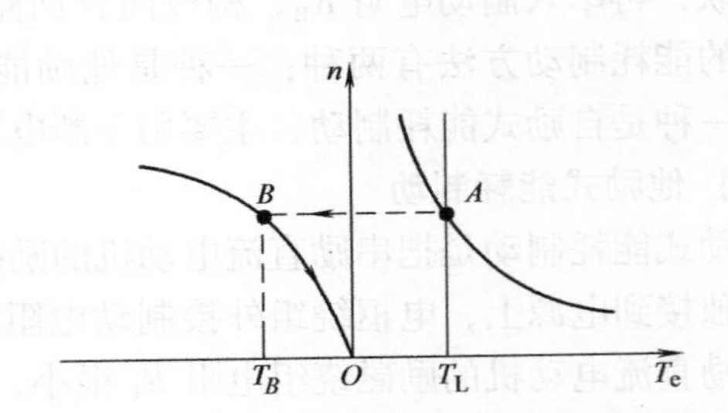

图 2-31 自励式能耗制动的机械特性

2. 串励直流电动机的反接制动

串励直流电动机的反接制动有两种：一种是电枢电压反接的反接制动（简称电枢电压反接制动或电枢反接制动）；另一种是位能性负载转速反向的反接制动（简称转速反向的反接制动或倒拉反转的反接制动）。

（1）电枢电压反接的反接制动

电枢电压反接制动适用于反抗性恒转矩负载快速制动停车，制动方法和过程如图 2-32 和图 2-33 所示。制动时将电枢出线端对调，同时电枢回路中也必须串入足够大的制动电阻 R_B 以限制电流，如图 2-32 所示。

电枢电压反接制动的机械特性如图 2-33 所示，其制动过程如下：电动机轴上带反抗性恒转矩负载 T_L 开始稳定运行于正向电动状态的 A 点。电枢电压反接制动瞬间，工作点从 A 点过渡到 B 点，反接制动开始，工作点由 B 点向 C 点移动，电动机的转速逐渐降低，到达 C 点时转速为零。如需停车，在停车前应立即切断电源，否则电动机有可能反向起动；如要反转，则电动机的运行点将延伸到第Ⅲ象限的 D 点，进入反向电动运行状态，电动机以 $-n_D$ 的速度稳定运行。

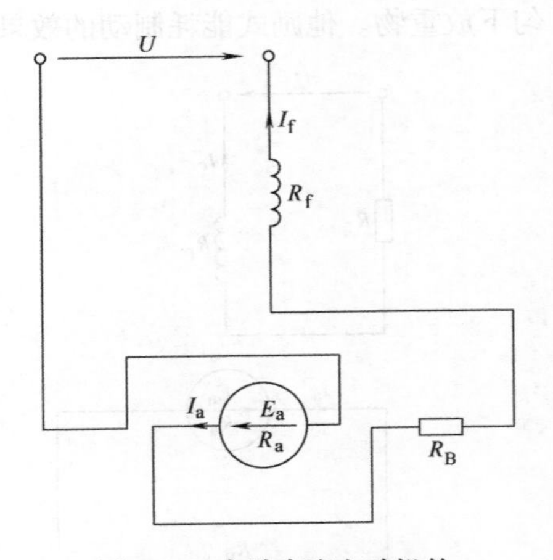

图 2-32 串励直流电动机的电枢反接制动电路

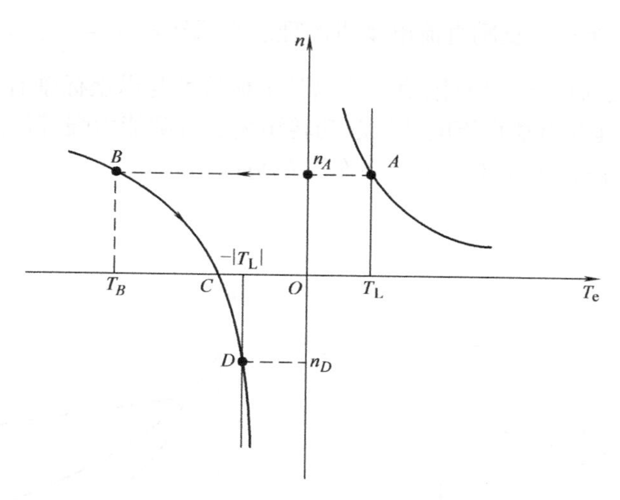

图 2-33　串励直流电动机的电枢反接制动的机械特性

（2）倒拉反转的反接制动

倒拉反转的反接制动只适用于位能性负载。串励直流电动机倒拉反转的反接制动方法、原理、过程与他励直流电动机相同，其机械特性如图 2-34 所示。

设串励直流电动机倒拉反转的反接制动用于下放重物，其制动过程如下：当电动机轴上带位能性负载 T_L（T_L 为重物产生的负载转矩）时，运行于电动机固有机械特性 1 上的 A 点，如图 2-34 所示，电动机以转速 n_A 稳定运行（提升重物）。欲下放重物时，需在电枢回路串入较大的制动电阻 R_B。在电枢回路串入 R_B 的瞬间，串励直流电动机的机械特性立即变为曲线 2，但电动机的转速 n_A 来不及突变，串励直流电动机的工作点以速度 n_A 从曲线 1 上的 A 点过渡到曲线 2 上的 B 点，如图 2-34 所示。此时，串励直流电动机的电磁转矩 $T_B < T_L$，系统开始减速（重物上升速度减缓），当系统降速到 C 点时，系统转速为零（重物静止），但位能性负载转矩 T_L 仍大于电动机的电磁转矩 T_C，电动机开始反向起动，被重物倒拉，电动机反转（重物开始下降）。电动机的工作点从第Ⅰ象限的电动运行状态延伸到第Ⅳ象限的倒拉反转的反接制动状态。直到 D 点，电动机的转矩 T_D 重新与负载转矩 T_L 相等，电动机以低速 n_D 稳定运行（匀速下放重物），电动机处于倒拉反转的反接制动运行状态。

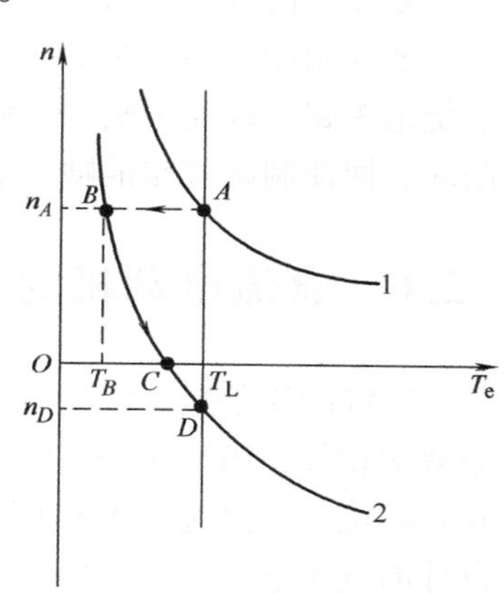

图 2-34　串励直流电动机倒拉反转反接制动的机械特性

2.5.4　复励直流电动机的机械特性

复励直流电动机有两套励磁绕组，一套是串励绕组 s，另一套是并励绕组 f，如图 2-35 所示。通常两套绕组的磁动势方向是相同的，即所谓的积复励。

复励直流电动机的机械特性介于他励与串励直流电动机之间，若并励绕组磁动势起主要作用，其机械特性接近于他励直流电动机，若串励磁动势起主要作用，其机械特性与串励电动机相近，如图 2-36 所示。复励直流电动机的理想空载转速 $n_0 = \dfrac{U}{C_e \Phi_f}$，式中，$\Phi_f$ 是并励绕组单独励磁时的每极磁通，n_0 是有限值，所以其机械特性与纵坐标轴有交点。

复励直流电动机具有串励直流电动机起动转矩大、过载能力强等优点，又因为并励绕组的存在，使得 n_0 不太高，因而避免了"飞车"的危险。

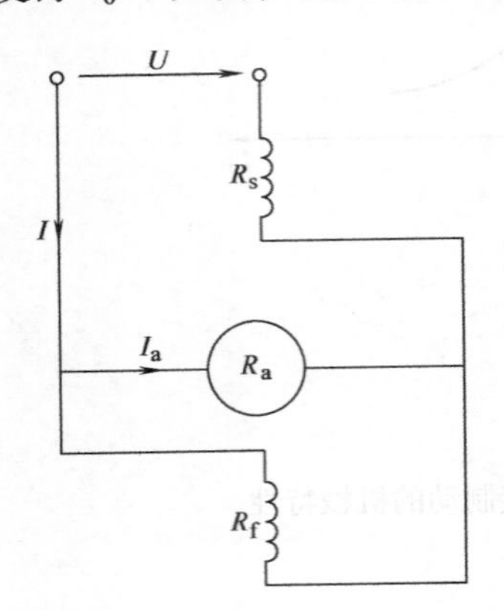

图 2-35　复励直流电动机电路

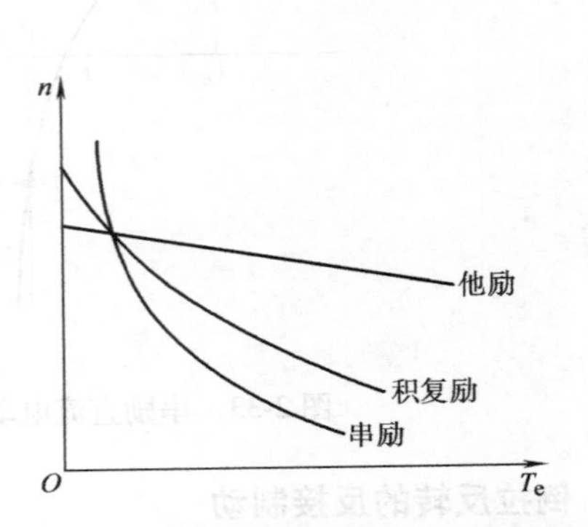

图 2-36　复励直流电动机的机械特性

复励直流电动机的起动、调速方法与他励直流电动机相同；制动方法有三种：反接制动、能耗制动和回馈制动。其中反接制动与串励电动机类似，能耗制动和回馈制动时需将串励绕组短路，以免串励磁动势反向，起去磁作用，影响制动效果。这样，复励电动机的能耗制动、回馈制动就与他励电动机完全相同了。

※2.6　直流电动机的 MATLAB 仿真

MATLAB 是矩阵实验室（Matrix Laboratory）的简称，是美国 MathWorks 公司出品的商业数学软件，用于算法开发、数据可视化、数据分析以及数值计算的高级技术计算语言和交互式环境，主要包括 MATLAB 和 Simulink 两大部分。本节主要介绍基于 MATLAB 7.10 平台设计的直流电动机机械特性曲线的绘制和电动机起动过程的仿真。

2.6.1　直流电动机的机械特性仿真

直流电动机的机械特性分为固有机械特性和人为机械特性，根据已知的电动机参数绘制固有机械特性，通过改变电枢电压、电枢电阻和磁通绘制人为机械特性。利用 MATLAB 7.10 编写 M 文件（*.m），完成机械特性曲线的绘制。

例 2-6　Z_2—61 型他励直流电动机的铭牌数据为：$P_N = 5.5\text{kW}$，$U_N = 220\text{V}$，$I_N = 30.4\text{A}$，$n_N = 1000\text{r/min}$，$R_a = 0.55\Omega$。利用 MATLAB 编程完成机械特性曲线的绘制。

解：基于 MATLAB 的机械特性计算与绘制程序如下：

```
clear
UN=220;PN=5.5;IN=30.4;
nN=1000;Ra=0.55;Rf=430;
```

```
IaN = IN - UN/Rf;
CePhi = (UN - Ra * IN)/nN;
CtPhi =9.55 * CePhi;
Ia =0:IN;
n = UN/CePhi - Ra/CePhi * Ia;
Te = CtPhi * Ia;
T2N =9550 * PN/nN;
%绘制固有机械特性曲线
figure(1);
plot(Te,n,'* ');
xlabel('电磁转矩');
ylabel('转速');
ylim([0,1200]);
%绘制降低电压人为机械特性曲线
figure(2);
plot(Te,n,'rs ');
xlabel('电磁转矩');
ylabel('转速');
hold on;
for coef =1: -0.25:0.25;
    U = UN * coef;
    n = U/CePhi - Ra/(CePhi * CtPhi) * Te;
    plot(Te,n,'k - ');
    str = strcat('U = ',num2str(U),'V ');
    sy =1000 * coef;
    text(50,sy,str);
end
ylim([0,1200]);
%绘制增加电枢电阻人为机械特性曲线
figure(3);
Rc =0;
n = UN/CePhi - (Ra + Rc)/(CePhi * CtPhi) * Te;
plot(Te,n,'rs ');
xlabel('电磁转矩');
ylabel('转速');
hold on;
U = UN;
for Rc =0:2.0:8.0;
   n = U/CePhi - (Ra + Rc)/(CePhi * CtPhi) * Te;
```

```
    plot(Te,n,'k-');
    str=strcat('R=',num2str(Ra+Rc),'\Omega');
    sy=260*(4-Rc*0.5);
    text(50,sy,str);
end
ylim([0,1200]);
%绘制改变磁通人为机械特性曲线
figure(4);
n=UN/CePhi-(Ra+Rc)/(CePhi*CtPhi)*Te;
plot(Te,n,'rs');
xlabel('电磁转矩');
ylabel('转速');
hold on;
U=UN;
for coef=0.5:0.25:1.3;
    Ce= CePhi*coef;
    Ct=CtPhi*coef;
    n=U/Ce-Ra/(Ce*Ct)*Te;
    plot(Te,n,'k-');
    str=strcat('\phi=',num2str(coef),'\phiN');
    sy=600*(4-coef*2.1);
    text(50,sy,str);
end
ylim([0,2500])
```

程序运行后，固有机械特性曲线和人为机械特性曲线如图2-37～图2-40所示。

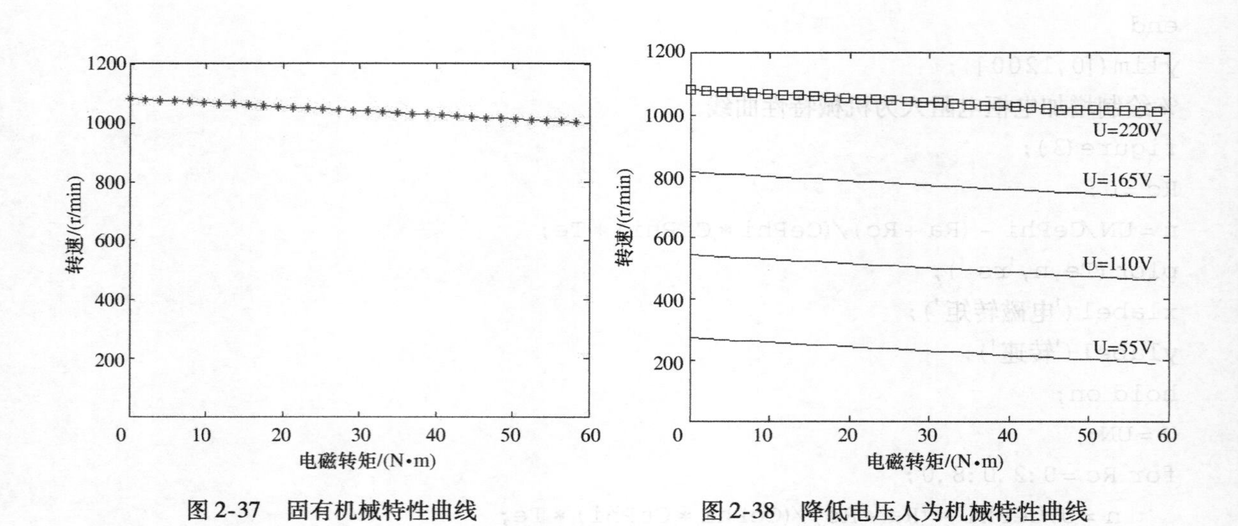

图2-37 固有机械特性曲线　　图2-38 降低电压人为机械特性曲线

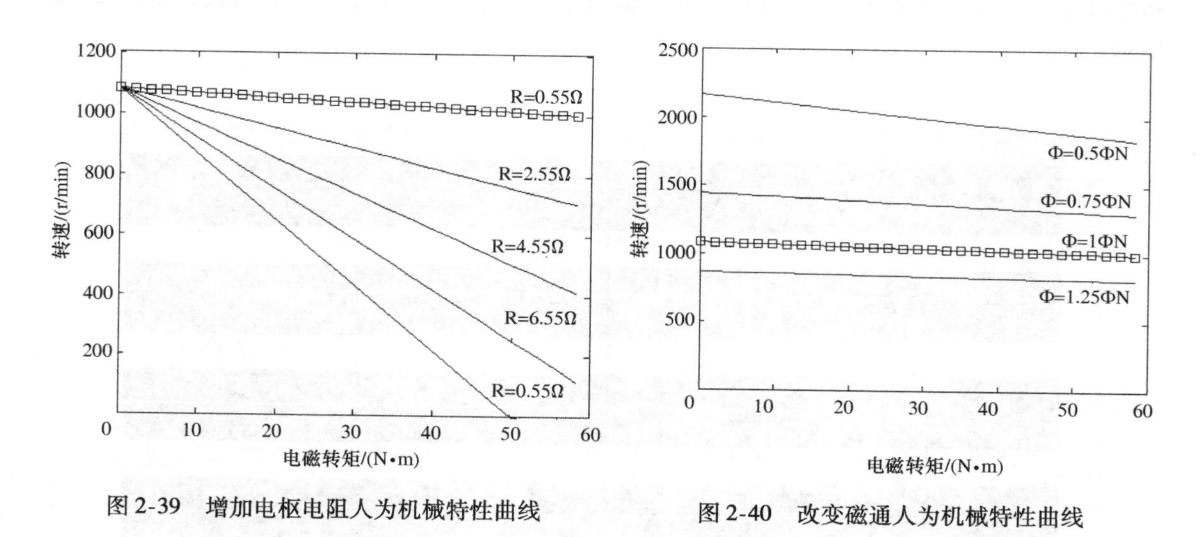

图 2-39　增加电枢电阻人为机械特性曲线　　图 2-40　改变磁通人为机械特性曲线

2.6.2　直流电动机的起动过程仿真

直流电动机的起动分为直接起动、降压起动和串电阻起动，利用 MATLAB/Simulink 的仿真平台设计了直流电动机的直接起动过程和串电阻起动过程的仿真模型，并给出了仿真结果。

1. 直流电动机直接起动过程仿真

基于 MATLAB/Simulink 仿真平台设计的直流电动机直接起动过程仿真模型如图 2-41 所示。

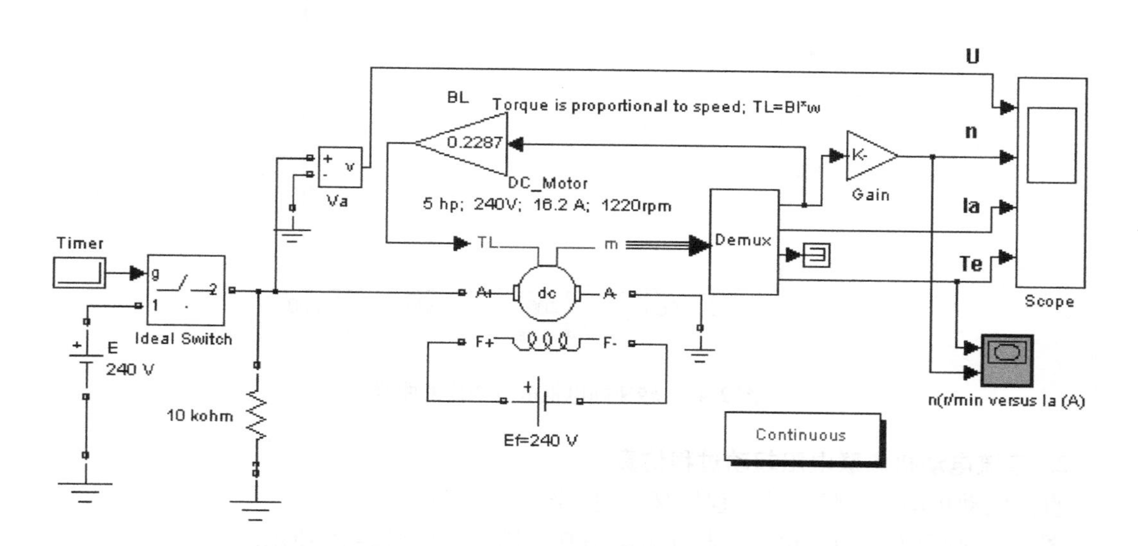

图 2-41　直流电动机直接起动过程仿真模型

图中包括直流电动机模块、电源模块、显示模块等。理想开关在 0.5s 时将 240V 直流电压送给直流电动机，此时电动机直接起动，示波器依次显示电源电压、转速、电枢电流和转矩的波形，仿真结果如图 2-42 所示。同时给出了转速随电枢电流变化的曲线，如图 2-43 所示。

图 2-42　仿真结果

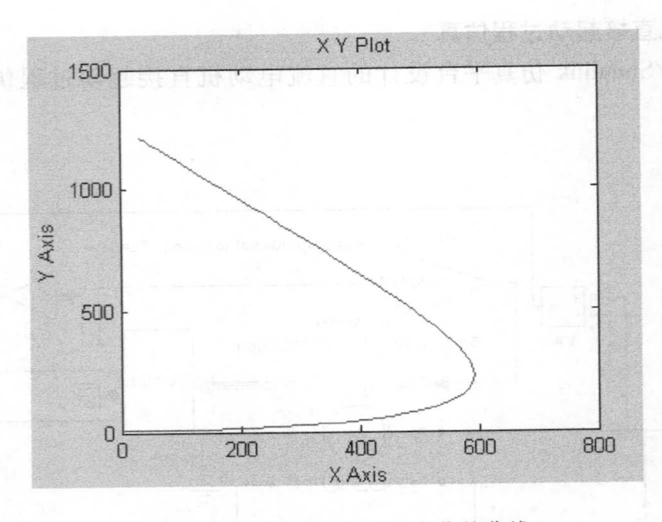

图 2-43　转速随电枢电流变化的曲线

2. 直流电动机串联电阻起动过程仿真

直流电动机串联电阻起动过程仿真模型如图 2-44 所示。

图 2-44 所示模型中还包含了起动电阻仿真子模块，如图 2-45 所示。

直流电动机串联电阻起动过程的仿真结果如图 2-46 所示。转速随电枢电流变化的曲线如图 2-47 所示，此时起动电流明显减小。

基于 MATLAB 平台还可以实现直流电动机调速特性、制动特性的仿真。

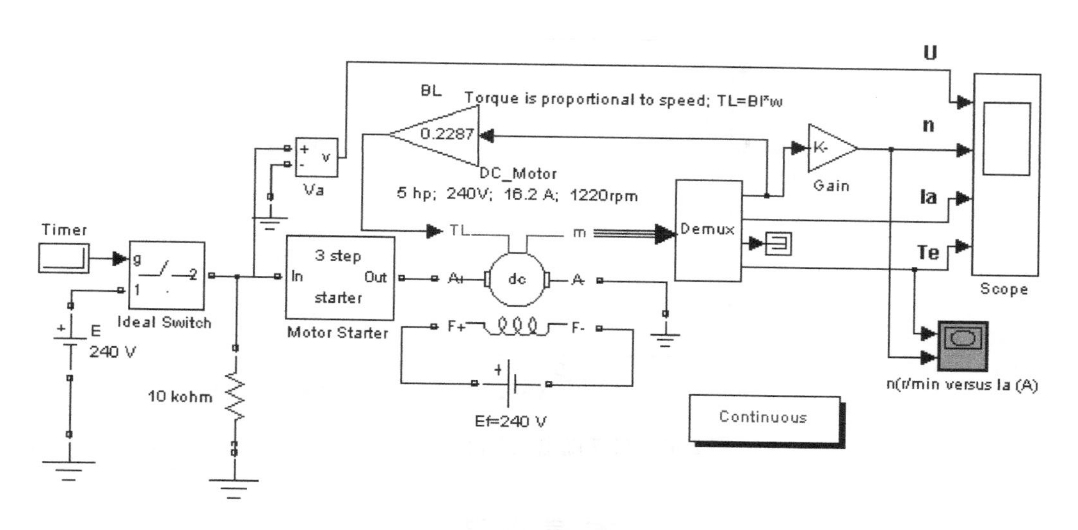

图 2-44　直流电动机串联电阻起动仿真模型

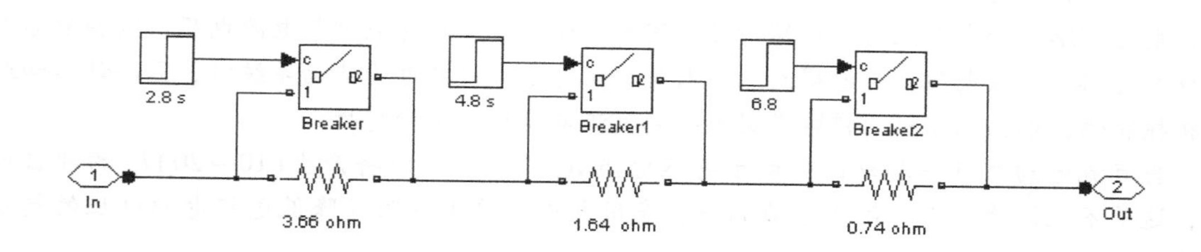

图 2-45　起动电阻仿真子模块

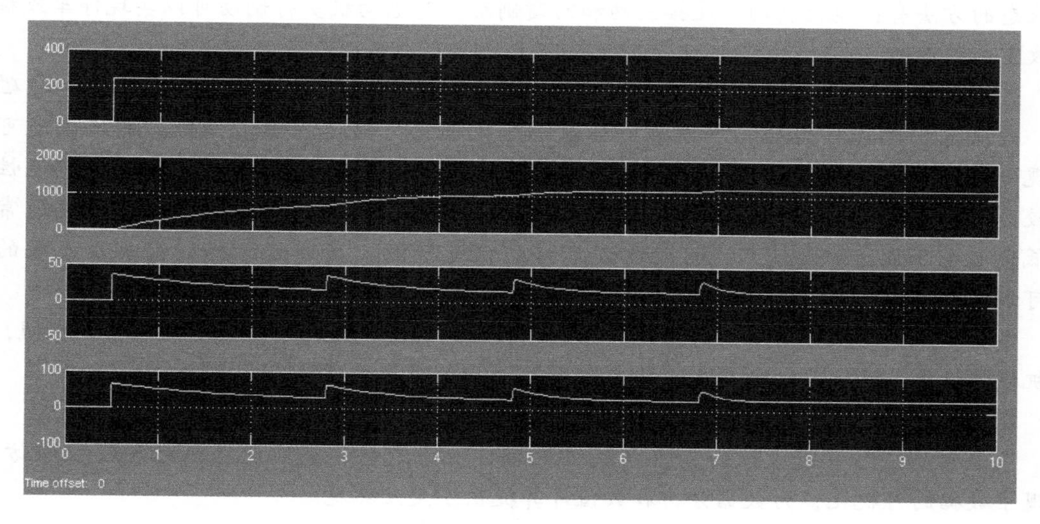

图 2-46　仿真结果

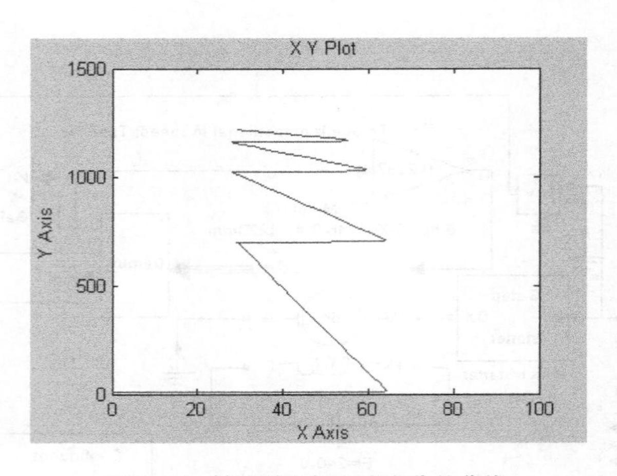

图2-47　转速随电枢电流变化的曲线

本章小结

电动机的机械特性是指电磁转矩 T_e 与转速 n 的关系，它反映了稳态转速随转矩变化的规律，是分析电力拖动系统性能的最重要的特性之一。当电动机的电压和磁通保持为额定值时，电枢回路无外串电阻时的机械特性是固有机械特性。人为地调节电源电压、减弱磁通或在电枢电路中串入电阻，可以得到三种人为机械特性。设计电力拖动系统时，需要计算和绘制机械特性，根据电动机的铭牌数据可绘制直流电动机的机械特性。

当直流电动机直接起动时，由于电枢电阻 R_a 很小，所以将产生$(10\sim20)I_N$的冲击电流，这是不允许的，所以直流电动机一般采用电枢回路串电阻或降低电枢电源电压的起动方法。

直流电动机由于生产的需要而工作在制动状态。制动状态下电动机的电磁转矩与转速反向，电动机转轴上输入机械功率并将其转换成电功率后消耗掉或回馈电网。使电动机处于制动状态的方法有：能耗制动、反接制动和回馈制动。对电动机实行制动可以实现停车或稳速下放重物的目的。

直流电动机的调速方法有三种：电枢回路串电阻调速、降低电枢电压调速和弱磁调速。直流电动机具有良好的调速性能，其调速范围大，转速的稳定性好，调压调速可以实现平滑调节；既可用于恒转矩负载，又可用于恒功率负载，因此广泛用于对调速性要求较高的生产设备上。电枢回路串电阻调速性能较差，调速指标不高；弱磁调速通常与降低电枢电压调速配合使用，可以达到宽广的调速范围、良好的运行稳定性及无级的连续可调的平滑性。

串励直流电动机具有起动转矩大、过载能力强的优点，适用于重载起动的生产机械，但其机械特性软，且空载时会发生“飞车”现象，因此不允许空载或轻载运行。

复励直流电动机的机械特性介于串励和他励直流电动机之间。

基于MATLAB平台设计的直流电动机机械特性的绘制和直流电动机起动过程的仿真，实现了数据的可视化，为数据分析和数值计算提供了交互环境。

思考题与习题

2-1　他励直流电动机起动时，电枢电流取决于什么？稳态运行时又取决于什么？

2-2　采用能耗制动和电压反接制动时，为什么要在直流电动机的电枢回路中串入电阻？哪一种情况下串入的电阻比较大？

2-3　采用能耗制动、转速反向的反接制动和回馈制动都能使位能性负载稳速下放，哪一种方法最经济？哪一种方法最不经济？为什么？

2-4　他励直流电动机空载起动与带额定负载起动相比较，哪种情况下起动电流大？

2-5　调速的技术指标有哪几个？静差率与调速范围有什么关系？

2-6　他励直流电动机带额定的恒转矩负载，采用弱磁调速，在高速下能否长期运行？为什么？

2-7　串励直流电动机为什么不允许空载运行？

2-8　串励直流电动机为什么不能实现回馈制动？

2-9　他励直流电动机的额定数据为：$P_N = 5.6\text{kW}$，$U_N = 220\text{V}$，$I_N = 28\text{A}$，$n_N = 1000\text{r/min}$。测得 $R_a = 0.35\Omega$。试计算并画出下列机械特性：

（1）固有机械特性；

（2）电枢电路串入电阻 $R_\Omega = 50\% R_N$（$R_N = \dfrac{U_N}{I_N}$）时的人为机械特性；

（3）电枢电压 $U = 50\% U_N$ 时的人为机械特性；

（4）磁通 $\Phi = 80\% \Phi_N$ 时的人为机械特性。

2-10　他励直流电动机的铭牌数据如下：$P_N = 21\text{kW}$，$U_N = 220\text{V}$，$I_N = 115\text{A}$，$n_N = 1000\text{r/min}$，电枢总电阻 $R_a = 0.18\Omega$。

（1）计算并绘制固有机械特性；

（2）转速为 1100r/min 时的电枢电流是多少？

（3）电压降至 200V，电枢电流 $I_a = I_N$ 时的转速是多少？

2-11　一台他励直流电动机的额定数据为：$P_N = 1.75\text{kW}$，$U_N = 110\text{V}$，$I_N = 18.5\text{A}$，$n_N = 1500\text{r/min}$，$R_a = 0.5\Omega$。

（1）直接起动的起动电流是多少？

（2）如果要求起动电流限制为 $2I_N$，采用降低电源电压起动，最低电压是多少？若采用电枢串电阻起动，应串入多大电阻？

2-12　一台他励直流电动机，其铭牌数据为：$P_N = 10\text{kW}$，$U_N = 220\text{V}$，$I_N = 53\text{A}$，$n_N = 1000\text{r/min}$，$R_a = 0.394\Omega$。采用电枢串电阻分级起动，其最大起动电流 $I_1 = 2I_N$，起动级数 $m = 3$，求各段起动电阻值，并计算分段电阻切除时的瞬时转速。

2-13　他励直流电动机的额定值：$P_N = 74\text{kW}$，$U_N = 220\text{V}$，$I_N = 378\text{A}$，$n_N = 1500\text{r/min}$。采用电枢串电阻分级起动，起动电流最大值不超过 $2I_N$，试求各段的起动电阻值。

2-14　一台他励直流电动机的铭牌数据为：$P_N = 96\text{kW}$，$U_N = 440\text{V}$，$I_N = 250\text{A}$，$n_N = 500\text{r/min}$，电枢总电阻 $R_a = 0.078\Omega$。电动机运行于额定工况。若最大制动电流不允许超过 $2I_N$，则：

（1）若采用能耗制动，求电枢应串入的最小电阻值；

（2）若采用电压反接的反接制动，求电枢应串入的最小电阻值。

2-15　一台他励直流电动机，铭牌数据为：$P_N = 17\text{kW}$，$U_N = 220\text{V}$，$I_N = 95\text{A}$，$n_N = 1000\text{r/min}$，$R_a = 0.18\Omega$。拖动起重机的提升机构，$T_L = T_N$，忽略空载转矩 T_0：

（1）若要求电动机以 800r/min 的转速起吊重物，求电枢电路应串入多大电阻？

（2）断开电源，同时在电枢电路内串入 2Ω 电阻，问电动机稳定转速是多少？

（3）若要求电动机以 1200r/min 的转速下放重物，有哪几种方法可以实现？试计算并说明。

2-16 一台他励直流电动机，其额定值为：$P_N=18.5kW$，$U_N=220V$，$I_N=103A$，$n_N=500r/min$。测得 $R_a=0.2\Omega$。拖动位能性恒转矩负载，$T_L=0.8T_N$，忽略空载转矩 T_0：

（1）重物吊起后要求停在空中，问如何实现？计算并说明；

（2）在电动机以510r/min的转速起吊重物时，忽然将电枢反接，若电枢电流不允许超过 $2I_N$，求电动机稳定转速。

2-17 他励直流电动机的铭牌数据：$P_N=60kW$，$U_N=220V$，$I_N=320A$，$n_N=1000r/min$，测得 $R_a=0.05\Omega$。拖动位能性恒转矩负载，$T_L=T_N$，忽略空载转矩 T_0：

（1）电动机在能耗制动下工作，$I_a=I_N$，电枢串入0.5Ω电阻，问电动机的转速是多少？

（2）电动机在回馈制作下工作，$I_a=I_N$，电枢不串电阻，问电动机转速是多少？

（3）在上述两种情况下，求电动机的输入功率、轴上输出功率各是多少？

2-18 一台他励直流电动机，其额定数据为：$P_N=10kW$，$U_N=220V$，$I_N=54A$，$n_N=3000r/min$，$R_a=0.35\Omega$。当生产机械要求静差率为20%时：

（1）采用调压调速，问调速范围是多少？

（2）采用电枢串电阻调速，问调速范围是多少？

2-19 他励直流电动机的额定数据：$P_N=29kW$，$U_N=440V$，$I_N=76A$，$n_N=1000r/min$，$R_a=0.4\Omega$。带恒转矩负载，$T_L=T_N$，采用调压与调磁结合的调速方法，生产机械要求最高运行转速为1200r/min，最低运行转速为400r/min，求：

（1）调速范围；

（2）在低速下工作时的电源电压；

（3）最低转速机械特性的静差率。

2-20 一台他励直流电动机，其额定值为：$P_N=40kW$，$U_N=220V$，$I_N=210A$，$R_a=0.08\Omega$，$n_N=500r/min$。电动机带额定的恒转矩负载工作，当磁通减弱为 $\Phi=\frac{1}{3}\Phi_N$ 时电动机的稳定转速和电枢电流是多少？电动机能否长期运行？为什么？

2-21 某他励直流电动机，其额定值为：$P_N=17kW$，$U_N=220V$，$I_N=100A$，$n_N=1500r/min$，$R_a=0.25\Omega$。若生产机械要求：

（1）调速范围 $D=5$，采用调压调速，最低转速是多少？低速机械特性的静差率是多少？

（2）静差率 $\delta=25\%$，采用调压调速，最低转速是多少？调速范围是多少？

2-22 一台串励直流电动机，已知 $U_N=110V$，电枢回路总电阻 $R=0.1\Omega$。某负载下 $I_a=10A$，$n=1000r/min$。若负载转矩增大为原来的4倍，电枢电流和转速各为多少（不计磁饱和）？

第 3 章 三相异步电动机的电力拖动

3.1 三相异步电动机的机械特性

三相异步电动机的机械特性是指电动机定子绕组电压 U_1、频率 f_1 和电动机的参数一定的条件下，电磁转矩 T_e 与转速 n 之间的函数关系，即 $T_e=f(n)$。因为异步电动机的转速 n 与转差率 s 存在一定的关系，所以三相异步电动机的机械特性也往往用 $T_e=f(s)$ 的形式表示，通常称为 T_e-s 曲线（或称为 T_e-n 曲线）。

3.1.1 三相异步电动机机械特性的三种表达式

在分析电动机的运行状态时，为了满足不同的需要，三相异步电动机的机械特性有以下三种表达形式。

1. 机械特性的物理表达式

由于三相异步电动机的电磁转矩 T_e 是转子导体中的电流与气隙磁场相互作用而产生的，所以三相异步电动机机械特性的物理表达式描述的是电磁转矩 T_e 随气隙磁场和转子电流变化的函数关系。

由电机学可知，三相异步电动机的电磁转矩 T_e 与气隙主磁通 Φ_m 和转子电流的有功分量 $I_2\cos\varphi_2$ 成正比，故三相异步电动机机械特性的物理表达式为

$$T_e=\frac{1}{\sqrt{2}}pm_2N_2k_{w2}\Phi_mI_2\cos\varphi_2=C_T\Phi_mI_2\cos\varphi_2 \tag{3-1}$$

式中，T_e 为电动机的电磁转矩（N·m）；p 为电动机的极对数；m_2 为电动机转子绕组的相数；N_2 为电动机转子绕组每相串联匝数；k_{w2} 为转子绕组的绕组系数；Φ_m 为电动机每极主磁通量（Wb）；I_2 为转子电流（A）；$I_2\cos\varphi_2$ 为转子电流的有功分量；C_T 为异步电动机的转矩常数，$C_T=\frac{1}{\sqrt{2}}pm_2N_2k_{w2}$。

由式（3-1）可知，对于已经制成的三相异步电动机，其电磁转矩 T_e 与电动机每极主磁通量 Φ_m 和转子电流的有功分量 $I_2\cos\varphi_2$ 成正比。增加转子电流的有功分量 $I_2\cos\varphi_2$，可使电动机的电磁转矩 T_e 增大。同理，增加三相异步电动机定子绕组的电压，可以使电动机每极主磁通量 Φ_m 增大，从而也可以使电动机的电磁转矩 T_e 增大。

2. 机械特性的参数表达式

在实际计算和分析三相异步电动机的各种运行状态时，往往需要知道电磁转矩 T_e 与电动机的参数（R_1、$X_{1\sigma}$、R_2'、$X_{2\sigma}'$）之间的关系，为此需要进一步推导出机械特性的参数表达式。

由图 3-1 所示的三相异步电动机简化等效电路（图中取修正系数 C 等于 1）可得

$$T_e=\frac{P_e}{\Omega_s}=\frac{m_1 I_2'^2\frac{R_2'}{s}}{\frac{2\pi n_s}{60}} \qquad (3\text{-}2)$$

$$-\dot{I}_2'=\frac{\dot{U}_1}{\left(R_1+\frac{R_2'}{s}\right)+\mathrm{j}(X_{1\sigma}+X_{2\sigma}')} \qquad (3\text{-}3)$$

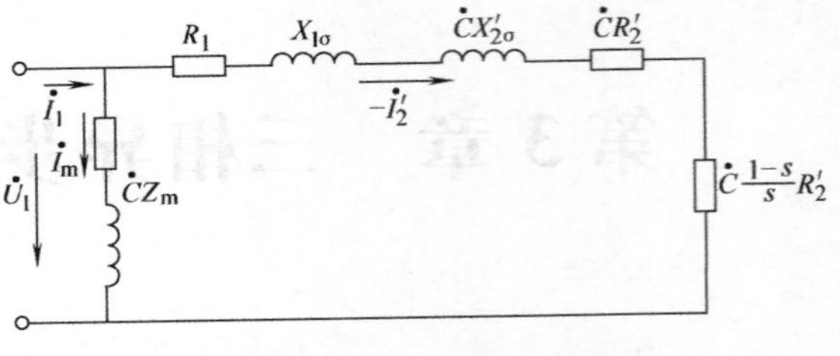

图 3-1 三相异步电动机简化等效电路

或

$$I_2'=\frac{U_1}{\sqrt{\left(R_1+\frac{R_2'}{s}\right)^2+(X_{1\sigma}+X_{2\sigma}')^2}} \qquad (3\text{-}4)$$

把式（3-4）代入式（3-2）中，于是得到机械特性的参数表达式为

$$T_e=\frac{m_1 U_1^2\frac{R_2'}{s}}{\frac{2\pi n_s}{60}\left[\left(R_1+\frac{R_2'}{s}\right)^2+(X_{1\sigma}+X_{2\sigma}')^2\right]}$$

$$=\frac{m_1 p U_1^2\frac{R_2'}{s}}{2\pi f_1\left[\left(R_1+\frac{R_2'}{s}\right)^2+(X_{1\sigma}+X_{2\sigma}')^2\right]} \qquad (3\text{-}5)$$

式中，m_1 为异步电动机的相数，三相异步电动机的相数 $m_1=3$；p 为三相异步电动机的极对数；U_1 为电动机定子绕组的相电压（V）；R_1 为定子绕组的电阻（Ω）；$X_{1\sigma}$为定子绕组的漏电抗（Ω）；R_2' 为转子绕组电阻的折算值（Ω）；$X'_{2\sigma}$为转子绕组漏电抗的折算值（Ω）；f_1 为电源的频率（Hz）；s 为异步电动机的转差率。

由式（3-5）可知，在电压 U_1、频率 f_1 为常数时，异步电动机的参数（R_1、$X_{1\sigma}$、R_2'、$X_{2\sigma}'$）可以认为是常数，电磁转矩 T_e 仅与转差率 s 有关，其机械特性曲线 $T_e=f(s)$ 如图 3-2 所示。

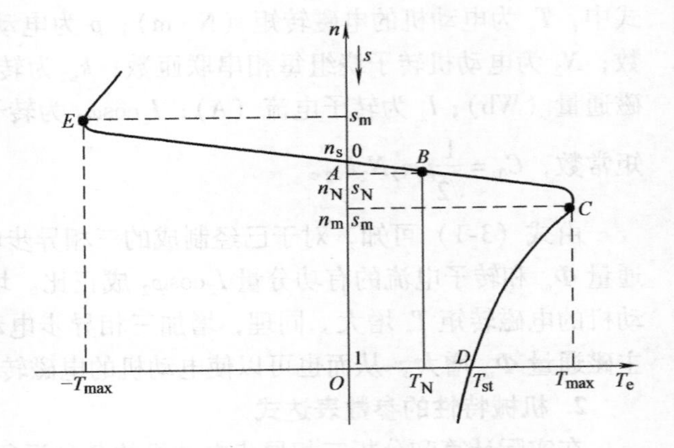

图 3-2 三相异步电动机的机械特性

现在，根据图 3-2 来说明异步电动机的电磁转矩 T_e 随转速 n（或转差率 s）变化的情况。当一台异步电动机在接通电源起动瞬间，转子尚未转动，即 $n=0(s=1)$ 时的电磁转矩称为起动转矩 T_{st}（又称堵转转矩），这时若 T_{st} 太小，电动机将无法起动。如果 T_{st} 大于负载转矩，电动机便开始旋转，转速 n 逐渐上升，转差率 s 则随之减小。当转速上升到 n_m（图中 C 点）时，电磁转矩达到最大值，称为最大转矩 T_{max}；与之对应的转差率称为临界转差率，用 s_m 表示。

电动机在曲线 AC 段范围内工作时，能稳定运行，称为稳定运行区，当电磁转矩 T_e 等于负载转矩 $T_L=T_N$（包括轴上所带机械负载转矩和电动机的空载转矩）时，电动机稳定运行，转速 $n=n_N=$ 恒值。当负载转矩 T_L 增大时，由于 $T_e<T_L$，电动机开始减速，根据 AC 段特性曲线可知，随着 n 减小，T_e 逐渐增大，直到 $T_e=T_L$ 时，电动机便在新的较低转速下稳定运行。反之，若 T_L 减小，则 n 上升，使 T_e 减小，达到新的平衡时，电动机便在新的较高转速下稳定运行。但是，在曲线 CD 段，电动机不能稳定运行。例如当 T_L 增大时，$T_e<T_L$，n 下降，根据 CD 段特性曲线可知，随着 n 减小，T_e 却进一步减小，致使 n 再下降，T_e 再减小，直至电动机停止转动。

图3-2中三相异步电动机机械特性曲线 AC 段近似一条斜率不大的直线，说明当电磁转矩 T_e 变化时，转速 n 变化不大，这种机械特性称为硬机械特性，反之，称为软机械特性。

（1）最大转矩和过载能力

由机械特性方程式（3-5）可以看出，当 U_1、f_1 一定，并认为电动机参数不变时，T_e 仅为 s 的函数，令 $\frac{\mathrm{d}T_e}{\mathrm{d}s}=0$，即可求出对应于最大转矩 T_{max} 时的转差率 s_m，为

$$s_m=\pm\frac{R_2'}{\sqrt{R_1^2+(X_{1\sigma}+X_{2\sigma}')^2}} \tag{3-6}$$

s_m 称为临界转差率。把式（3-6）代入式（3-5），便得到最大电磁转矩

$$T_{max}=\pm\frac{1}{2}\frac{m_1pU_1^2}{2\pi f_1[\pm R_1+\sqrt{R_1^2+(X_{1\sigma}+X_{2\sigma}')^2}]} \tag{3-7}$$

式（3-6）和式（3-7）中，“+”号适用于电动运行状态，而“−”号适用于发电运行状态。

通常 $R_1\ll(X_{1\sigma}+X_{2\sigma}')$，如果忽略 R_1，式（3-6）及式（3-7）可近似变为

$$s_m\approx\pm\frac{R_2'}{X_{1\sigma}+X_{2\sigma}'} \tag{3-8}$$

$$T_{max}\approx\pm\frac{m_1pU_1^2}{4\pi f_1(X_{1\sigma}+X_{2\sigma}')} \tag{3-9}$$

也就是说，异步发电运行状态和电动运行状态的最大电磁转矩绝对值近似认为相等，临界转差率的绝对值也近似认为相等，机械特性具有对称性，如图3-2所示。

由以上各式可见：

1）当 f_1 及参数一定时，最大转矩 T_{max} 与外施电压 U_1 的平方成正比。

2）最大转矩 T_{max} 的大小与转子回路电阻 R_2 无关。

3）临界转差率 s_m 与转子回路电阻 R_2 成正比，与漏电抗（$X_{1\sigma}+X_{2\sigma}'$）成反比，与电压大小无关。

4）当电源电压 U_1 和频率 f_1 一定时，最大转矩 T_{max} 与漏电抗（$X_{1\sigma}+X_{2\sigma}'$）成反比。

5）当电源电压 U_1 和参数一定时，最大转矩 T_{max} 随频率 f_1 的增加而减小。

最大电磁转矩 T_{max} 与额定转矩 T_N 之比称过载倍数，又称为过载能力，用 $\boldsymbol{\lambda}_m$（或 $\boldsymbol{\lambda}$）表示，即

$$\lambda_{m} = \frac{T_{max}}{T_{N}} \tag{3-10}$$

过载能力是异步电动机重要性能指标之一。一般三相异步电动机 $\lambda_{m}=1.6\sim2.2$，起重、冶金等特殊用途的异步电动机 $\lambda_{m}=2.2\sim2.8$。应用于不同场合的三相异步电动机，都有足够大的过载能力，这样当电压突然降低或负载转矩突然增大时，电动机转速变化不大，待干扰消失后又恢复正常运行。

(2) 起动转矩和起动转矩倍数

异步电动机定子绕组接通电源，而转子尚未转动时，即 $n=0$，$s=1$ 时的电磁转矩称为起动转矩，用 T_{st} 表示。将 $s=1$ 代入式（3-5）中，可得到起动转矩 T_{st} 为

$$T_{st} = \frac{m_1 p U_1^2 R_2'}{2\pi f_1 [(R_1 + R_2')^2 + (X_{1\sigma} + X_{2\sigma}')^2]} \tag{3-11}$$

起动转矩表达式表明：

1）当电源频率 f_1 和参数一定时，起动转矩 T_{st} 与外施电压 U_1 的平方成正比。

2）当电源频率 f_1 和电压 U_1 一定时，漏电抗（$X_{1\sigma}+X_{2\sigma}'$）越大，则起动转矩 T_{st} 越小。

3）当转子回路电阻（包括外加电阻）与电动机的漏电抗相等时，$s_{m}=1$，起动转矩 T_{st}（$=T_{max}$）为最大。可见，对于绕线转子异步电动机，在转子回路串入适当附加电阻，可提高起动转矩。

4）起动转矩 T_{st} 随电源频率 f_1 的提高而减小。

起动转矩与额定转矩的比值称为起动转矩倍数，用 K_{T} 表示（或 K_{st}）表示，即

$$K_{T} = \frac{T_{st}}{T_{N}} \tag{3-12}$$

起动转矩倍数 K_{T} 是异步电动机的另一个重要的性能指标。K_{T} 的大小，反映了电动机起动负载的能力。电动机起动时，K_{T} 大于（1.1 ~1.2）倍的负载转矩就可顺利起动。K_{T} 越大，电动机起动就越快。一般异步电动机的起动转矩倍数 $K_{T}=1.0\sim2.0$。

3. 机械特性的实用表达式

机械特性的参数表达式对于分析电磁转矩 T_{e} 与电动机参数间的关系、进行某些理论分析，是非常有用的。但是，由于在电机产品目录中，定、转子的参数 R_1、$X_{1\sigma}$、R_2'、$X_{2\sigma}'$ 等是查不到的，因此，用参数表达式绘制机械特性或进行分析计算是很不方便的，为此，必须导出较为实用的机械特性表达式。

用式（3-5）除以式（3-7）得

$$\frac{T_{e}}{T_{max}} = \frac{2R_2'\left[R_1 + \sqrt{R_1^2 + (X_{1\sigma} + X_{2\sigma}')^2}\right]}{s\left[\left(R_1 + \frac{R_2'}{s}\right)^2 + (X_{1\sigma} + X_{2\sigma}')^2\right]} \tag{3-13}$$

从式（3-6）可知

$$\sqrt{R_1^2 + (X_{1\sigma} + X_{2\sigma}')^2} = \frac{R_2'}{s_{m}} \tag{3-14}$$

将式（3-14）代入式（3-13）经整理可得

$$\frac{T_e}{T_{max}}=\frac{2\left(1+\frac{R_1}{R_2'}s_m\right)}{\frac{s}{s_m}+\frac{s_m}{s}+2\frac{R_1}{R_2'}s_m} \tag{3-15}$$

式（3-15）中仍然包括电动机的参数 R_1 及 R_2'，一般情况下认为 $R_1=R_2'$，对普通异步电动机来说不会造成很大误差，于是可得

$$\frac{T_e}{T_{max}}=\frac{2+2s_m}{\frac{s}{s_m}+\frac{s_m}{s}+2s_m} \tag{3-16}$$

式（3-16）称为三相异步电动机机械特性的较准确的实用表达式。

式（3-16）中，s_m一般在0.1～0.2范围内，显然，在任何 s 值时，都有$\frac{s}{s_m}+\frac{s_m}{s}\geqslant 2$。而 $2s_m\ll 2$，所以 $2s_m$ 可忽略，这样上式可简化为

$$\frac{T_e}{T_{max}}=\frac{2}{\frac{s}{s_m}+\frac{s_m}{s}} \tag{3-17}$$

式（3-17）称为三相异步电动机机械特性的简化实用表达式。

3.1.2　三相异步电动机的固有机械特性

固有机械特性是指三相异步电动机工作在额定电压及额定频率下，电动机按规定的接线方法接线，定子及转子电路中不外接电阻（电抗或电容）时所获得的机械特性曲线，如图3-2所示。

从图3-2中看出，三相异步电动机固有机械特性具有以下特点：

1）在 $0<s\leqslant 1$，即 $n_s>n\geqslant 0$ 的范围内，$T=f(s)$ 曲线位于第Ⅰ象限，电磁转矩 T_e 和转速 n 都为正，从正方向规定判断，T_e 与 n 同方向，n 与同步转速 n_s 同方向。因此，异步电动机在这一范围内为电动运行状态。

在第Ⅰ象限电动运行状态的特性曲线上，B 点为额定运行点，其特点是：$n=n_N(s=s_N)$，$T_e=T_N$，$I_1=I_{1N}$。A 点为理想空载运行点，或称同步点，其特点是：$n=n_s(s=0)$，$T_e=0$，$I_2'=0$，$I_1=I_{10}$。A 点是电动运行状态与发电（或回馈制动）运行状态的转折点。C 点是电动运行状态最大电磁转矩点，其特点是：$T_e=T_{max}$，$s=s_m$。D 点为起动点，其特点是：$n=0(s=1)$，$T_e=T_{st}$（T_{st}为起动转矩），$I_1=I_{st}$（I_{st}为起动电流）。

2）在 $s<0$，即 $n>n_s$ 的范围内，特性在第Ⅱ象限，电磁转矩 T_e 为负，T_e 与 n 方向相反，T_e 是制动性质的转矩，电磁功率也为负。异步电动机工作在这一范围内是发电运行状态（或回馈制动运行状态）。

3）在 $s>1$、即 $n<0$ 的范围内，特性在第Ⅳ象限，电磁转矩 $T_e>0$，T_e 与 n 方向相反，T_e 是制动性质的转矩。异步电动机工作在这一范围内为电磁制动运行状态。

例 3-1　一台三相四极异步电动机，额定功率 $P_N=4\text{kW}$，额定电压 $U_N=380\text{V}$，额定频率 $f_N=50\text{Hz}$，额定转速 $n_N=1440\text{r/min}$，定子绕组为三角形（△）联结，定子电阻 $R_1=4.47\Omega$，定子漏电抗 $X_{1\sigma}=6.7\Omega$，转子电阻折算值 $R_2'=3.29\Omega$，转子漏电抗折算值 $X_{2\sigma}'=$

9.85Ω。试求在额定转速时的电磁转矩 T_{eN}、最大转矩 T_{max}、起动电流 I_{st} 和起动转矩 T_{st}。

解：（1）电动机的同步转速 n_s

$$n_s = \frac{60f}{p} = \frac{60 \times 50}{2}\text{r/min} = 1500\text{r/min}$$

（2）电动机的额定转差率 s_N

$$s_N = \frac{n_s - n_N}{n_s} = \frac{1500 - 1440}{1500} = 0.04$$

（3）额定转速时的电磁转矩 T_{eN}

$$T_{eN} = \frac{m_1 p U_1^2 \dfrac{R_2'}{s_N}}{2\pi f_1\left[\left(R_1 + \dfrac{R_2'}{s_N}\right)^2 + (X_{1\sigma} + X_{2\sigma}')^2\right]}$$

$$= \frac{3 \times 2 \times 380^2 \times \dfrac{3.29}{0.04}}{2\pi \times 50\left[\left(4.47 + \dfrac{3.29}{0.04}\right)^2 + (6.7 + 9.85)^2\right]}\text{N·m}$$

$$= 29.1\text{N·m}$$

（4）最大转矩 T_{max}

$$T_{max} = \frac{1}{2}\,\frac{m_1 p U_1^2}{2\pi f_1\left[R_1 + \sqrt{R_1^2 + (X_{1\sigma} + X_{2\sigma}')^2}\right]}$$

$$= \frac{1}{2}\,\frac{3 \times 2 \times 380^2}{2\pi \times 50\left[4.47 + \sqrt{4.47^2 + (6.7 + 9.85)^2}\right]}\text{N·m}$$

$$= 63.83\text{N·m}$$

（5）起动电流 I_{st}

$$I_{st} = \frac{U_1}{\sqrt{(R_1 + R_2')^2 + (X_{1\sigma} + X_{2\sigma}')^2}}$$

$$= \frac{380}{\sqrt{(4.47 + 3.29)^2 + (6.7 + 9.85)^2}}\text{A}$$

$$= 20.79\text{A}$$

（6）起动转矩 T_{st}

$$T_{st} = \frac{m_1 p U_1^2 R_2'}{2\pi f_1\left[(R_1 + R_2')^2 + (X_{1\sigma} + X_{2\sigma}')^2\right]}$$

$$= \frac{3 \times 2 \times 380^2 \times 3.29}{2\pi \times 50\left[(4.47 + 3.29)^2 + (6.7 + 9.85)^2\right]}\text{N·m}$$

$$= 27.16\text{N·m}$$

3.1.3 三相异步电动机的人为机械特性

人为机械特性又称人工机械特性，是人为地改变电动机参数或电源参数而得到的机械特性。由式（3-5）看出，可以变动的量有：定子电压 U_1、定子频率 f_1、极对数 p、定子回路的电阻（或电抗）、转子回路的电阻（或电抗）等。在电力拖动中，人们可以通过合理地利用人为机械特性对异步电动机进行调速或者起动。下面简单介绍几种人为机械特性，其余将在有关章节中介绍。

1. 降低定子绕组相电压的人为机械特性

三相异步电动机的其他参数都与固有机械特性相同，仅降低定子绕组的相电压 U_1 时所得到的人为机械特性，称为降低定子绕组相电压的人为机械特性。其特点如下：

1）异步电动机的同步转速 n_s 与电压 U_1 毫无关系。不论电压 U_1 改变多少，n_s 不会改变。

2）当 U_1 降低时，由式（3-5）看出，电磁转矩 T_e 与 U_1^2 成正比，为此最大转矩 T_{max} 随 U_1^2 成正比下降。但是最大转矩对应的临界转差率 s_m 与电压 U_1 无关。

3）由于电磁转矩 T_e 与 U_1^2 成正比，当 U_1 降低时，起动转矩 T_{st} 都也要随 U_1^2 成正比降低。

于是可得到图 3-3 所示的不同定子绕组相电压 U_1 时的人为机械特性，它是一组通过同步点的曲线簇。例如 $U_1 = 0.8U_{1N}$ 时，最大转矩、起动转矩以及对应于任一转差率的转矩均减小到原来的 0.64 倍。

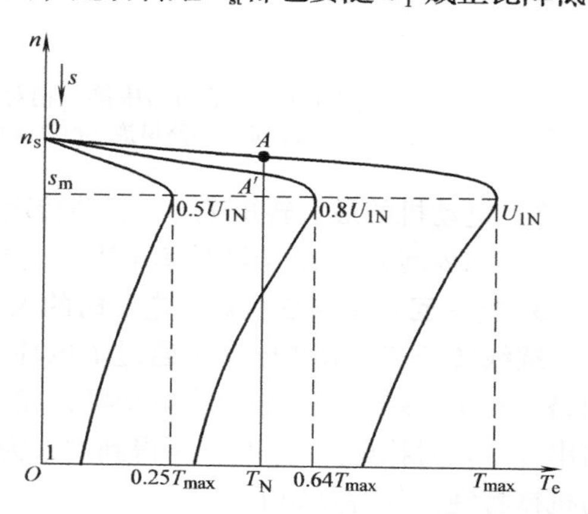

图 3-3　降低定子绕组相电压 U_1 的人为机械特性

顺便指出，如果异步电动机原来拖动额定负载工作在 A 点（见图 3-3），当负载转矩 T_L 不变时，仅把电压 U_1 降低后，电动机的转速 n 略降低一些。但是由于 T_L 不变，U_1 虽然减小了，而电磁转矩 T_e 却依然不变（$T_e = T_L$）。从转矩 $T_e = C_T\Phi_m I_2\cos\varphi_2$ 看出，当 U_1 降低后，气隙主磁通 Φ_m 减小了，但转子功率因数 $\cos\varphi_2$ 却变化不大（因为电动机的转速 n 变化不大，所以转子电流的频率变化不大，故转子绕组的漏电抗变化不大），所以转子电流 I_2' 要增大，同时定子电流 I_1 也要增大。从电动机的损耗来看，Φ_m 的减小能降低铁损耗，但是随着电流的增大，铜损耗与电流的平方成正比，增加很快。如果 U_1 降低过多，拖动额定负载的异步电动机，长期处于低电压下运行，由于铜损耗非常大，有可能烧毁电动机。这一点应十分注意。相反地，如果异步电动机处于半载或轻载下运行。降低电压 U_1，使主磁通 Φ_m 减小以降低电动机的铁损耗，从节能的角度看，又是有好处的。

2. 定子回路串接三相对称电阻或电抗时的人为机械特性

由于在定子回路串接三相对称电阻 R_{ad} 或电抗 X_{ad} 时，定子电流会在外串的电阻或电抗上造成一定的压降，相当于降低了电动机定子绕组的相电压 U_1，故电磁转矩要下降。由式（3-6）又知道，无论是加大 R_1 还是 $X_{1\sigma}$，都会使临界转差率 s_m 变小。图 3-4a 所示为定子回路串三相对称电阻时的人为机械特性。

定子回路串入三相对称电抗时的人为机械特性如图 3-4b 所示。这种情况下，定子回路串入的电抗 X_{ad} 不消耗有功功率，而在定子回路串入电阻 R_{ad} 后，电阻 R_{ad} 将消耗有功功率。

在定子回路串接三相对称电阻 R_{ad} 或电抗 X_{ad}，实质上相当于增大了电动机定子回路的漏阻抗，其特点如下：

1）电动机的同步转速 n_s 不变，所以在定子回路串接不同的三相对称电阻 R_{ad}（或电抗 X_{ad}）时的人为机械特性都通过固有机械特性的同步转速点。

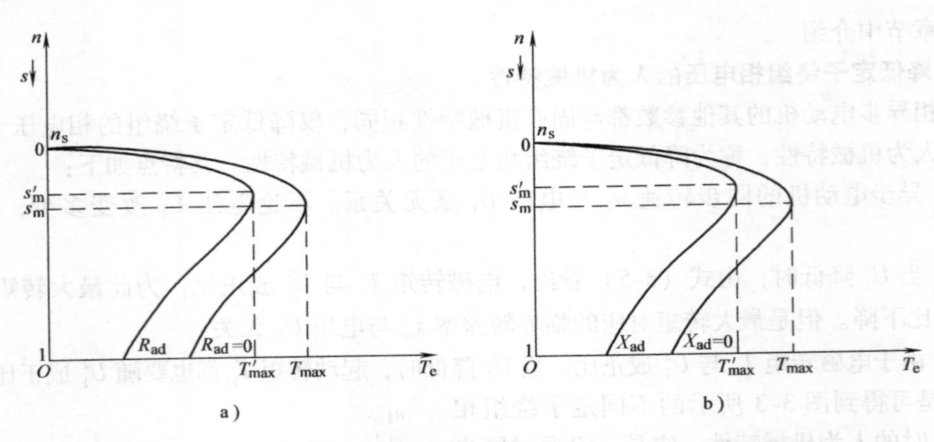

图 3-4 定子回路串接三相对称电阻（或电抗）时的人为机械特性
a）定子回路串接三相对称电阻 b）定子回路串接三相对称电抗

2）电动机的最大转矩 T_{max}、起动转矩 T_{st} 都随外串电阻或电抗的增大而减小。

3）临界转差率 s_m 会随外串电阻或电抗的增大而减小，最大转矩点上移。

3. 转子回路串接三相对称电阻时的人为机械特性

绕线转子三相异步电动机通过集电环（又称滑环），可以把三相对称电阻 R_{ad} 串入转子回路。对于绕线转子三相异步电动机，如果其他参数都与固有机械特性时相同，仅在转子回路串入三相对称电阻 R_{ad} 时，所得到的人为机械特性，称为转子回路串入三相对称电阻的人为机械特性。其特点如下：

1）从式（3-7）可以看出，最大转矩 T_{max} 与转子每相电阻值无关，即转子串入电阻 R_{ad} 后，T_{max} 不变。

2）从式（3-6）看出，临界转差率 $s_m \propto (R'_2 + R'_{ad}) \propto R_2 + R_{ad}$。也就是说，临界转差率 s_m 随转子串入电阻 R_{ad} 的增大而增大。

3）电动机的同步转速 n_s 不变，所以不同 R_{ad} 的人为机械特性都通过固有机械特性的同步点。

因为转子回路串入电阻 R_{ad} 并不改变同步转速 n_s，所以，转子回路串入三相对称电阻的人为机械特性是一组通过同步点，并随 R_{ad} 的增大机械特性变软的曲线，如图 3-5 所示。

从图 3-5 可以看出，串入适当的电阻 R_{ad}，可以增大起动转矩 T_{st}。例如，在最初起动时，希望异步电动机的起动转矩最大，可在转子回路串入电阻 R_{ad}，使式（3-8）中 $s_m = 1$，即

$$s_m = \frac{R'_2 + R'_{ad}}{X_{1\sigma} + X'_{2\sigma}} = 1 \qquad (3\text{-}18)$$

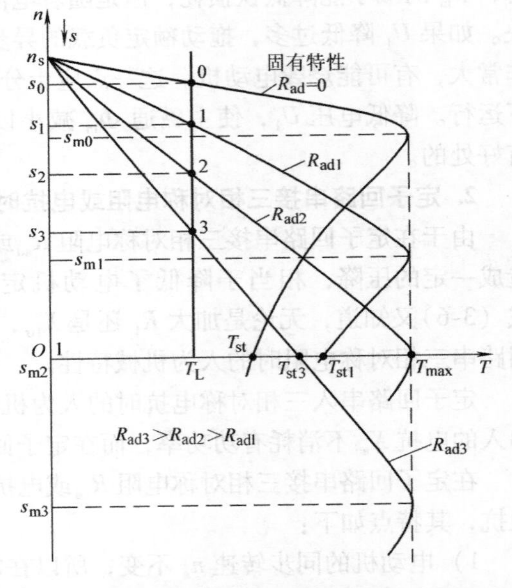

图 3-5 转子回路串入三相对称电阻的人为机械特性

或

$$R'_{ad} = X_{1\sigma} + X'_{2\sigma} - R'_2 \tag{3-19}$$

式中，$R'_{ad} = k_e k_i R_{ad}$，k_e 为电动机的电压比，k_i 为电动机的电流比。

这时，起动转矩 T_{st}等于最大转矩 T_{max}。但是如果转子回路的电阻过大，使得 $s_m > 1$，则此时随着转子电阻的继续增大，起动转矩 T_{st}反而下降，如图 3-5 所示。

3.1.4　三相异步电动机机械特性的绘制

在已知三相异步电动机参数的情况下，可以根据电动机机械特性的参数表达式绘制出三相异步电动机的机械特性曲线。但是，在工程实践中，往往在未得到电动机的参数时，就需要对电动机的运行特性进行分析，因此，需要根据电动机的铭牌数据或电动机的产品目录数据绘制电动机的机械特性。这时可以采用机械特性的实用表达式绘制三相异步电动机的机械特性曲线。

1. 固有机械特性曲线的绘制

在实际应用中，若忽略电动机的空载转矩 T_0，近似认为电动机额定运行时的电磁转矩 T_e 等于电动机的额定转矩 T_N，即 $T_e = T_N$。

如果从产品目录中查到电动机的技术数据：电动机的额定功率 P_N(kW)、额定转速 n_N(r/min)、过载能力 λ_m，那么就可以得到电动机的额定转矩 T_N 和最大转矩 T_{max}

$$T_N = 9550\frac{P_N}{n_N}$$

$$T_{max} = \lambda_m T_N$$

将式（3-17）改写成

$$\frac{1}{\lambda_m} = \frac{2}{\dfrac{s_N}{s_m} + \dfrac{s_m}{s_N}}$$

又可以求得 s_m

$$s_m = s_N(\lambda_m + \sqrt{\lambda_m^2 - 1}) \tag{3-20}$$

可见，利用三相异步电动机的技术数据，可以求出 T_{max} 和 s_m，将 T_{max} 和 s_m 代入式(3-17)就可以得到机械特性 $T_e = f(s)$。人为地给定一个 s 值，便可求得相应的 T_e值，从而绘出三相异步电动机的机械特性曲线。

若使用实用表达式时不知道额定工作点数据，则由于更多的情况是在人为机械特性上运行，因此其机械特性照样可以用实用表达式计算，虽该特性上没有额定运行点，但这时可将任一已知的电磁转矩 T_e 和转差率 s 代入式（3-17），得

$$\frac{T_e}{T_{max}}\frac{T_N}{T_N} = \frac{T_e}{\lambda_m T_N} = \frac{2}{\dfrac{s}{s_m} + \dfrac{s_m}{s}}$$

解上式，可得这种情况下与最大转矩对应的临界转差率 s_m 为

$$s_m = s\left[\lambda_m \frac{T_N}{T_e} + \sqrt{\lambda_m^2\left(\frac{T_N}{T_e}\right)^2 - 1}\right] \tag{3-21}$$

同理，将求出的 T_{max}和 s_m 代入式（3-17）就可以得到该情况下的机械特性 $T_e = f(s)$。

当三相异步电动机在额定负载范围内运行时，其转差率 s 小于额定转差率 s_N，因为一般情况下 $s_N=0.01\sim0.05$。所以 $\frac{s}{s_m}\ll\frac{s_m}{s}$。若忽略 $\frac{s}{s_m}$，式（3-17）可变为

$$T_e=\frac{2T_{max}}{s_m}s \tag{3-22}$$

经过以上简化，可使三相异步电动机的机械特性呈线性变化关系，使用起来更为方便。但是，式（3-22）只能用于转差率在 $s_N>s>0$ 的范围内。

例 3-2　一台三相六极异步电动机，额定数据为：$P_N=100\text{kW}$，$U_N=380\text{V}$，$f_N=50\text{Hz}$，$n_N=960\text{r/min}$。忽略空载转矩 T_0，试求额定运行时的转差率 s_N 和额定转矩 T_N，若该电动机过载倍数 $\lambda_m=2$，求：（1）机械特性实用表达式；（2）绘制固有机械特性曲线。

解：（1）求实用表达式。先求同步转速 n_s

$$n_s=\frac{60f}{p}=\frac{60\times50}{3}\text{r/min}=1000\text{r/min}$$

额定转差率 s_N

$$s_N=\frac{n_1-n_N}{n_1}=\frac{1000-960}{1000}=0.04$$

额定转矩 T_N

$$T_N=9550\frac{P_N}{n_N}=9550\times\frac{100}{960}\text{N}\cdot\text{m}=994.8\text{N}\cdot\text{m}$$

临界转差率 s_m

$$s_m=s_N(\lambda_m+\sqrt{\lambda_m^2-1})=0.04\times(2+\sqrt{2^2-1})=0.149$$

最大转矩 T_{max}

$$T_{max}=\lambda_mT_N=2\times994.8\text{N}\cdot\text{m}=1989.6\ \text{N}\cdot\text{m}$$

机械特性的实用表达式

$$T_e=\frac{2T_{max}}{\frac{s}{s_m}+\frac{s_m}{s}}=\frac{2\times1989.6}{\frac{s}{0.149}+\frac{0.149}{s}}\text{N}\cdot\text{m}$$

（2）绘制固有机械特性曲线。给定一个 s，按实用表达式计算出其相应的 T_e，计算结果见表 3-1。

表 3-1　三相异步电动机的机械特性计算结果

s	0	0.04	0.10	0.149	0.30	0.50	0.75	1.00
n/(r/min)	1000	960	900	851	700	500	250	0
T_e/(N·m)	0	996	1841	1990	1585	1089	761	580

将上述数据绘入 T_e-n 坐标系中，并用光滑曲线连接，即得三相异步电动机固有机械特性曲线，如图 3-6 所示。

2. 人为机械特性的绘制

异步电动机的人为机械特性有多种，用得最多的是降低定子绕组相电压的人为机械特性和转子电路串联对称电阻的人为机械特性。

（1）降低定子绕组相电压的人为机械特性的绘制

设电源电压 $U_1 < U_{1N}$，与 U_{1N} 对应的最大转矩为 T_{max}，与 U_1 对应的最大转矩为 T'_{max}。由式(3-6)、式（3-7）可知，当将异步电动机定子绕组的相电压降低时，s_m 不变，T_{max} 与 U_x^2 成比例变化，即

$$\frac{T'_{max}}{T_{max}} = \frac{U_1^2}{U_{1N}^2}$$

$$T'_{max} = T_{max}\left(\frac{U_1}{U_{1N}}\right)^2 \tag{3-23}$$

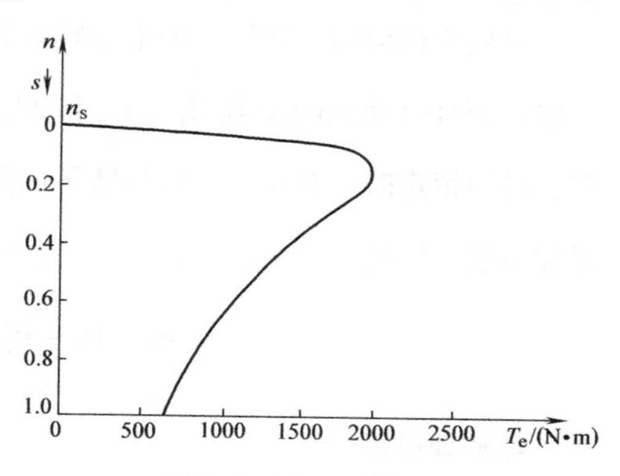

图 3-6　例 3-2 附图

于是，降低定子绕组相电压的人为机械特性表达式为

$$T_e = \frac{2T'_{max}}{\dfrac{s}{s_m} + \dfrac{s_m}{s}} = \frac{2\left(\dfrac{U_1}{U_{1N}}\right)^2 T_{max}}{\dfrac{s}{s_m} + \dfrac{s_m}{s}} \tag{3-24}$$

给定一个 s，即可按上式计算出其相应的 T_e。求出一组 s 与 T_e 的对应值，即可绘制出降低定子绕组相电压的人为机械特性曲线。

（2）固有机械特性与转子回路串接对称电阻的人为机械特性的关系

1）固有机械特性与转子回路串接对称电阻的人为机械特性的临界转差率之比等于转子电阻之比。

由图 3-5 可知，固有机械特性的临界转差率为 s_{m0}，按式（3-8）有

$$s_{m0} = \frac{R'_2}{X_{1\sigma} + X'_{2\sigma}} \tag{3-25}$$

若转子回路串接对称电阻 R_{ad1} 的人为机械特性的临界转差率为 s_{m1}，那么

$$s_{m1} = \frac{R'_2 + R'_{ad1}}{X_{1\sigma} + X'_{2\sigma}} \tag{3-26}$$

临界转差率之比

$$\frac{s_{m0}}{s_{m1}} = \frac{R'_2}{R'_2 + R'_{ad1}} \tag{3-27}$$

同理有

$$\begin{gathered}\frac{s_{m0}}{s_{m2}} = \frac{R'_2}{R'_2 + R'_{ad2}} \\ \frac{s_{m0}}{s_{m3}} = \frac{R'_2}{R'_2 + R'_{ad3}} \\ \vdots\end{gathered} \tag{3-28}$$

这一关系不仅对临界转差率成立，对同一转矩的其他转差率也成立。

2）对应于任何同一转矩，固有机械特性与转子回路串接对称电阻的人为机械特性的转

差率之比等于转子电阻之比。

对应于任何同一转矩，即电磁转矩等于常数时，由式（3-5）可见，若电源电压和频率一定，而且电动机的参数 R_1、$X_{1\sigma}$和 $X'_{2\sigma}$ 皆不变时，欲保持 T_e 不变，则应使$\frac{R'_2}{s}$不变。这说明：转矩恒定时，转差率 s 将与转子回路的总电阻（$R'_2+R'_{ad}$）成正比例变化。（$R'_2+R'_{ad}$）增加一倍，则转差率 s 也增加一倍。这时$\frac{R'_2+R'_{ad}}{s}=$常数。对于图 3-5，则应有

$$\frac{R'_2}{s_0}=\frac{R'_2+R'_{ad1}}{s_1}=\frac{R'_2+R'_{ad2}}{s_2}=\cdots=\text{常数} \tag{3-29}$$

经整理可得

$$\begin{aligned}\frac{s_0}{s_1}&=\frac{R'_2}{R'_2+R'_{ad1}}\\ \frac{s_0}{s_2}&=\frac{R'_2}{R'_2+R'_{ad2}}\\ \frac{s_0}{s_3}&=\frac{R'_2}{R'_2+R'_{ad3}}\\ &\vdots\end{aligned} \tag{3-30}$$

由式（3-30）可以看出，对应于任何同一转矩，固有机械特性与转子回路串接对称电阻的人为机械特性的转差率之比等于转子电阻之比。即转速降落 $\Delta n(=sn_s)$ 与转子回路的总电阻成正比，这与直流电动机是相似的。根据这个关系，可以在固有机械特性的基础上，绘制转子回路串接对称电阻的人为机械特性曲线。起动电阻及调速电阻也可用此关系计算。

（3）转子回路串接对称电阻的人为机械特性的绘制

按照式（3-30）的关系，在已知固有机械特性及转子电阻的基础上，转子回路串接对称电阻的人为机械特性可按以下步骤计算与绘制。

如图 3-7 所示，任意取转矩 T_1，它对应于固有机械特性上的转差率为 s_{01}，而对应于转子串接对称电阻 R_{ad}上的转差率为 s_{11}。按式（3-30）有

$$\frac{s_{11}}{s_{01}}=\frac{R'_2+R'_{ad1}}{R'_2}=\frac{R_2+R_{ad1}}{R_2} \tag{3-31}$$

三相异步电动机的转子电阻 R_2 可由下式估算：

$$R_2=\frac{s_N E_{2N}}{\sqrt{3}I_{2N}} \tag{3-32}$$

式中，E_{2N}为转子静止时转子绕组的额定线电动势；I_{2N}为转子额定电流；s_N 为电动机的额定转差率。

根据上式可求出 s_{11}，并可绘出人工机械特性上的一点 $A(T_1、s_{11})$。再取一转矩 T_2、$T_3\cdots$，同理可绘出人为机械特性上的 B、C 点。

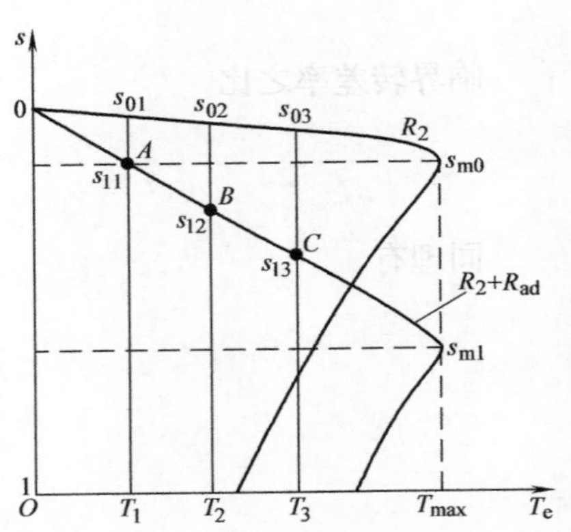

图 3-7　转子回路串接对称电阻的人为机械特性的绘制

3.2　三相异步电动机的起动

3.2.1　三相异步电动机的起动性能

三相异步电动机的起动性能包括下列几项：①起动电流倍数 $K_{\rm I}=\dfrac{I_{\rm st}}{I_{\rm N}}$；②起动转矩倍数 $K_{\rm T}=\dfrac{T_{\rm st}}{T_{\rm N}}$；③起动时间；④起动时绕组中消耗的能量和绕组的发热；⑤起动设备的简单性和可靠性；⑥起动时的过渡过程。其中最重要的是起动电流和起动转矩的大小。一般衡量电动机起动性能好坏，主要有三点：

1）起动转矩足够大，以加速起动过程，缩短起动时间。

2）起动电流尽量小，即在起动转矩满足要求的前提下，尽量减小起动电流，以减小对电网的冲击。

3）起动所需要的设备简单、成本低、操作方便、运行可靠。

普通结构的笼型三相异步电动机不采用任何措施而直接投入电网起动时，往往不能满足上述要求，因为它的起动电流很大（一般 $K_{\rm I}=4\sim7$），而起动转矩并不大（一般 $K_{\rm T}=0.9\sim1.3$）。

三相异步电动机起动电流大的原因，从物理现象看，起动时，$n=0$，$s=1$，旋转磁场以同步转速切割转子导体，因此，在短路的转子绕组中将产生很大的感应电动势和电流，引起与它平衡的定子电流的负载分量也跟着急剧增加，以导致定子电流很大；从等效电路来看，正常运行时，转差率 s 很小（0.01～0.05），所以$\dfrac{R_2'}{s}$很大，从而限制了定、转子电流。但是起动时 $s=1$，所以$\dfrac{R_2'}{s}$很小，随之整个电动机的等效阻抗很小，所以起动电流很大。至于起动电流很大，但是起动转矩却不大，则可从 $T_{\rm e}=C_{\rm T}\Phi_{\rm m}I_2\cos\varphi_2$ 来说明：起动时 $n=0$，$s=1$，转子电流的频率 $f_2=sf_1=f_1$，转子漏电抗 $X_{2\sigma}$ 远大于转子电阻 R_2，使转子功率因数角 $\varphi_2=\arctan\dfrac{X_{2\sigma}}{R_2}$接近 90°，$\cos\varphi_2$ 很小，所以尽管转子电流 I_2 很大，但其有功分量 $I_2\cos\varphi_2$ 却不大；其次，由于起动电流很大，定子绕组的漏阻抗压降增大，使定子绕组的感应电动势 E_1 减小，由 $E_1=4.44f_1N_1k_{\rm w1}\Phi_{\rm m}$ 可知，主磁通 $\Phi_{\rm m}$ 将与定子感应电动势 E_1 成比例减小。于是 $\Phi_{\rm m}$ 变小，$I_2\cos\varphi_2$ 不大，说明起动电流虽然很大，但起动转矩并不大。

起动电流大主要会对供电变压器输出电压带来较大的影响。这从戴维南定理可以理解：当负载电流较大时，电源内阻抗的压降较大，而输出电压将下降。这个电压下降会使电动机起动转矩下降很多（$T_{\rm st}\propto U_2$），当负载较重时，可能起动不起来。同时，可影响同一台供电变压器供电的其他负载，如照明电灯会变暗，数控设备可能失常，重载的其他异步电动机会停转等，这都是不允许的。当然，这还要看三相异步电动机的容量与供电变压器容量相比较所决定，若电动机的额定功率很小而供电变压器容量较大时，则起动电流对电网电压的影响不大。若相反就不允许了。

3.2.2 三相异步电动机的直接起动

用刀开关或接触器把三相异步电动机的定子绕组直接接到具有额定电压的电网上，称为直接起动（或全压起动），这是最简单的起动方法。三相异步电动机直接起动的控制电路如图3-8所示。直接起动的优点是操纵和起动设备都最简单，缺点是起动电流很大。

为了利用直接起动的优点，现代设计的笼型三相异步电动机都是按直接起动时的电磁力和发热来考虑它的机械强度和热稳定性的，从电动机本身来说，笼型三相异步电动机都允许直接起动，因为短时的起动大电流对电动机发热不会造成什么影响。而且虽然频繁起动的异步电动机会造成电动机发热较多，但只要限制每小时最高起动次数，电动机也是可以承受的。因此，直接起动方法的应用主要是受电网容量的限制，若电网容量不够大，则电动机的起动电流可能使电网电压显著下降，影响接在同一电网上的其他电动机和电气设备的正常工作。

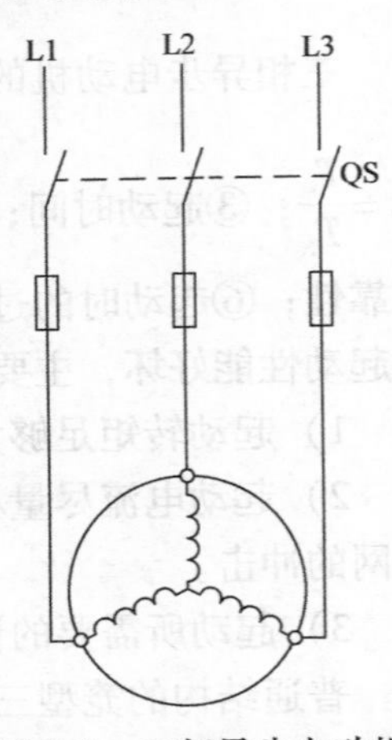

图3-8 三相异步电动机直接起动的控制电路

直接起动的缺点主要是起动电流对电网的影响较大，如果电源的容量足够大，应尽量采用此方法。因为直接起动设备简单，操作方便，而且起动快。若电源容量不够大，应设法限制起动电流，采用降压起动。一台电动机能不能直接起动，可根据电业部门的有关规定，例如，用电单位有独立的变压器时，对于不经常起动的异步电动机，其容量小于变压器容量的30%时，可允许直接起动；对于需要频繁起动的电动机，其容量小于变压器容量的20%时，才允许直接起动；如果用电单位无专用的变压器供电（动力负载与照明共用一个电源），则只要电动机直接起动时的起动电流在电网中引起的电压降落不超过10%～15%（对于频繁起动的电动机取10%，对于不频繁起动的电动机取15%），就允许采用直接起动。

如果不满足上述条件，则必须采用其他限制起动电流的方法。

3.2.3 定子绕组串电阻或电抗器减压起动

为了减小起动电流，可以在三相异步电动机起动时，在交流电源与定子绕组之间串入三相对称电阻 R_{st} 或电抗 X_{st}；起动后，切除电阻或电抗器，将三相交流电源直接接入定子绕组，进入正常运行。

定子绕组串电阻或电抗器减压起动的原理如图3-9a及b所示。起动时接触器 KM_1 闭合，KM_2 断开，电动机定子绕组通过电阻 R_{st} 或电抗 X_{st} 接入电网减压起动。起动后，KM_2 闭合，切除 R_{st} 或 X_{st}，电动机全压正常运行。选用合适的电阻 R_{st} 或电抗 X_{st}，可有效地限制起动电流。

图3-10a和b分别示出了直接起动和定子绕组串电抗器起动的每相等效电路。

从图3-10a上可见，加在定子绕组上的电压为电源电压 U_1。从图3-10b上可见，加在定子绕组上的电压为 U'_1，而电抗器 X_{st} 分去了一部分电压。由于定子绕组的电压降低了，也就减小了起动电流。设电动机的短路阻抗为 Z_k（由于三相异步电动机的短路电抗 $X_k \approx Z_k$，因此，串电抗 X_{st} 起动时，可以近似把 Z_k 看成电抗性质，把 Z_k 的模直接与 X_{st} 相加，而不考虑阻抗角，其误差并不大），全压起动时的起动电流为 I_{st}，起动转矩为 T_{st}，当电动机定子绕组串电阻或电抗器后，电动机的起动电流为 I'_{st}，起动转矩为 T'_{st}，全压起动时的起动电流 I_{st} 与减压起动电流 I'_{st} 之比为 a，则上述各物理量之间的关系为

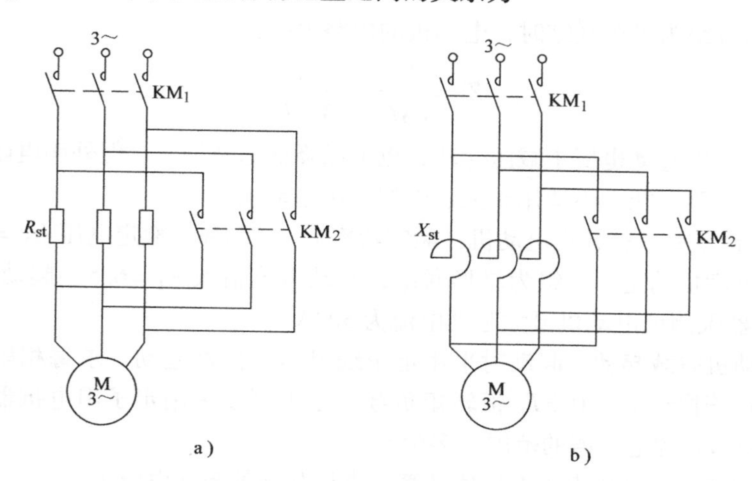

图 3-9　定子绕组串电阻或电抗器减压起动的原理
a）定子绕组串电阻减压起动　b）定子绕组串电抗器减压起动

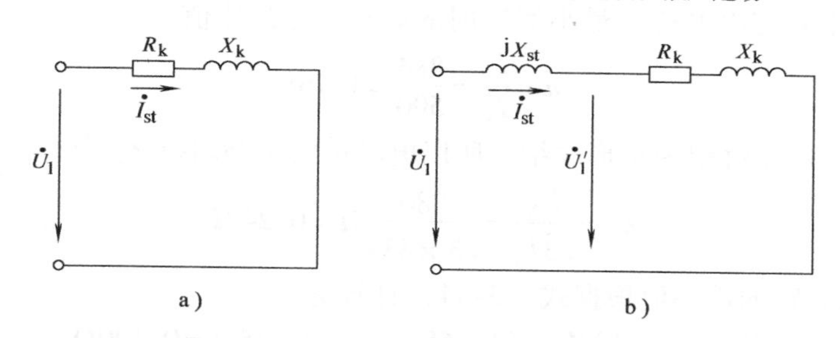

图 3-10　直接起动和定子绕组串电抗器减压起动的等效电路
a）直接起动　b）定子绕组串电抗器减压起动

$$\left.\begin{aligned}\frac{U'_1}{U_1}&=\frac{Z_k}{Z_k+X_{st}}=\frac{1}{a}\\\frac{I'_{1st}}{I_{1st}}&=\frac{U'_1}{U_1}=\frac{1}{a}=\frac{Z_k}{Z_k+X_{st}}\\\frac{T'_{st}}{T_{st}}&=\left(\frac{U'_1}{U_1}\right)^2=\frac{1}{a^2}=\left(\frac{Z_k}{Z_k+X_{st}}\right)^2\end{aligned}\right\}\tag{3-33}$$

从式（3-33）可见，定子串电抗器起动，使起动电流降低为直接起动时的 $\frac{1}{a}$，而起动转矩则降低为直接起动时的 $\frac{1}{a^2}$。这种方式只能适用于空载起动或轻载起动。

工程实际中，往往先给定线路允许的电动机起动电流 I_{st} 的大小，再计算起动电抗 X_{st} 的大小，计算公式推导如下：

$$\frac{I'_{st}}{I_{st}}=\frac{1}{a}=\frac{Z_k}{Z_k+X_{st}}$$

$$aZ_k=Z_k+X_{st}$$

则

$$X_{st} = (a-1)Z_k \tag{3-34}$$

当电动机的绕组为星形联结时，电动机的短路阻抗为

$$Z_k = \frac{U_N}{\sqrt{3}I_{st}} = \frac{U_N}{\sqrt{3}K_I I_N} \tag{3-35}$$

定子回路串电阻起动也属于减压起动，也可以降低起动电流。但外串电阻器有较大的有功功率损耗，不利于节能，不适用于大、中型异步电动机。

例3-3 一台笼型三相异步电动机：额定功率 $P_N = 75\text{kW}$，额定电压 $U_N = 380\text{V}$，额定电流 $I_N = 136\text{A}$，电动机的定子绕组为星形联结，起动电流倍数 $K_I = 6.5$，起动转矩倍数 $K_T = 1.1$，供电变压器限制该电动机最大起动电流为500A。

（1）若电动机空载起动，起动时采用定子绕组串电抗器起动，求每相串入的电抗最少应是多大？（2）若拖动 $T_L = 0.3T_N$ 恒转矩负载，是否可以采用定子串电抗器方法起动？若可以，计算每相串入的电抗值的范围是多少？

解：（1）空载起动每相串入电抗值计算。直接起动的起动电流 I_{st}

$$I_{st} = K_I I_N = 6.5 \times 136\text{A} = 884\text{A}$$

直接起动电流 I_{st} 与串电抗（最小值）时的起动电流的比值 a

$$a = \frac{I_{st}}{I'_{st}} = \frac{884}{500} = 1.768$$

因为电动机的定子绕组为星形联结，所以电动机的短路阻抗 Z_k 为

$$Z_k = \frac{U_N}{\sqrt{3}I_{st}} = \frac{380}{\sqrt{3}\times 884}\Omega = 0.248\Omega$$

每相串入电抗 X_{st} 的最小值根据式（3-34）计算为

$$X_{st} = (a-1)Z_k = (1.768-1)\times 0.248\Omega = 0.190\Omega$$

（2）拖动 $T_L = 0.3T_N$ 恒转矩负载起动的计算。串电抗起动时最小起动转矩为

$$T'_{st1} = 1.1T_L = 1.1\times 0.3T_N = 0.33T_N$$

串电抗器起动转矩和直接起动转矩之比值

$$\frac{T'_{st1}}{T_{st}} = \frac{0.33T_N}{K_T T_N} = \frac{0.33}{1.1} = 0.3 = \frac{1}{a_1^2}$$

串电抗器起动电流与直接起动电流比值

$$\frac{I'_{st1}}{I_{st}} = \frac{1}{a_1} = \sqrt{\frac{1}{a_1^2}} = \sqrt{0.3} = 0.548$$

起动电流

$$I'_{st1} = \frac{1}{a_1}I_{st} = 0.548\times 884\text{A} = 484.4\text{A} < 500\text{A}$$

可以串电抗起动。因为 $\frac{1}{a_1} = 0.548$，所以 $a_1 = 1.825$，故每相串入的电抗最大值为

$$X_{st1} = (a_1-1)Z_k = (1.825-1)\times 0.248\Omega = 0.205\Omega$$

每相串入的最小值为 $X_{st} = 0.190\Omega$ 时，起动转矩 $T'_{st} = \frac{1}{a_1^2}T_{st} = \frac{1}{a_1^2}K_T T_N = \frac{1}{1.768^2}\times 1.1T_N = 0.352T_N > T'_{st1}$，因此电抗值的范围即为 $0.190 \sim 0.205\Omega$。

3.2.4　星-三角（Y-△）起动

星-三角（Y-△）起动只适用于在正常运行时定子绕组为三角形联结且三相绕组首尾 6 个端子全部引出来的电动机。三相异步电动机Y-△起动的控制电路如图 3-11 所示。

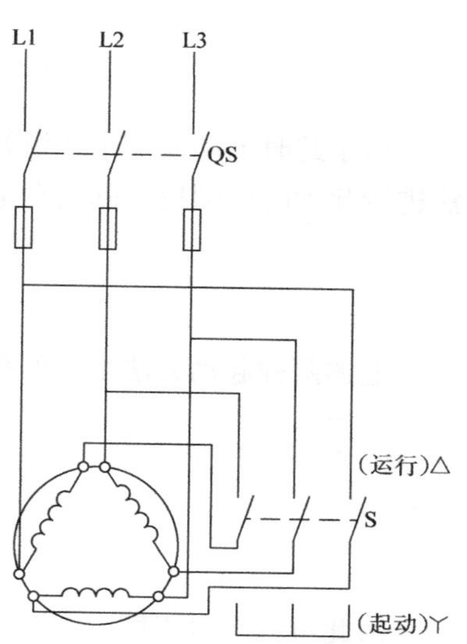

图 3-11　三相异步电动机Y-△起动的控制电路

以图 3-11 为例，起动时先合上电源开关 QS，再把转换开关 S 投向"起动"位置（Y），此时定子绕组为星形联结（简称Y联结），加在定子每相绕组上的电压为电动机的额定电压 U_{1N}的$\frac{1}{\sqrt{3}}$，当电动机的转速升到接近额定转速时，再把转换开关 S 投向"运行"位置（△），此时定子绕组换为三角形联结（简称△联结），电动机定子每相绕组加额定电压 U_{1N}运行，故这种起动方法称为Y-△换接降压起动，简称Y-△起动。由于切换时电动机的转速已接近正常运行时的转速，所以冲击电流就不大了。

对于正常运行时定子绕组为△联结的三相异步电动机，当采用直接起动时，定子绕组为△联结，如图 3-12a 所示，此时电动机定子绕组的电压 $U_{1\phi}=U_{1N}$，设电动机起动时每相阻抗为 Z_k，则采用直接起动时，电动机定子绕组的相电流 $I_{st\triangle}$为

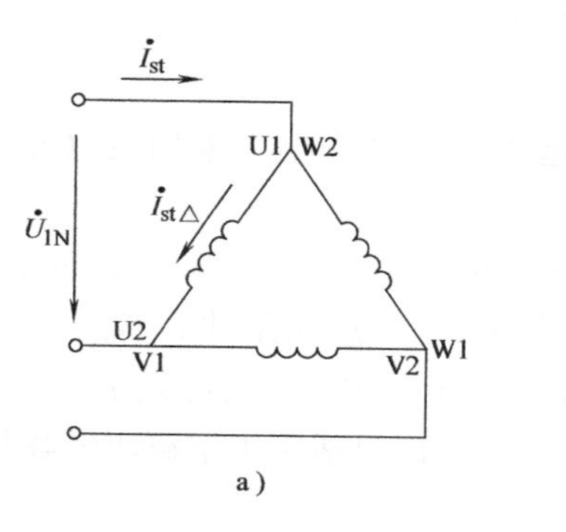

a）

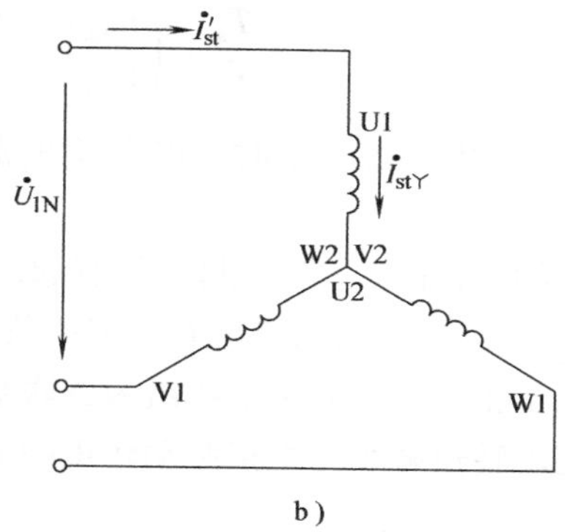

b）

图 3-12　三相异步电动机Y-△起动的起动电流
a）直接起动　b）Y-△起动

$$I_{st\triangle}=\frac{U_{1\phi}}{Z_{st}}=\frac{U_{1N}}{Z_k} \tag{3-36}$$

由于此时电动机定子绕组为△联结，所以电动机定子绕组的线电流（即直接起动时电网提供的起动电流）I_{st}应为

$$I_{st}=\sqrt{3}I_{st\triangle}=\sqrt{3}\ \frac{U_{1N}}{Z_k} \tag{3-37}$$

对于正常运行时定子绕组为△联结的三相异步电动机，若采用Y-△起动，起动时定子

绕组为Y联结，如图 3-12b 所示，此时电动机定子绕组的相电压 $U'_{1\phi}=\frac{1}{\sqrt{3}}U_{1N}$，同样，设电动机起动时每相阻抗为 Z_k，则采用Y-△起动法进行起动时，电动机定子绕组的相电流 I_{stY} 为

$$I_{stY}=\frac{U'_{1\phi}}{Z_k}=\frac{U_{1N}}{\sqrt{3}Z_k} \tag{3-38}$$

由于此时电动机定子绕组为Y联结，所以电动机定子绕组的线电流（即采用Y-△起动法进行起动时电网提供的起动电流）I'_{st}应为

$$I'_{st}=I_{stY}=\frac{U_{1N}}{\sqrt{3}Z_k} \tag{3-39}$$

上述两种起动方法由电网提供的起动电流的比值为

$$\frac{I'_{st}}{I_{st}}=\frac{\dfrac{U_{1N}}{\sqrt{3}Z_k}}{\sqrt{3}\dfrac{U_{1N}}{Z_k}}=\frac{1}{3}$$

由此可见，对于同一台三相异步电动机，采用Y-△起动时，由电网提供的起动电流仅为采用直接起动时的 1/3。

由于三相异步电动机的起动转矩与定子绕组相电压的平方成正比，若采用△联结直接起动时的起动转矩为 T_{st}，采用Y-△起动时电动机的起动转矩为 T'_{st}，则

$$\frac{T'_{st}}{T_{st}}=\left(\frac{U'_{1\phi}}{U_{1\phi}}\right)^2=\left(\frac{\dfrac{1}{\sqrt{3}}U_{1N}}{U_{1N}}\right)^2=\frac{1}{3} \tag{3-40}$$

由此可见，采用Y-△起动时，电动机的起动转矩也减小为采用△联结直接起动时的 1/3。

由以上分析可以看出，Y-△起动具有起动设备较简单，体积较小，重量较轻，价格便宜，维修方便等优点。但它的应用有一定的条件限制。其应用条件如下：

1）只适用于正常运行时定子绕组为△联结的异步电动机，且必须引出 6 个出线端。

2）由于起动转矩减小为直接起动转矩的 1/3，所以只适用于空载或轻载起动。

3.2.5　延边三角形起动

延边三角形起动是从Y-△起动法演变出来的。采用Y-△起动时，把原为△联结的定子绕组改为Y联结起动，由于相电压降到原来的 $1/\sqrt{3}$，电网提供的起动电流和电动机的起动转矩都减小为原来的 1/3，因此只能空载或轻载起动。而且由于Y-△起动电流降低的倍数是固定的，所以不能满足各种负载的要求。为了提高起动转矩，在电网允许把起动电流提高一些的情况下，是否可以使起动时每相定子绕组上的电压高于 $1/\sqrt{3}$的额定电压？延边三角形联结很好地解决了这个问题。

延边三角形起动用于正常运行时三相定子绕组为△联结的笼型异步电动机减压起动。这种电动机的特点是定子绕组引出 9 个出线端，即每相定子绕组多引出一个出线端。每相绕组

有首端、尾端和中间抽头，如图3-13a所示，其中出线端1、2、3为首端，出线端4、5、6为尾端，出线端7、8、9为中间抽头。起动时，电源电压为额定值，三相绕组的1-7、2-8、3-9部分为Y联结，7-4、8-5、9-6部分为△联结，如图3-13b所示，整个绕组接法像三角形的每个边都延长了，故称为延边三角形。当电动机的转速上升到一定值后，三相绕组改为图3-13a所示的△联结，电动机进入正常运行。

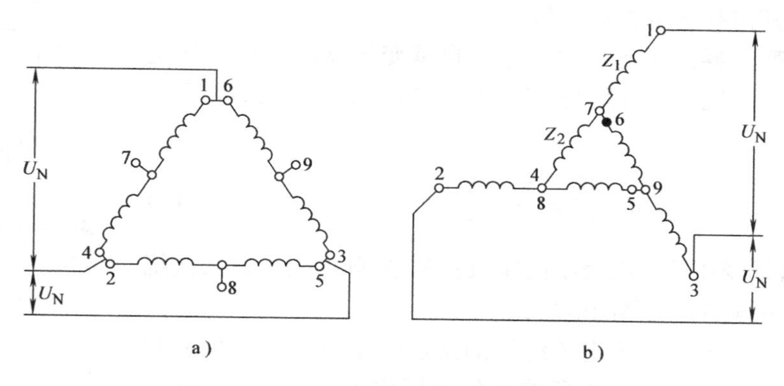

图3-13　延边三角形起动定子绕组的接法
a）三角形直接起动　b）延边三角形起动

延边三角形联结实际上就是把Y联结和△联结结合在一起，因此它的每相绕组所受到的电压，小于△联结时的线电压，大于Y联结时的$1/\sqrt{3}$线电压，而介于此二者之间，究竟是多少，则取决于相绕组中星形部分的匝数和三角形部分的匝数之比。例如，根据实际经验，当这两部分绕组的匝数相等时，其效果相当于加到电动机每相绕组的电压约为$1/\sqrt{2}$线电压时的情况，随之起动时电网提供的起动电流和电动机的起动转矩都约减小为直接起动时的1/2，即$(1/\sqrt{2})^2=1/2$。

一般情况下，在定子绕组上可设置几种抽头，使两部分的匝数比为2∶1，1∶1，1∶2。每种匝数比对应不同的起动电流和起动转矩。它们与△联结直接起动的性能比较见表3-2。表中，U_1为△联结时的线电压；I_{st}、T_{st}为△联结直接起动时的起动电流和起动转矩。从表中可以看出，Y联结部分比例越大，每相绕组电压越低；起动电流也随之下降，起动转矩也降得越多。

表3-2　延边三角形起动与三角形直接起动的性能比较

Y联结部分与△联结部分的匝数比	每相绕组电压	起动电流	起动转矩
2∶1	$0.66U_1$	$0.43I_{st}$	$0.43T_{st}$
1∶1	$0.71U_1$	$0.50I_{st}$	$0.50T_{st}$
1∶2	$0.78U_1$	$0.60I_{st}$	$0.60T_{st}$

采用延边三角形起动的笼型异步电动机，除了简单的绕组接线切换装置之外不需要其他专用起动设备，很简单，起动时只进行绕组切换即可。

延边三角形起动的特点是：起动电流和起动转矩比直接起动时小，但是比Y-△起动时高，而且可以采用不同的星形部分的匝数和三角形部分的匝数之比来适用于不同的使用要求。该起动方法的缺点是电动机绕组比较复杂。

3.2.6　自耦变压器减压起动

自耦变压器减压起动又称为起动补偿器减压起动。这种起动方法只利用一台自耦变压器来降低加于三相异步电动机定子绕组上的端电压，其控制电路如图3-14所示。

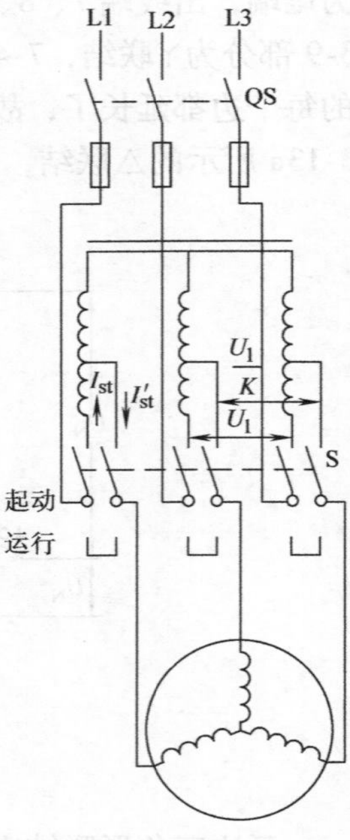

采用自耦变压器减压起动时，应将自耦变压器的高压侧接电源，低压侧接电动机。设自耦变压器的二次电压 U_2 与一次电压 U_1 之比为 a，则

$$a=\frac{U_2}{U_1}=\frac{N_2}{N_1}=\frac{1}{K} \tag{3-41}$$

式中，N_1 为自耦变压器一次绕组的匝数；N_2 为自耦变压器二次绕组的匝数；K 为自耦变压器的电压比。

因为当三相异步电动机定子绕组的接法一定时，电动机的起动电流与在电动机定子绕组上所施加的电压成正比。所以，采用自耦变压器减压起动时电动机的起动电流 I''_{st} 与直接起动时电动机的起动电流 I_{st} 之间的关系为

$$\frac{I''_{st}}{I_{st}}=\frac{U_2}{U_1}=\frac{N_2}{N_1}=\frac{1}{K} \tag{3-42}$$

图3-14　自耦变压器减压起动的控制电路

由于自耦变压器一、二次侧的容量相等，即 $U_1I_1=U_2I_2$，因此自耦变压器的一次电流 I_1 与自耦变压器的二次电流 I_2 之间的关系为

$$\frac{I_1}{I_2}=\frac{U_2}{U_1}=\frac{N_2}{N_1}=\frac{1}{K} \tag{3-43}$$

因为采用自耦变压器减压起动时，电网提供的起动电流 $I'_{st}=I_1$，而自耦变压器二次电流 $I_2=I''_{st}$，所以，采用自耦变压器减压起动时电网提供的起动电流 I'_{st} 与直接起动时电网提供的起动电流 I_{st} 的比值为

$$\frac{I'_{st}}{I_{st}}=\frac{I'_{st}}{I_{st}}\frac{I_2}{I_2}=\frac{I'_{st}}{I_2}\frac{I_2}{I_{st}}=\frac{I_1}{I_2}\frac{I''_{st}}{I_{st}}=\frac{1}{K^2} \tag{3-44}$$

由于三相异步电动机的起动转矩与定子绕组相电压的平方成正比，若直接起动时电动机的起动转矩为 T_{st}，采用自耦变压器减压起动时的起动转矩为 T'_{st}，则

$$\frac{T'_{st}}{T_{st}}=\left(\frac{U_2}{U_1}\right)^2=\left(\frac{N_2}{N_1}\right)^2=\frac{1}{K^2} \tag{3-45}$$

由此可见，采用自耦变压器减压起动时，与直接起动相比较，电压降低为原来的 N_2/N_1，起动电流与起动转矩降低为原来直接起动时的 $(N_2/N_1)^2$。

实际上，起动用的自耦变压器一般备有几个抽头可供选择。例如，QJ_2 型有三种抽头，其电压等级分别是电源电压的55%（即 $N_2/N_1=55\%$）、64%、73%；QJ_3 型也有三种抽头，分别为40%、60%、80%等。选用不同的抽头比 N_2/N_1，即不同的 $a(=1/K)$ 值，就可以得

到不同的起动电流和起动转矩，以满足不同的起动要求。

与Y-△起动相比，自耦变压器减压起动有几种电压可供选择，比较灵活，在起动次数少、容量较大的笼型异步电动机上应用较为广泛。但是自耦变压器体积大，价格高，维修麻烦，而且不允许频繁起动，也不能带重负载起动。

3.2.7　减压起动方法的比较

以上介绍的几种减压起动方法都减小了起动电流，但同时又都不同程度地降低了电动机的起动转矩，因此只适用于空载或轻载起动。现将笼型三相异步电动机常用减压起动方法的性能比较列于表 3-3 中，供使用时参考。表中 U_1'/U_{1N} 为加于一相绕组的相电压之比。

表 3-3　常用减压起动方法的性能比较

起动方法	U_1'/U_{1N}	I_{st}'/I_{st}	T_{st}'/T_{st}	优　缺　点
直接起动	1	1	1	起动简单，起动电流大，起动转矩小，适于小容量电动机
电阻减压或电抗减压起动	$\frac{1}{a}$	$\frac{1}{a}$	$\frac{1}{a^2}$	起动设备简单，起动转矩小，适于轻载或空载起动
自耦变压器起动	$\frac{1}{K}$	$\frac{1}{K^2}$	$\frac{1}{K^2}$	起动转矩较大，有三种抽头可选，可起动较大负载，但设备复杂
Y-△起动	$\frac{1}{\sqrt{3}}$	$\frac{1}{3}$	$\frac{1}{3}$	起动设备简单，起动转矩小，适于轻载或空载起动，只用于△联结电动机
延边三角形起动（匝比 1:1）	0.71	0.5	0.5	起动设备简单，起动转矩较大，内部接线复杂

例 3-4　有一台笼型三相异步电动机，额定功率 $P_N=30\text{kW}$，额定电压 $U_N=380\text{V}$，额定电流 $I_N=57\text{A}$，额定功率因数 $\cos\varphi_N=0.87$，额定转速 $n_N=1470\text{r/min}$。起动电流倍数 $\frac{I_{st}}{I_N}=K_I=7$，起动转矩倍数 $\frac{T_{st}}{T_N}=K_T=1.2$，定子绕组为△联结。其供电变压器要求起动电流不大于 165A，负载起动转矩 $T_L=73.5\text{N}\cdot\text{m}$。试选择一种合适的起动方法，写出必要的计算数据。

解： 电动机的额定转矩 T_N 为

$$T_N=9550\frac{P_N}{n_N}=9550\times\frac{30}{1470}\text{N}\cdot\text{m}=194.9\text{N}\cdot\text{m}$$

正常起动时要求起动转矩不小于 T_{st1}，而

$$T_{st1}=1.2T_L=1.2\times73.5\text{N}\cdot\text{m}=88.2\text{N}\cdot\text{m}$$

（1）校核是否能直接起动

$$I_{st}=K_I I_N=7\times57\text{A}=399\text{A}>165\text{A}$$

$$T_{st}=K_T T_N=1.2\times194.9\text{N}\cdot\text{m}=233.9\text{N}\cdot\text{m}>88.2\text{N}\cdot\text{m}$$

因为 $I_{st}>165\text{A}$，线路不能承受这样大的冲击电流，所以不能采用直接起动。

（2）校核是否能采用Y-△起动。

Y-△起动时的起动电流 I_{st}' 为

$$I'_{st}=\frac{1}{3}I_{st}=\frac{1}{3}\times 399\text{A}=133\text{A}<165\text{A}$$

Y-△起动时的起动转矩 T'_{st} 为

$$T'_{st}=\frac{1}{3}T_{st}=\frac{1}{3}\times 233.9\text{N}\cdot\text{m}=78\text{N}\cdot\text{m}<88.2\text{N}\cdot\text{m}$$

因为 $T'_{st}<T_{st1}$，故不能采用Y-△起动。

(3) 校核能否采用自耦变压器减压起动。设选用 QJ_2 型自耦变压器，抽头有55%、64%、73%三种。抽头为55%时，起动电流与起动转矩分别为

$$I'_{st}=\left(\frac{N_2}{N_1}\right)^2 I_{st}=0.55^2\times 399\text{A}=120.7\text{A}<165\text{A}$$

$$T'_{st}=\left(\frac{N_2}{N_1}\right)^2 T_{st}=0.55^2\times 233.9\text{N}\cdot\text{m}=70.8\text{N}\cdot\text{m}<88.2\text{N}\cdot\text{m}$$

因为 $T'_{st}<T_{st1}$，故不能采用55%的抽头。

抽头为64%时，起动电流与起动转矩分别为

$$I'_{st}=\left(\frac{N_2}{N_1}\right)^2 I_{st}=0.64^2\times 399\text{A}=163.4\text{A}<165\text{A}$$

$$T'_{st}=\left(\frac{N_2}{N_1}\right)^2 T_{st}=0.64^2\times 233.9\text{N}\cdot\text{m}=95.8\text{N}\cdot\text{m}>88.2\text{N}\cdot\text{m}$$

可以采用64%的抽头。

抽头为73%时，起动电流与起动转矩分别为

$$I'_{st}=\left(\frac{N_2}{N_1}\right)^2 I_{st}=0.73^2\times 399\text{A}=212.6\text{A}>165\text{A}$$

$$T'_{st}=\left(\frac{N_2}{N_1}\right)^2 T_{st}=0.73^2\times 233.9\text{N}\cdot\text{m}=124.6\text{N}\cdot\text{m}>88.2\text{N}\cdot\text{m}$$

因为 $I'_{st}>165\text{A}$，所以不能采用73%的抽头。

前面所介绍的几种三相异步电动机减压起动方法，主要目的都是减小起动电流，但是电动机的起动转矩也都跟着减小，因此，只适合空载或轻载起动。对于重载起动，即不仅要求起动电流小，而且要求起动转矩大的场合，就应考虑采用起动性能较好的绕线转子三相异步电动机。

3.2.8 绕线转子异步电动机转子回路串电阻分级起动

绕线转子三相异步电动机的转子上有对称的三相绕组，正常运行时，转子三相绕组通过集电环短接。起动时，可以在转子回路中串入起动电阻 R_{st}，如图3-15所示。在三相异步电动机的转子回路中串入适当的电阻，不仅可以使起动电流减小，而且可以使起动转矩增大。如果外串电阻 R_{st} 的大小合适，则起动转矩 T_{st} 可以达到电动机的最大转矩 T_{max}，即可以做到 $T_{st}=T_{max}$。起动结束后，可以切除外串电阻，电动机的效率不受影响。

1. 转子回路串电阻起动过程分析

为了使整个起动过程中尽量保持较大的起动转矩，绕线转子三相异步电动机可以采用逐级切除转子起动电阻的分级起动。绕线转子异步电动机转子回路串电阻分级起动的电路如图3-16a所示，在开始起动时，将起动电阻全部接入，以减小起动电流，保持较高的起动转矩；随着起动过程的进行，起动电阻应逐段短接（即切除）；起动完毕时，起动电阻全部被切除，电动机在额定转速下运行。

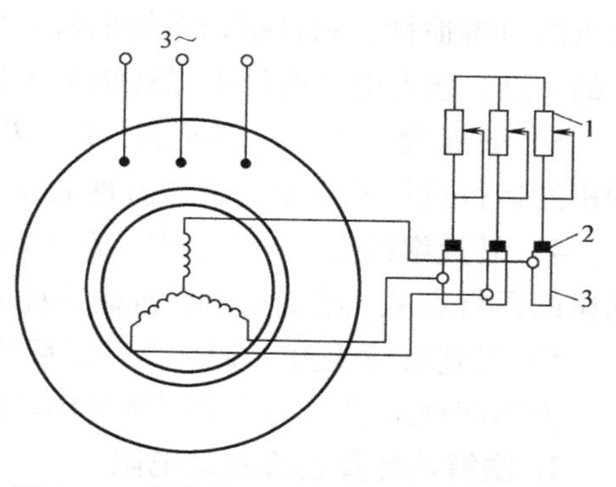

图3-15 绕线转子三相异步电动机的起动
1—起动电阻 2—电刷 3—集电环

图3-16b所示为绕线转子三相异步电动机转子回路串电阻分级起动时的机械特性。图中，R_2为每相转子绕组的电阻；R_{st1}、R_{st2}、R_{st3}分别为各级起动时每相转子绕组中串入的起动电阻；R_{z1}、R_{z2}、R_{z3}分别为各级起动时转子回路每相的总电阻；T_1为最大起动转矩；T_2为最小起动转矩（或称切换转矩）；T_{max}为电动机的最大转矩；曲线0为转子不串电阻时电动机的机械特性；曲线1、2、3为转子串入不同电阻时电动机的机械特性。其起动过程如下：

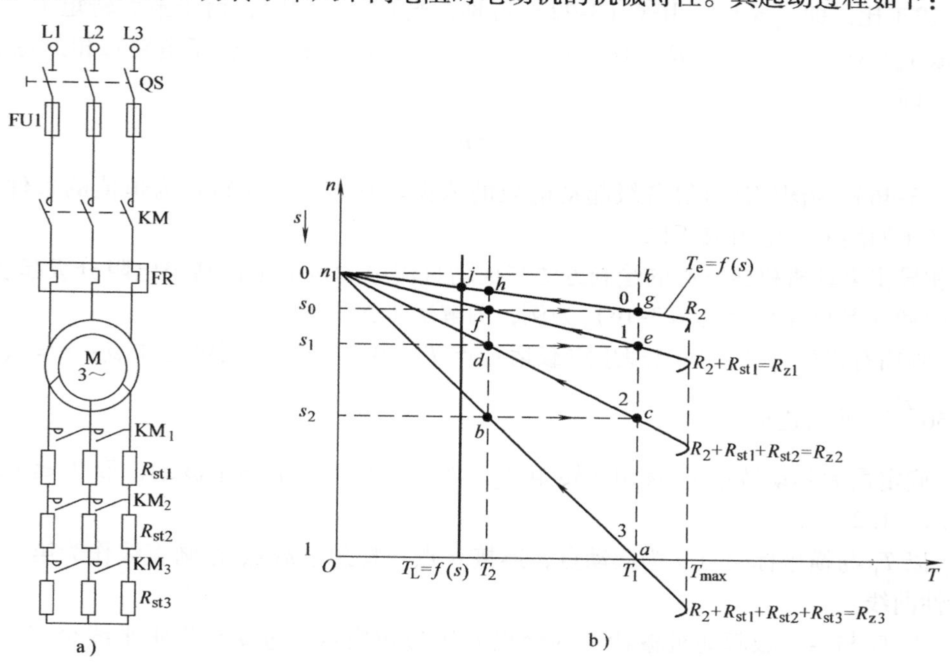

图3-16 绕线转子三相异步电动机转子回路串电阻分级起动
a）电路 b）机械特性

1）起动时，接触器触点KM_1、KM_2、KM_3断开，绕线转子三相异步电动机定子绕组接额定电压，转子绕组每相串入起动电阻（R_{st1}、R_{st2}、R_{st3}），电动机开始起动。起动点为机械特性曲线3上的a点，起动转矩T_1大于负载转矩T_L，电动机的转速开始上升。

2）随着转速升高，电动机的电磁转矩T_e沿着曲线3逐渐减小，到b点时，$T_e=T_2(>T_L)$，为了加大电磁转矩，缩短起动时间，接触器触点 KM_3 闭合，切除起动电阻 R_{st3}。忽略异步电动机的电磁惯性，只计拖动系统的机械惯性，则电动机的运行点从 b 点变到机械特性曲线 2 上的 c 点，该点电动机的电磁转矩 $T_e = T_1$。

3）转速继续上升，到 d 点，$T_e = T_2$ 时，接触器触点 KM_2 闭合，切除起动电阻 R_{st2}。电动机的运行点从 d 点变到机械特性曲线 1 上的 e 点，该点电动机的电磁转矩 $T_e = T_1$。

4）转速继续上升，到 f 点，$T_e = T_2$ 时，接触器触点 KM_1 闭合，切除起动电阻 R_{st1}。电动机的运行点从 f 点变到固有机械特性曲线 0 上的 g 点，该点电动机的电磁转矩 $T_e = T_1$。

5）转速继续上升，到 h 点，最后稳定运行在 j 点。

上述起动过程中，转子回路外串电阻分三级切除，故称为三级起动。

2. 图解法计算各级起动电阻

为简化计算，异步电动机机械特性可视为直线。当最大起动转矩 $T_1 < 0.75T_{max}$ 时，机械特性为直线，在 $0 < s < s_m$ 工作范围内误差也不大。其方程为式（3-22），即

$$T_e = \frac{2T_{max}}{s_m}s$$

当转子电路串接电阻时，最大转矩 T_{max} 保持不变，而临界转差率 s_m 则与转子回路的总电阻 R_z 成正比，即 $s_m \propto R_z$。由式（3-22）可见，当转矩一定时，由于最大转矩 T_{max} 是一个常数，故 $s_m \propto s$；又因为 $s_m \propto R_z$，所以在转矩一定时，转差率 s 与转子电路每相的总电阻 R_z 成正比。即

$$s \propto R_z \tag{3-46}$$

式（3-46）为图解法计算各级起动电阻的依据。它表明，在转矩为恒值的条件下，转差率与转子回路的总电阻成正比。

三相异步电动机机械特性的绘制方法与他励直流电动机电枢回路串电阻分级起动相同，以三级起动（其机械特性见图 3-16）为例，图解法步骤如下：

1）画固有机械特性：找出理想空载运行点 $T_e = 0$，$n = n_s$；额定工作点：$n = n_N$，$T_e = T_N = 9550\dfrac{P_N}{n_N}$，然后连成直线。

2）确定最大起动转矩 T_1 及切换转矩 T_2。考虑到电压可能向下波动，取 $T_1 \leqslant 0.85T_{max}$，$T_2 \geqslant (1.1 \sim 1.2)T_L$。

3）以 T_1 与横坐标交点 a 为起动点，连接 a 点与理想空载点 n_s 画直线作为第一级起动机械特性曲线。

4）以 T_2 与第一级起动机械特性的交点 b 作为切换点，过 b 点作水平线交 T_1 为 c 点，连接 c 点与理想空载点 n_s 画直线，作为第二级起动机械特性曲线。

5）以 T_2 与第二级起动机械特性的交点 d 作为切换点，过 d 点作水平线交 T_1 为 e 点，连接 e 点与理想空载点 n_s 画直线，作为第三级起动机械特性曲线。

6）以 T_2 与第三级起动机械特性的交点 f 作为切换点，过 f 点作水平线交 T_1 为 g 点。若 g 点在固有机械特性上，则作图完成。若 g 点不在固有机械特性上，则需调整 T_1 或 T_2 的大小使 g 落在固有机械特性上为止。

下面计算各级起动电阻值，根据转差率 s 与转子电路每相的总电阻成正比，可写出

$$\frac{s_0}{R_2}=\frac{s_1}{R_2+R_{st1}}=\frac{s_2}{R_2+R_{st1}+R_{st2}}=\frac{s_3}{R_2+R_{st1}+R_{st2}+R_{st3}} \tag{3-47}$$

令 $R_2+R_{st1}=R_{z1}$，$R_2+R_{st1}+R_{st2}=R_{z2}$，$R_2+R_{st1}+R_{st2}+R_{st3}=R_{z3}$，从图 3-16 上可得

$$\frac{\overline{kg}}{R_2}=\frac{\overline{ke}}{R_{z1}}=\frac{\overline{kc}}{R_{z2}}=\frac{\overline{ka}}{R_{z3}} \tag{3-48}$$

则

$$R_{z1}=\frac{\overline{ke}}{\overline{kg}}R_2 \quad R_{z2}=\frac{\overline{kc}}{\overline{kg}}R_2 \quad R_{z3}=\frac{\overline{ka}}{\overline{kg}}R_2 \tag{3-49}$$

$$R_{st1}=R_{z1}-R_2 \quad R_{st2}=R_{z2}-R_{z1} \quad R_{st3}=R_{z3}-R_{z2} \tag{3-50}$$

式中，R_2 为转子Y联结时的每相电阻

$$R_2\approx Z_{2s}=\frac{s_N E_{2N}}{\sqrt{3}I_{2N}} \tag{3-51}$$

式中，E_{2N}为转子感应线电动势；I_{2N}为转子额定电流。

E_{2N}和 I_{2N}可以从电动机铭牌或技术数据中查找。

3. 解析法计算各级起动电阻

首先将三相异步电动机的机械特性线性化，其线性化的机械特性方程式为式(3-22)，即

$$T_e=\frac{2T_{max}}{s_m}s$$

由上式可知，三相异步电动机转子回路串电阻后，其机械特性具有以下特点：

1）在同一条机械特性上，s_m 与 T_{max}一定，则

$$T_e\propto s$$

2）在转子回路串电阻后，对不同电阻值的机械特性，其 T_{max}为常数。考虑到 $s_m\propto R_2+R_{st}$，当 $s=$常数时，则

$$T_e\propto\frac{1}{s_m}\propto\frac{1}{R_2+R_{st}}$$

由以上两个比例关系，可推导出各级起动电阻的计算方法。

在转子回路中串入不同电阻所对应的机械特性曲线上，根据 $s=$常数时，$T_e\propto\dfrac{1}{R_2+R_{st}}$，由图 3-16b 可知有以下关系：

$$\frac{R_{z1}}{R_2}=\frac{T_1}{T_2} \qquad \frac{R_{z2}}{R_{z1}}=\frac{T_1}{T_2} \qquad \frac{R_{z3}}{R_{z2}}=\frac{T_1}{T_2}$$

令 $\alpha=\dfrac{T_1}{T_2}$，则

$$\frac{R_{z1}}{R_2}=\frac{R_{z2}}{R_{z1}}=\frac{R_{z3}}{R_{z2}}=\alpha$$

则

$$\left.\begin{aligned} R_{z1} &= \alpha R_2 \\ R_{z2} &= \alpha R_{z1} = \alpha^2 R_2 \\ R_{z3} &= \alpha R_{z2} = \alpha^3 R_2 \\ &\vdots \\ R_{zm} &= \alpha R_{z(m-1)} = \alpha^m R_2 \end{aligned}\right\} \tag{3-52}$$

当 $T=T_1$ 时，如图 3-16b 所示，可得到

$$\frac{R_{zm}}{1} = \frac{R_2}{s_0}$$

$$\frac{R_{zm}}{R_2} = \frac{1}{s_0} \tag{3-53}$$

在固有机械特性上，$T_e \propto s$，则

$$\frac{s_N}{s_0} = \frac{T_N}{T_1}$$

$$\frac{1}{s_0} = \frac{T_N}{s_N T_1}$$

$$\frac{1}{s_0} = \frac{T_N}{s_N \alpha T_2} \tag{3-54}$$

由式（3-52）得

$$\alpha^m = \frac{R_{zm}}{R_2} = \frac{1}{s_0} = \frac{T_N}{s_N T_1}$$

$$\alpha = \sqrt[m]{\frac{T_N}{s_N T_1}} \tag{3-55}$$

或

$$\alpha^m = \frac{R_{zm}}{R_2} = \frac{1}{s_0} = \frac{T_N}{s_N \alpha T_2}$$

$$\alpha^{m+1} = \frac{T_N}{s_N T_2}$$

$$\alpha = \sqrt[m+1]{\frac{T_N}{s_N T_2}} \tag{3-56}$$

下面介绍各级起动电阻的计算。

设 α 为起动转矩比，则

$$\alpha = \frac{T_1}{T_2} = \sqrt[m]{\frac{T_N}{s_N T_1}} = \sqrt[m+1]{\frac{T_N}{s_N T_2}}$$

式中，T_N 为电动机的额定转矩；s_N 为电动机的额定转差率；m 为起动级数；T_1 为最大起动转矩；T_2 为最小起动转矩（或称为切换转矩）。

各级起动时转子回路每相的总电阻为

$$R_{z1} = \alpha R_2$$

$$R_{z2} = \alpha R_{z1} = \alpha^2 R_2$$

$$R_{z3} = \alpha R_{z2} = \alpha^3 R_2$$

$$\vdots$$

$$R_{zm} = \alpha R_{z(m-1)} = \alpha^m R_2$$

各级起动时，每相转子绕组中串入的起动电阻为

$$R_{st1} = R_{z1} - R_2$$

$$R_{st2} = R_{z2} - R_{z1}$$

$$R_{st3} = R_{z3} - R_{z2}$$

$$\vdots$$

$$R_{stm} = R_{zm} - R_{z(m-1)}$$

例如，已知起动级数 m，当给定 T_1 时，计算起动电阻的步骤如下：

1）计算起动转矩比

$$\alpha = \sqrt[m]{\frac{T_N}{s_N T_1}}$$

2）校核是否 $T_2 \geqslant (1.1 \sim 1.2) T_L$，不合适则需修改 T_1，甚至修改起动级数 m；并重新计算 α，再校核 T_2，直至 T_2 大小合适为止。

3）根据每相转子绕组的电阻 R_2 和重新计算出的起动转矩比 α，计算各级起动电阻。

如果已知起动级数 m，当给定 T_2 时，计算步骤与上述步骤相似，先计算起动转矩比

$$\alpha = \sqrt[m+1]{\frac{T_N}{s_N T_2}}$$

再校核是否满足 $(1.5 \sim 2) T_L \leqslant T_1 \leqslant 0.85 T_{max}$，若不合适，需修改 T_2，甚至修改起动级数 m，并重新计算 α，直至 T_1 大小合适为止，然后再根据重新计算出的起动转矩比 α 和转子电阻 R_2，计算各级起动电阻。

若已知的是 T_1 和 T_2，则应先计算起动转矩比 $\alpha = \frac{T_1}{T_2}$，再计算起动级数

$$m = \frac{\lg\left(\frac{T_N}{s_N T_1}\right)}{\lg \alpha}$$

一般情况下，计算出的 m 往往不是整数，应取接近的整数，然后再根据取定的 m，重新计算 α，再校核 T_2（或 T_1），直至合适为止。最后再根据重新计算出的起动转矩比 α 和转子电阻 R_2，计算各级起动电阻。

上述计算方法是以机械特性曲线线性化为前提，有一定误差。

例 3-5　某生产机械用绕线转子三相异步电动机拖动，其有关技术数据为：电动机的极数 $2p = 4$，额定电压 $U_N = 380\text{V}$，额定频率 $f_N = 50\text{Hz}$，额定功率 $P_N = 30\text{kW}$，额定转速 $n_N =$

1460r/min，转子开路电压 $E_{2N}=255V$，转子额定电流 $I_{2N}=76A$，电动机的过载能力 $\lambda_m=\frac{T_{max}}{T_N}=2.6$。起动时负载转矩 $T_L=0.75T_N$。采用转子串电阻三级起动，求各级起动电阻。

解： 电动机的同步转速 n_s 为

$$n_s=\frac{60f_N}{p}=\frac{60\times 50}{2}\text{r/min}=1500\text{r/min}$$

额定转差率 s_N 为

$$s_N=\frac{n_s-n_N}{n_s}=\frac{1500-1460}{1500}=0.027$$

转子每相电阻 R_2 为

$$R_2\approx\frac{s_N E_{2N}}{\sqrt{3}I_{2N}}=\frac{0.027\times 255}{\sqrt{3}\times 76}\Omega=0.052\Omega$$

最大转矩 T_{max} 为

$$T_{max}=\lambda_m T_N=2.6T_N$$

起动时负载转矩 T_L 为

$$T_L=0.75T_N$$

因为 $2T_L=2\times 0.75T_N=1.5T_N$，$0.85T_{max}=0.85\times 2.6T_N=2.21T_N$，所以取 $T_1=2.2T_N$。

起动转矩比 α 为

$$\alpha=\sqrt[m]{\frac{T_N}{s_N T_1}}=\sqrt[3]{\frac{T_N}{0.027\times 2.2T_N}}=2.56$$

以下校核切换转矩 T_2

$$T_2=\frac{T_1}{\alpha}=\frac{2.2T_N}{2.56}=0.859T_N$$

因为 $1.1T_L=1.1\times 0.75T_N=0.825T_N$，所以 $T_2>1.1T_L$ 合适。

各级起动时转子回路每相的总电阻为

$$R_{z1}=\alpha R_2=2.56\times 0.052\Omega=0.133\Omega$$

$$R_{z2}=\alpha^2 R_2=2.56^2\times 0.052\Omega=0.341\Omega$$

$$R_{z3}=\alpha^3 R_2=2.56^3\times 0.052\Omega=0.872\Omega$$

各级起动时，每相转子绕组中串入的起动电阻为

$$R_{st1}=R_{z1}-R_2=0.133\Omega-0.052\Omega=0.081\Omega$$

$$R_{st2}=R_{z2}-R_{z1}=0.341\Omega-0.133\Omega=0.208\Omega$$

$$R_{st3}=R_{z3}-R_{z2}=0.872\Omega-0.341\Omega=0.531\Omega$$

起动电阻通常用金属电阻丝（小容量电动机用）或铸铁电阻片（大容量电动机用）制成。一般说，起动电阻是按短时运行设计的，如果长期流过较大电流，就会过热而损坏，所以起动完毕时，应把它全部切除。

绕线转子三相异步电动机转子绕组串电阻分级起动的主要优点是可以得到最大的起动转

矩。但是若要求起动过程中起动转矩尽量大，则起动级数就要多，特别是容量大的电动机，这就将需要较多的设备，使得设备投资大，维修不太方便，而且起动过程中能量损耗大，不经济。

3.2.9 绕线转子异步电动机转子回路串频敏变阻器起动

绕线转子三相异步电动机转子回路串频敏变阻器起动电路如图3-17所示。起动时，将接触器触点KM断开，电动机转子绕组串入频敏变阻器起动。起动结束后，将接触器触点KM闭合，切除频敏变阻器，电动机进行正常运行。

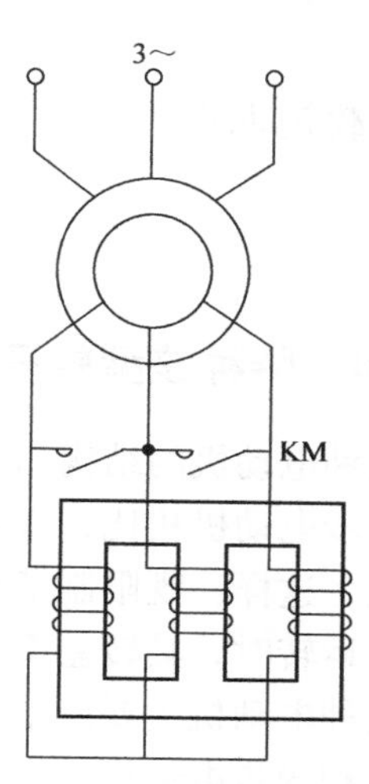

图3-17　绕线转子三相异步电动机转子回路串频敏变阻器起动电路

所谓频敏变阻器实际上就是一个只有一次绕组的三相心式变压器，其三相绕组为Y联结。所不同的只是它的铁心是由几片或十几片较厚的钢板或铁板制成，板的厚度一般为30～50mm。因为频敏变阻器中磁通密度取得较高，铁心处于饱和状态，磁路的磁阻非常大，故励磁电流非常大、励磁电抗非常小。而铁心是厚铁板或厚钢板叠成的，磁滞损耗和涡流损耗都很大，频敏变阻器的单位重量铁心中的损耗与一般变压器相比较要大几百倍，因此频敏变阻器的励磁电阻非常大。

频敏变阻器每一相的等效电路与变压器空载运行时的等效电路是一致的，于是，频敏变阻器的等效阻抗相当于变压器的励磁阻抗和一次绕组漏阻抗之和。由于频敏变阻器的铁耗非常大，所以与之对应的励磁电阻非常大，即频敏变阻器的励磁电阻远远大于其励磁电抗。当忽略频敏变阻器的励磁电抗和绕组的漏电抗时，频敏变阻器的阻抗近似等于频敏变阻器的电阻，而频敏变阻器的电阻 R_P 为

$$R_P = R_1 + R_m$$

式中，R_P 为频敏变阻器的等效电阻；R_1 为频敏变阻器线圈的电阻；R_m 为反映频敏变阻器铁心中涡流损耗的等效电阻，称励磁电阻。

由于涡流损耗与铁心中磁通变化的频率的平方成正比，当频率改变时，R_m 发生显著变化，所以称为频敏变阻器。

采用频敏变阻器作为绕线转子三相异步电动机转子绕组中串入的起动电阻时，由于转子电流的频率 $f_2 = sf_1$（f_1 为电动机定子绕组所接电源的频率，s 为电动机的转差率），起动时，$s=1$，$f_2 = f_1$，转子电流的频率非常高，其在频敏变阻器的铁心中产生的磁通的频率也非常高，频敏变阻器铁心中的涡流损耗也非常大，随之它的等效电阻 R_m 也很大，相当于此时在转子绕组的回路中串入了一个很大的起动电阻，所以限制了三相异步电动机的起动电流，并提高了起动转矩。起动后，随着转子转速的升高，电动机的转差率 s 变小，转子电流的频率 f_2 逐渐降低，于是频敏变阻器的涡流损耗减小，等效电阻 R_m 跟着减小，从而起到自行切除电阻的作用。由此可见，采用频敏变阻器起动，能自动地减小电阻，使电动机平稳地起动起来。

只要频敏变阻器的等效电阻大小合适，就可以得到较大的、近于恒起动转矩的机械

特性。

如上所述，采用转子绕组串频敏变阻器起动，避免了逐段切除起动电阻后所引起的转矩冲击，整个起动过程中转矩曲线是很平滑的。频敏变阻器是一种静止的无触点变阻器，其结构简单，材料和加工要求低，使用寿命长，维护方便。

一般情况重载起动时

$$\frac{T_{\mathrm{st}}}{T_{\mathrm{N}}}=1.2\sim1.8 \qquad \frac{I_{\mathrm{st}}}{I_{\mathrm{N}}}\leqslant2.5$$

轻载起动时

$$\frac{T_{\mathrm{st}}}{T_{\mathrm{N}}}=0.8\sim0.9 \qquad \frac{I_{\mathrm{st}}}{I_{\mathrm{N}}}=1.1\sim1.3$$

3.2.10　特种笼型转子三相异步电动机的起动

这种电动机的结构和普通笼型三相异步电动机完全相同，只是转子导条与同容量的笼型三相异步电动机相比，截面要小一些，并且是用电阻率较高的导电材料做成，因而其转子电阻较大，这样，既限制了起动电流，又增大了起动转矩，改善了电动机的起动性能。但电动机正常运转时，其转差率较普通笼型异步电动机高，因而称为高转差率笼型异步电动机。

这种电动机主要用于起重运输机械和冶金企业的辅助设备上，所以习惯上也称为起重冶金用三相异步电动机。为了适应这类生产机械起动频繁的特点，除起动性能改善外，电动机的结构也有所加强。定子和转子之间的气隙比普通笼型异步电动机大，因而过载能力也比一般笼型异步电动机高。当然也导致励磁电流大，功率因数也下降。转子电阻增大，正常运转时异步电动机的损耗增大、效率降低，这又是高转差率笼型异步电动机所存在的缺点。

1. 深槽式笼型三相异步电动机

由于高转差率笼型异步电动机存在不能串电阻起动的缺点，人们设计出了起动时电阻大，而正常运行时电阻小的异步电动机，这就是深槽式笼型异步电动机。

深槽式笼型异步电动机的转子槽深而窄，其槽深 h 与槽宽 b 之比为 10～20。当转子导条中通过电流时，槽漏磁通的分布如图 3-18a 所示。从图 3-18a 可以看出，在沿槽高的方向上，与导条各部分交链的漏磁通是不同的，与位于槽底部的导条交链的漏磁通比与位于槽口的导条交链的漏磁通多得多。可以将转子导条看成是由若干沿槽高排列的小单元导体并联而成，越靠近槽底部的单元导体交链的漏磁通越多，越靠近槽口处的单元导体则交链的漏磁通越少；电流与磁通都是交变的，这样槽底部单元导体的漏电抗较大，而槽口处单元导体的漏电抗小。由于槽形很深，槽底部分与槽口部分的漏电抗相差甚远。

起动时，$s=1$，转子电流频率 $f_2(=sf_1=f_1)$ 较高，转子漏电抗较大，各小导体中电流的分配将取决于漏电抗的大小，漏电抗越大则电流越小。这样，在由气隙主磁通所感应的相同的电动势作用下，导条中靠近槽底处电流密度将很低，而越靠近槽口则电流密度越高，沿槽高的电流密度分布如图 3-18b 所示，这种现象就称为电流的集肤效应。由于电流大部分被挤到导条的上部，槽底部分所起的作用很小，其效果相当于减小了导条的高度和截面积，如图 3-18c 所示。因此，转子电阻 R_2 增大，既限制了起动电流，又增大了起动转矩，改善了异步电动机的起动性能。

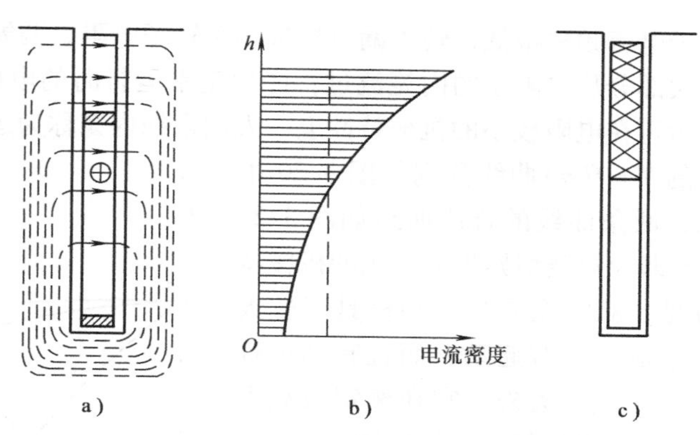

图3-18 深槽式转子导条中电流的集肤效应
a) 槽漏磁通分布 b) 导条内的电流密度分布 c) 导条的有效截面

起动完毕，电动机进入正常运行状态时，转子的转速较高，转差率 s 较小（一般为0.02~0.05），由于 $f_2=sf_1$，所以转子电流频率 f_2 很低，一般为1~3Hz。转子绕组的漏电抗比转子电阻小很多，使得各小导体中电流的分配主要取决于电阻值，而各小导体电阻是相等的，因此，导条中的电流将均匀分布。这时集肤效应基本消失，转子导条的高度和截面恢复到原来的情况，其电阻减小到接近于导条的直流电阻，使电动机正常运行时铜耗小、效率较高。

刚起动时，集肤效应使导条内电流比较集中在槽口，相当于减少了导条的有效截面积，使转子电阻增大了。随着转速 n 的升高，集肤效应逐渐减弱，转子电阻逐渐减小，直到正常运行，转子电阻自动变回到正常运行值。这种起动时转子电阻加大，运行时为正常值的结果，既增加了电动机的起动转矩，又能在正常运行时转差不大，并且电动机效率不会降低。但是，深槽转子异步电动机转子槽漏电抗比普通笼型转子异步电动机的槽漏电抗大，所以其功率因数 $\cos\varphi$ 稍低、最大转矩倍数稍小。

2. 双笼型三相异步电动机

双笼型异步电动机的转子槽形（铜条转子）如图3-19a所示（铸铝转子见图3-19b）。电动机转子上有两套笼型绕组，即内笼（又称下笼）和外笼（又称上笼）。外笼导条的截面积较小，通常用黄铜或铝青铜等电阻系数较大的材料制成，故电阻较大。内笼导条的截面积较大，用电阻系数较小的纯铜制成，故电阻较小。两套笼型绕组通过各自的端环短路。从电动机的结构可以看出，内笼交链的漏磁通要比外笼交链的漏磁通多，因此内笼的漏电抗比外笼的漏电抗大。

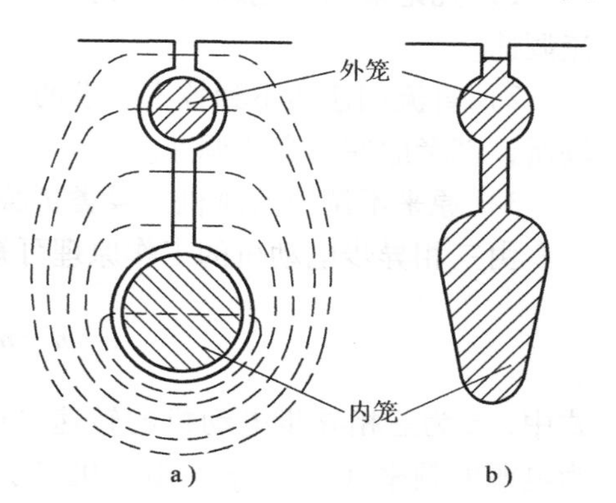

图3-19 双笼型异步电动机转子槽形
a) 铜条转子 b) 铸铝转子

起动时，转差率 $s=1$，转子频率 $f_2(=sf_1)$ 较高，转子的漏电抗大于电阻，两个笼的电流分配主要取决于两者的漏电抗。由于内笼的漏电抗比外笼的漏电抗大很多，电流主要从外笼流过，因此，起动时外笼起主要作用。由于它的电阻较大，因而能限制起动电流，增大起动转矩，从而改善了电动机的起动特性。也正因为如此，人们常把外笼称为起动笼。

正常运行时，转子电流频率很低，转子漏电抗远小于转子电阻，两笼的电流分配主要取决于电阻，转子电流大部分从电阻小的内笼流过，产生正常运行时的电磁转矩。也就是说，正常运行的电动机是运行在电阻较小的机械特性上。人们常把内笼称为运行笼。

外笼、内笼各自的 $T=f(n)$ 曲线分别如图 3-20 中曲线 1 和曲线 2 所示，两条曲线的合成曲线如图 3-20 中曲线 3 所示，曲线 3 即为双笼型异步电动机的机械特性曲线。从曲线 3 可见，双笼型异步电动机具有较大起动转矩，一般可以带额定负载起动；而且起动过程中的起动转矩几乎保持不变。另外，它在额定负载下运行时有较高的转速，因而有较好的运行性能。

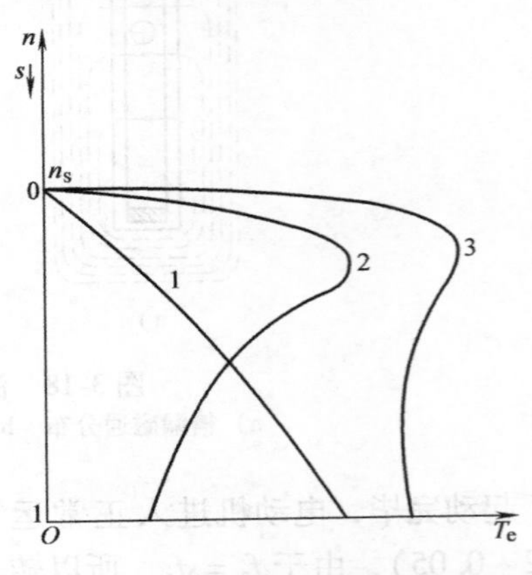

图 3-20 双笼型异步电动机的机械特性

双笼型异步电动机转子的漏电抗比普通笼型异步电动机的漏电抗大一些，功率因数稍低，但效率却差不多。双笼型异步电动机比深槽式异步电动机具有较好的机械强度，适用于高转速的电动机。

3.3 三相异步电动机的调速

3.3.1 三相异步电动机的调速性能

直流电动机具有优良的调速性能，在对调速性能要求较高的场合，多应用直流电动机进行拖动。然而，直流电动机也存在致命的弱点：直流换向所产生的火花限制了直流电动机向高速、大容量发展。近年来，随着电力电子技术、微电子技术、计算机技术、自动控制技术的飞速发展，交流调速有取代直流调速的趋势。

交流调速在工业应用中大体上有三个领域：

1）凡是采用交流调速设备技术性能能够满足工程需要的场合，都改用交流调速取代直流调速。

2）直流调速达不到技术要求的，如大容量、高转速、高电压以及工作环境十分恶劣的场所，都考虑使用交流调速。

3）原来不调速的风机、泵类负载，采用交流调速，可以实现大幅度节能。

由三相异步电动机的工作原理可知，三相异步电动机转速 n 的表达式为

$$n=n_s(1-s)=\frac{60f_1}{p}(1-s)$$

式中，n 为三相异步电动机的转速（r/min）；n_s 为三相异步电动机的同步转速（r/min）；f_1 为电源的频率（Hz）；p 为电动机定子绕组的极对数；s 为电动机的转差率。

可见，要改变三相异步电动机转速 n，可以从下列几个方面着手：

1）改变电动机定子绕组的极对数 p，以改变定子旋转磁场的转速（又称电动机的同步转速）n_s，即所谓变极调速。

2）改变电动机所接电源的频率 f_1，以改变定子旋转磁场的转速 n_s，即所谓变频调速。

3）改变电动机的转差率 s，即所谓变转差率调速。

其中，改变电动机的转差率 s 调速有很多方法。当负载转矩 T_L 不变时，与其平衡的电动机的电磁转矩 T_e 也应不变。于是，当频率 f_1 和极对数 p 一定时，转差率 s 是下列各物理量的函数：

$$s = f(U_1、R_1、X_{1\sigma}、R'_2、X'_{2\sigma})$$

因此，改变电动机的转差率 s 调速的方法有以下几种：

① 改变施加于电动机定子绕组的端电压 U_1，即降电压调速，为此需用调压器调压；

② 改变电动机定子绕组电阻 R_1，即定子绕组串电阻调速，为此需在定子绕组串联外加电阻；

③ 改变电动机定子绕组漏电抗 $X_{1\sigma}$，即定子绕组串电抗器调速，为此需在定子绕组串联外加电抗器；

④ 改变电动机转子绕组电阻 R_2，即转子回路串电阻调速，为此需采用绕线转子异步电动机，在转子回路串入外加电阻；

⑤ 改变电动机转子绕组漏电抗 $X_{2\sigma}$，即转子回路串电抗器调速，为此需采用绕线转子三相异步电动机，在转子回路串入电抗器或电容器。

此外，还有串级调速、电磁滑差离合器调速等。

下面分别讨论三相异步电动机常用的调速方法。

3.3.2　降低定子绕组电压调速

由三相异步电动机的机械特性的参数表达式可知，三相异步电动机的电磁转矩 T_e 与定子电压 U_1 的平方成正比，因此，改变异步电动机定子绕组的端电压 U_1，也就可以改变异步电动机的电磁转矩和机械特性，从而实现调速。这是一种比较简单而方便的方法。但是，过去主要是利用笨重的饱和电抗器或利用交流调压器来改变电压，体积大，成本高。随着电力电子技术的发展，目前已经广泛采用晶闸管“交流开关”元件（又称“电子调压器”）来调节交流电压和电动机的转速。

三相异步电动机改变定子绕组电压时的人为机械特性的特点是：同步转速 n_s 不变，电动机的临界转差率 s_m（即与电动机最大转矩 T_{max} 对应的转差率）也不变。由于电动机的电磁转矩 T_e（包括最大转矩 T_{max}）与定子绕组电压 U_1 的平方成正比，所以随着定子电压 U_1 的下降，电动机的电磁转矩 T_e（包括最大转矩 T_{max}）与定子绕组电压 U_1 的平方成正比地下降，故改变定子电压 U_1 时的机械特性如图3-21所示。

对于普通三相异步电动机，当采用降低定子电压调速时，如果电动机的负载不同，则其调速特性也不同。下面具体分析不同负载时的情况：

若为恒转矩负载，在图3-21a中，曲线1为该负载的机械特性曲线，从图中可以看出，当定子绕组电压降低时，转速由 n_A、n_B 到 n_C（n_D 不能稳定运行），调速范围很窄，往往满足不了生产机械的要求。

若为风机、泵类负载，在图3-21a中，曲线2为该类负载的机械特性曲线，从图中可以看出，当定子绕组电压升高时，转速由 n_E、n_F 到 n_G 均能稳定运行，可以得到较宽的调速范围。

如果要求电动机拖动恒转矩负载，并且有较宽的调速范围，就要求增大电动机转子绕组的电阻，使电动机的机械特性变软，如图 3-21b 所示。因此，应选用高转差率三相异步电动机等转子电阻较大的电动机，该类电动机具有图 3-21b 所示的机械特性。从图中可以看出，当定子绕组电压降低时，转速由 n_A、n_B 到 n_C，调速范围可以较宽一些，但因电动机的机械特性太软，低速时电动机运行的稳定性太差，即负载转矩稍有波动，就会引起转速有较大的变化，甚至无法工作。为了保证电动机低速运行时具有一定的机械特性硬度，一般在调压调速系统中采用转速负反馈构成闭环控制系统。

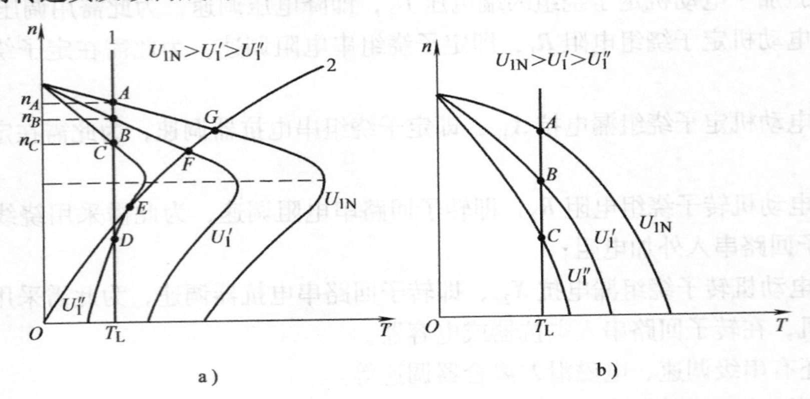

图 3-21　异步电动机改变定子电压时的机械特性
a）单纯改变定子电压时的机械特性　b）加大转子电阻时改变定子电压的机械特性

综上所述，改变定子绕组电压的调速特性适用于风机、泵类负载，而对于恒转矩负载，因单独改变定子绕组电压调速效果不佳，必须在提高转子电阻的基础上，配合转速负反馈的闭环控制，才能得到比较满意的调速特性。

采用降低定子绕组电压调速需注意：电动机在低速运行时，由于降低了供电电压，为保持恒转矩负载，电动机的电流会相应增大，除降低了电动机的效率外，还会引起电动机过热。

3.3.3　绕线转子异步电动机转子回路串电阻调速

绕线转子三相异步电动机转子回路串电阻调速属于改变转差率 s 的调速方式。由绕线转子三相异步电动机转子回路串电阻多级起动可知，它也能实现调速，所不同的是：一般起动用的变阻器都是短时工作的，而调速用的变阻器应为长期工作的。绕线转子三相异步电动机转子回路串电阻调速电路如图 3-22a 所示。

绕线转子三相异步电动机转子回路串电阻调速时的机械特性如图 3-22b 所示。图中，R_2 为绕线转子绕组的电阻；$R_{\Omega1}$、$R_{\Omega2}$、$R_{\Omega3}$ 分别为在转子回路中外串的调速电阻；曲线 1 为转子回路没有串入调速电阻时的机械特性，曲线 2、3、4 则分别为转子回路串入 $R_{\Omega1}$、$R_{\Omega2}$、$R_{\Omega3}$ 时的机械特性。

由图 3-22b 可见，在异步电动机转子回路中串入的电阻越大，电动机的机械特性曲线越偏向下方，在一定负载转矩 T_L 下，转子回路的电阻越大，电动机的转速越低。

由三相异步电动机电磁转矩 T_e 的参数表达式［见式（3-5）］可知，在恒转矩调速时，$T_e=T_L=$ 常数，从电磁转矩的参数表达式可见，若参数 R_1、$X_{1\sigma}$ 和 $X'_{2\sigma}$ 皆不变，欲保持 T_e 不变，则应有 R'_2/s 不变。这说明，恒转矩调速时，电动机的转差率 s 将随转子回路总电阻

(R_2+R_Ω) 作正比例变化。R_2+R_Ω 增加一倍，则转差率也增加一倍。因此，若在保持负载转矩不变的条件下调速，则应有

$$\frac{R_2}{s_N}=\frac{R_2+R_{\Omega 1}}{s_1}=\frac{R_2+R_{\Omega 1}+R_{\Omega 2}}{s_2}=\frac{R_2+R_{\Omega 1}+R_{\Omega 2}+R_{\Omega 3}}{s_3}=\cdots$$

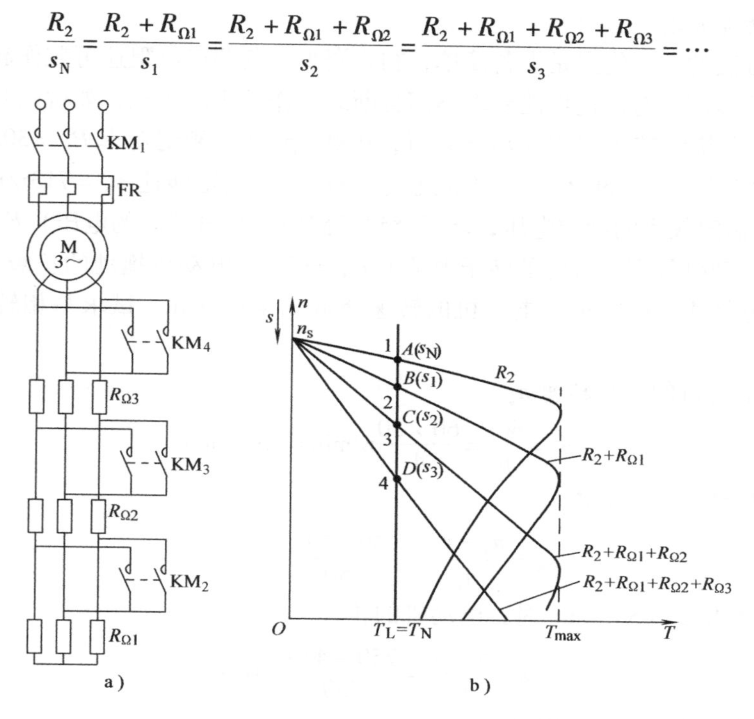

图 3-22 绕线转子三相异步电动机转子回路串电阻调速
a) 电路 b) 机械特性

上式说明，转差率 s 将随着转子回路的总电阻作正比地变化，如图 3-22b 所示，对应于不同电阻时的工作点为 A、B、C、D。而与上述各工作点对应的电动机的转差率分别为 s_N、s_1、s_2、s_3。

现在来阐明绕线转子异步电动机转子回路串电阻调速的物理过程。设电动机拖动恒转矩性质的额定负载运行，其工作点位于图 3-22b 中的 A 点，此时电动机的转差率为 s_N，电动机的转速为 $n_N=n_s(1-s_N)$。当串入电阻 $R_{\Omega 1}$ 的瞬间，由于转子有惯性，电动机的转速还来不及改变，转子绕组的感应电动势未变，转子电流却因转子电路阻抗增加而减小，由于电动机中的主磁通未变，相应地电磁转矩也减小，电动机的转速开始下降。随着转速的下降，电动机气隙中的旋转磁场与转子导体相对运动的速度逐渐增大，转子绕组中的感应电动势开始增大，随之转子电流又开始增加，相应地电磁转矩也逐渐增大，这个过程一直进行到电磁转矩 T_e 与负载转矩互相平衡为止。这时电动机在一个较低转速下稳定运行。

当转子回路串入调速电阻 $R_{\Omega 1}$ 时，电动机的机械特性曲线由曲线 1 变为曲线 2，如图 3-22b所示。若负载转矩 T_L 保持不变，则电动机的运行点将从 A 点变到 B 点，相应的转差率从 s_N 增加到 s_1，电动机的转速则从 $n_s(1-s_N)$ 降到 $n_s(1-s_1)$。增加调速电阻，电动机的机械特性越向下移，转速便越下降。

这种调速方法只能从空载转速向下调速，调速范围不大，负载转矩 T_L 小时，调速范围更小。当转差率较大，即电动机的转速较低时，转子回路（包括外接调速电阻 R_Ω）中的功

率损耗较大，因此效率较低。由于转子要分级串电阻，体积大、笨重，且为有级调速。这种调速方法的另一缺点是转子串入调速电阻后，电动机的机械特性变软，负载转矩稍有变化即会引起很大的转速波动。

这种调速方法的主要优点是设备简单，初投资少，其调速电阻还可兼作起动电阻和制动电阻使用，因此多用于对调速性能要求不高且断续工作的生产机械，如桥式起重机等。

例3-6　一台绕线转子三相异步电动机，极数 $2p=8$，额定功率 $P_N=30\text{kW}$，额定电压 $U_N=380\text{V}$，额定频率 $f_N=50\text{Hz}$，额定电流 $I_N=65.3\text{A}$，额定转速 $n_N=713\text{r/min}$，转子电压（指定子绕组加额定频率的额定电压，转子绕组开路时，集电环间的电压）$E_{2N}=200\text{V}$，转子额定电流（指电动机额定运行时的转子电流）$I_{2N}=97\text{A}$。电动机拖动的负载为恒转矩负载。假定负载为额定负载，现要求将电动机的转速降低到450r/min，试求每相转子绕组中应串入多大电阻？

解：（1）电动机的同步转速 n_s

$$n_s=\frac{60f}{p}=\frac{60\times 50}{4}\text{r/min}=750\text{r/min}$$

（2）电动机的额定转差率 s_N

$$s_N=\frac{n_s-n_N}{n_s}=\frac{750-713}{750}=0.049$$

（3）转速降为 $n=450\text{r/min}$ 时，电动机的转差率 s

$$s=\frac{n_s-n}{n_s}=\frac{750-450}{750}=0.4$$

（4）估算转子绕组每相电阻 R_2

$$R_2\approx\frac{s_N E_{2N}}{\sqrt{3}I_{2N}}=\frac{0.049\times 200}{\sqrt{3}\times 97}\Omega=0.058\Omega$$

（5）转子回路每相应串入的调速电阻 R_Ω

因为

$$\frac{R_2}{s_N}=\frac{R_2+R_\Omega}{s}$$

所以

$$R_\Omega=R_2\left(\frac{s}{s_N}-1\right)=0.058\times\left(\frac{0.4}{0.049}-1\right)\Omega=0.415\Omega$$

3.3.4　变极调速

由公式 $n_s=\frac{60f_1}{p}$ 可知，在电源频率 f_1 不变的条件下，三相异步电动机的同步转速 n_s 与极对数 p 成反比，改变极对数 p，就可以改变三相异步电动机的同步转速（即旋转磁场的转速）n_s，从而改变电动机转子的转速 n。这种通过改变定子绕组的极对数 p 而得到多种转速的电动机称为变极多速电动机。

1. 变极调速的变极方法

由三相异步电动机的工作原理可知，三相异步电动机转子绕组的极数必须与定子绕组的极数相同，因此变极调速时，极对数的改变必须在定子绕组和转子绕组上同时进行。由于笼型转子绕组本身没有固定的极数，它的极数随定子绕组的极数而改变，变换笼型异步电动机的极数时，仅改变定子绕组的极数即可，因此变极多速异步电动机都采用笼型转子。

变极调速设备简单、运行可靠，是一种比较经济的调速方法，它属于有级调速电动机，适用于不需要平滑调节转速的场合。

变极多速三相异步电动机一般有以下三种类型：

1）在定子槽内放置一套绕组，改变其不同的接线组合，得到不同的极数，即单绕组变极多速电动机，简称单绕组多速电动机。

2）在定子槽内放置两套具有不同极对数的独立绕组，即双绕组双速电动机。

3）在定子槽内放置两套具有不同极对数的独立绕组，而每套绕组又可以有不同的接线组合，得到不同的极对数，即双绕组多速电动机。

上述三种变极方法中，第一种方法绕制简单，引出线较少，用铜量也较省，所以被广泛采用。

下面以单绕组变极多速异步电动机为例进行分析。

单绕组变极多速异步电动机的变极方法有以下三种：①反向变极法；②换相变极法；③不同节距变极法。

当单绕组变极多速异步电动机的极数变更成整倍数关系时，称为倍极比变极多速异步电动机，如2/4极、4/8极等；当单绕组变极多速异步电动机的极数变更为非整倍数关系时，称为非倍极比变极多速异步电动机，如4/6极、6/8极等。

（1）反向变极法

反向变极法的特点是：变极时，把每相绕组里的一半线圈中的电流反向，这个反向可以通过适当的接线变换来实现。反向变极法的优点是电动机的引出线少，制造和控制均较方便。但是，各种极数不能同时得到较高的绕组系数，因而使电动机的性能受到一定的影响。

（2）换相变极法

上述反向变极法获得的单绕组多速电动机绕组，优点是出线头较少（双速电动机仅需6根），制造和控制均比较方便。但是绕组系数总是受到一定限制，两种极数不能同时做到较高的绕组系数，因而电动机的性能受到一定影响。换相变极法就是针对这一问题而提出的另一种变极方法。

换相变极法与反向变极法的不同点在于：变极时不仅改变部分线圈的电流方向，而且改变某一部分线圈所属的相别。用换相变极法获得的单绕组多速异步电动机绕组，不同极数都可保持较高的绕组系数，电动机的性能较好，从而弥补了反向变极法的不足。

换相变极法的缺点是出线头较多，制造和控制不如反向变极法方便。因此在单绕组双速异步电动机中，换相变极法很少被采用。但是，在单绕组三速异步电动机中，这个缺点相对而言不太明显，因而换相变极法有一定的应用。

（3）不同节距变极法

在槽电动势向量图（又称槽电动势星形图）能得到三相对称的相绕组电动势的条件下，一套绕组采用两种不同的节距相结合，也可以达到变极的目的。这种变极方法称为不同节距变极法。用这种方法获得的单绕组三速异步电动机出线头为9根，比换相变极法的出线头少，绕组系数也比较高。

以上三种单绕组变极多速异步电动机的变极方法中，反向变极法是最常用的一种，它既可用于倍极比变极多速异步电动机，也可用于非倍极比变极多速异步电动机。

下面通过两个实例分别介绍反向变极法的基本原理。

例 3-7　倍极比单绕组变极多速电动机。

图 3-23 和图 3-24 所示为同一台单绕组双速电动机的定子绕组中一相绕组的简图，图中只画出了 U 相绕组，它包含两组线圈（或线圈组）U1-U2 和 U3-U4。

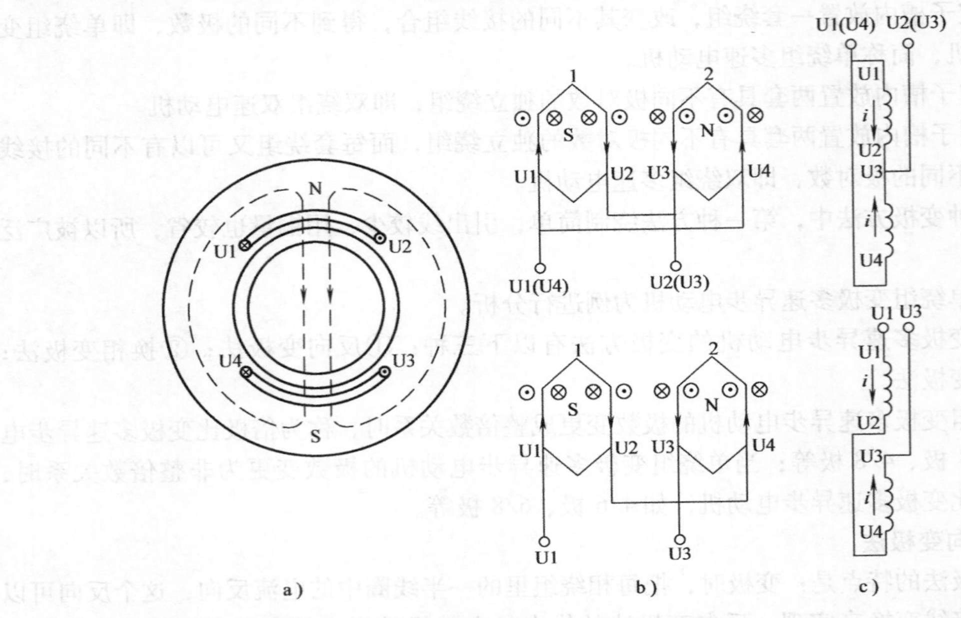

图 3-23　2/4 极电动机反向变极法的原理图（2 极时）
a）绕组布置及其磁场图　b）展开图　c）接线图

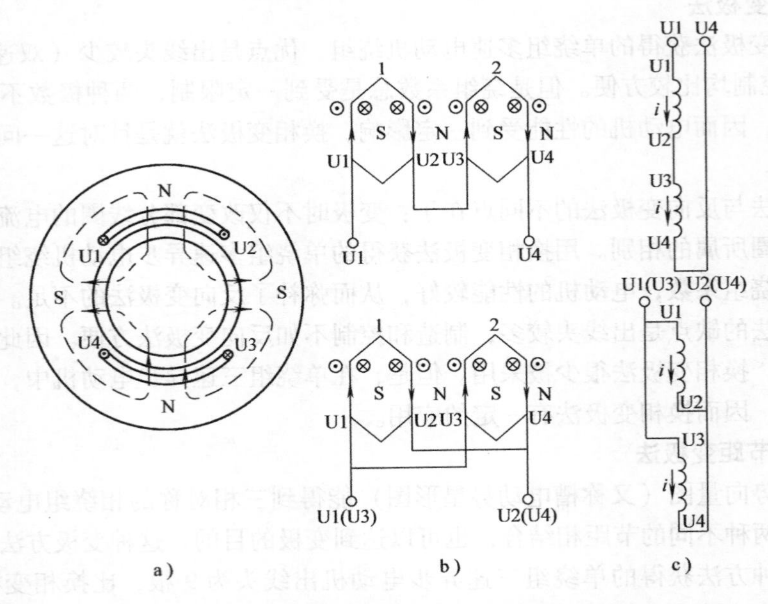

图 3-24　2/4 极电动机反向变极法的原理图（4 极时）
a）绕组布置及其磁场图　b）展开图　c）接线图

在图 3-23b 和图 3-24b 的展开图中，⊗和⊙表示每个线圈边所产生的磁场方向（⊗表示磁力线进入纸面，⊙表示磁力线穿出纸面）。在图 3-23 中，两组线圈反向并联或反向串联时，在电动机的气隙中，可形成 2 极磁场。如果将两组线圈正向串联（又称庶极接法）或正向并联，如图 3-24 所示，其中一组线圈 U3-U4 中的电流改变了方向，在电动机的气隙中则可形成 4 极磁场，即定子绕组的极数增加了一倍。由此可见，在倍极比单绕组双速电动机中，通常以磁极数少的极数作为基本极（60°相带绕组），如欲使磁极数倍增，应变换定子绕组的接线，使相邻线圈组中的电流反向。

例 3-8　非倍极比单绕组变极多速电动机。

上述对倍极比单绕组变极的思路可以推广到非倍极比的情况。图 3-25 所示为一台 4/6 极单绕组双速电动机反向变极法的原理示意图，图中只画出一相绕组，它包含 4 组线圈（或线圈组），当 4 组线圈按照图 3-25a 所示连接时，在电动机的气隙中将产生 4 极磁场；如果将 4 组线圈的连接换成图 3-25b 所示的形式，即将线圈 3 和线圈 4 中的电流反向，在电动机的气隙中，则可产生 6 极磁场。

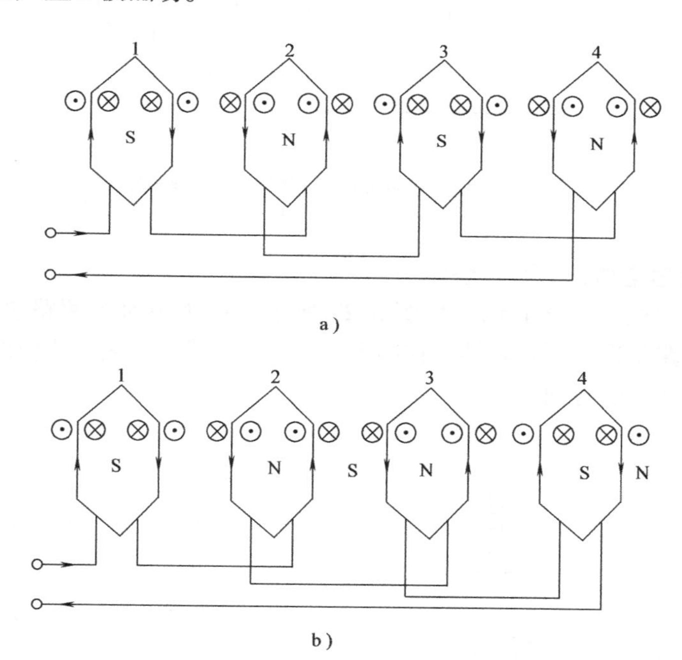

图 3-25　4/6 极电动机反向变极法的原理示意图
a）4 极　b）6 极

对于图 3-25a 所示的 4 极电动机，如果将线圈 2 和线圈 4 中的电流反向，则可以构成 4/8极倍极比单绕组双速电动机，其原理示意图如图 3-26 所示。由以上分析可知，反向变极法的特点是：在保证定子绕组各个线圈所属相别不变的条件下，通过接线的变化，改变部分线圈中的电流方向，从而达到变极的目的。

2. 变极调速异步电动机三相绕组的联结

采用反向变极法变极时，每相绕组分成两半，每半称为“半相绕组”。每相的两个半相绕组可以采用串联或并联（见图 3-27 和图 3-28）两种不同的连接方法。这样，三相之间一般可以采用一路星形（Y）、两路星形（2Y或YY）和一路三角形（△）联结。从少极数到多极数一般采用下列几种连接方法：2Y/△、2Y/Y、△/2Y、Y/2Y。其中常用的连接方法是2Y/△和2Y/Y两种，引出线头只有6根。

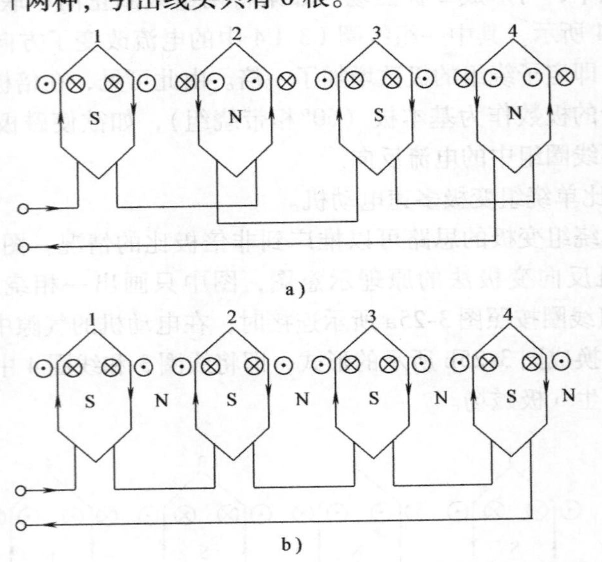

图 3-26　4/8 极电动机反向变极法的原理示意图

a）4 极　b）8 极

(1) 单绕组双速电动机 2Y/Y联结

单绕组双速电动机 2Y/Y联结，如图 3-27 所示。在 4 极时为两路星形（2Y）联结；在 8 极时改接为一路星形（Y）联结。在图 3-27a 中，虚线箭头表示 4 极时的电流方向，实线箭头表示 8 极时的电流方向。

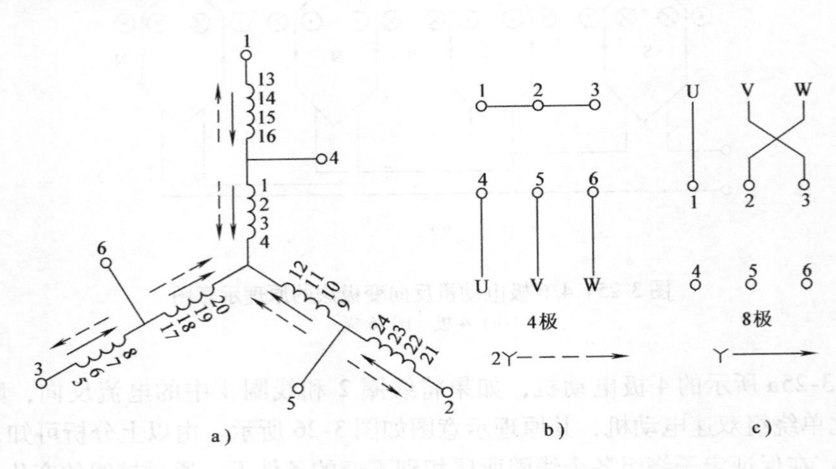

图 3-27　单绕组双速电动机 2Y/Y联结

a）三相绕组接线简图　b）4 极时引出线的接法　c）8 极时引出线的接法

(2) 单绕组双速电动机 2Y/△联结

单绕组双速电动机 2Y/△联结，如图 3-28 所示。当定子绕组从两路星形（2Y）联结改接成一路三角形（△）联结时，极对数增加一倍，转速降为原转速的 50%。在图 3-28a 中，虚线箭头表示 2 极（2 Y）时的电流方向，实线箭头表示 4 极（△）时的电流方向。

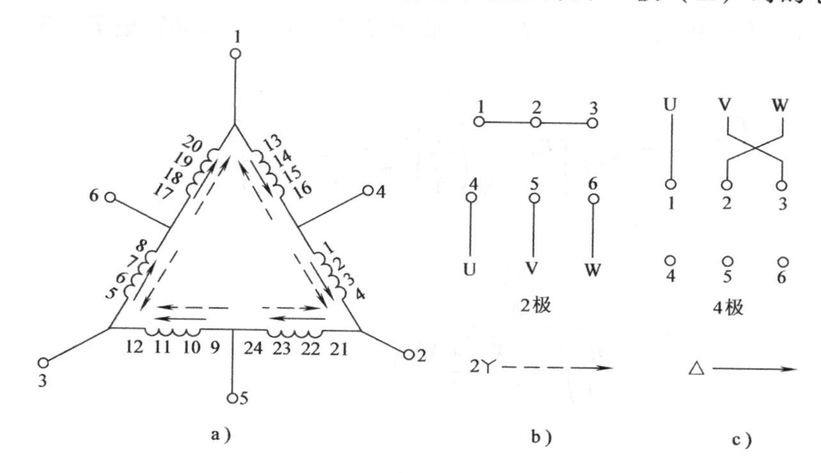

图 3-28　单绕组双速电动机 2 Y/△联结

a）三相绕组接线简图　b）2 极时引出线的接法　c）4 极时引出线的接法

应该注意：在倍极比单绕组双速电动机中，少数极时的定子绕组通常是 60°相带，三相出线端相互差 120°电角度；当绕组改接成倍数极时，相带宽度倍增成为 120°电角度，三相出线端则彼此相差 240°电角度。也就是说，变速后的相序与变速前的相序相反，所以在变极调速时，为了使电动机的转向不变，应将接至电动机的三根电源线对调其中任意两根，如图 3-27 和图 3-28 所示。

3. 变极调速异步电动机的机械特性与输出功率

在讨论变极调速三相异步电动机的机械特性时，同样只讨论几个特殊点。已知三相异步电动机的临界转差率 s_m、最大转矩 T_{max} 和起动转矩 T_{st} 的表达式分别为式（3-6）、式（3-7）和式（3-11），下面分析不同接法时变极调速异步电动机的机械特性与输出功率。

（1）Y→YY变换时的机械特性与输出功率

Y→YY换接变极调速如图 3-27 所示。从图 3-27 可以看出，Y联结时，两个半相绕组正向串联，极对数为 p，同步转速为 n_s，而YY联结时，每相中两个半相绕组反向并联，极对数为 $p/2$，同步转速为 $2n_s$。最大转矩 T_{max} 和起动转矩 T_{st} 也都有改变，下面进行分析。先假定每半相绕组的参数都相等，分别为$\dfrac{R_1}{2}$、$\dfrac{R'_2}{2}$、$\dfrac{X_{1\sigma}}{2}$、$\dfrac{X'_{2\sigma}}{2}$，当Y联结时，每相参数为 R_1、$X_{1\sigma}$、$R'_{2\sigma}$、$X'_{2\sigma}$。当YY联结时，每相参数为$\dfrac{R_1}{4}$、$\dfrac{X_{1\sigma}}{4}$、$\dfrac{R'_2}{4}$、$\dfrac{X'_{2\sigma}}{4}$。而每相绕组的相电压 $U_1=\dfrac{U_N}{\sqrt{3}}$。定子相数为 m_1。则Y联结时，电动机的最大转矩 T_{maxY}、临界转差率 s_{mY} 和起动转矩 T_{stY} 为

$$T_{maxY}=\frac{1}{2}\,\frac{m_1pU_1^2}{2\pi f_1\left[R_1+\sqrt{R_1^2+(X_{1\sigma}+X'_{2\sigma})^2}\right]}$$

$$s_{mY}=\frac{R'_2}{\sqrt{R_1^2+(X_{1\sigma}+X'_{2\sigma})^2}}$$

$$T_{\mathrm{st}\curlyvee}=\frac{m_1pU_1^2R_2'}{2\pi f_1\left[(R_1+R_2')^2+(X_{1\sigma}+X_{2\sigma}')^2\right]}$$

$\curlyvee\curlyvee$联结时，电动机的最大转矩 $T_{\mathrm{max}\curlyvee\curlyvee}$、临界转差率 $s_{\mathrm{m}\curlyvee\curlyvee}$和起动转矩 $T_{\mathrm{st}\curlyvee\curlyvee}$为

$$T_{\mathrm{max}\curlyvee\curlyvee}=\frac{1}{2}\frac{m_1\frac{p}{2}U_1^2}{2\pi f_1\left[\frac{R_1}{4}+\sqrt{\left(\frac{R_1}{4}\right)^2+\left(\frac{X_{1\sigma}}{4}+\frac{X_{2\sigma}'}{4}\right)^2}\right]}$$

$$=2T_{\mathrm{max}\curlyvee}$$

$$s_{\mathrm{m}\curlyvee\curlyvee}=\frac{\frac{R_2'}{4}}{\sqrt{\left(\frac{R_1}{4}\right)^2+\left(\frac{X_{1\sigma}+X_{2\sigma}'}{4}\right)^2}}$$

$$=s_{\mathrm{m}\curlyvee}$$

$$T_{\mathrm{st}\curlyvee\curlyvee}=\frac{m_1\frac{p}{2}U_1^2\frac{R_2'}{4}}{2\pi f_1\left[\left(\frac{R_1+R_2'}{4}\right)^2+\left(\frac{X_{1\sigma}+X_{2\sigma}'}{4}\right)^2\right]}$$

$$=2T_{\mathrm{st}\curlyvee}$$

从上面分析结果可以看出，$\curlyvee\rightarrow\curlyvee\curlyvee$换接变极调速时，$p\rightarrow\frac{p}{2}$，$n_{\mathrm{s}}\rightarrow2n_{\mathrm{s}}$，临界转差率 s_{m} 不变，最大转矩 T_{max}与起动转矩 T_{st}增加一倍，过载能力与起动能力提高了。其机械特性如图 3-29 所示。若拖动恒转矩负载 T_{L} 运行时，从$\curlyvee$向$\curlyvee\curlyvee$变极调速，转速几乎增加了一倍。

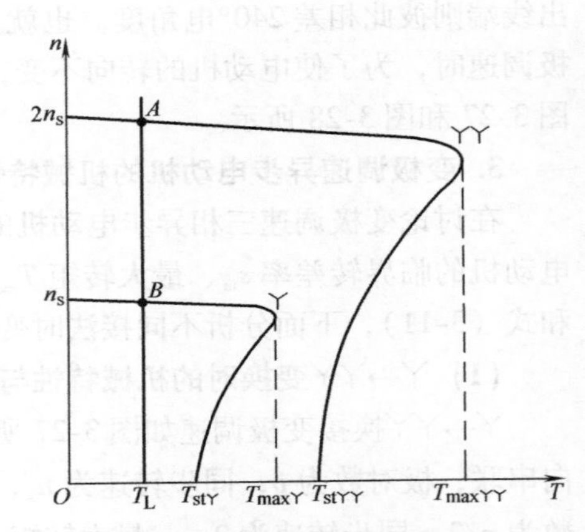

图 3-29　单绕组双速电动机 $\curlyvee\curlyvee/\curlyvee$联结变极调速时的机械特性

假定$\curlyvee\rightarrow\curlyvee\curlyvee$变极调速运行，电动机功率因数 $\cos\varphi_1$ 及效率 η 均保持不变。若保持导线中流过额定电流，电动机输出的功率与转矩为

$\curlyvee$联结时

$$P_{\curlyvee}=\sqrt{3}U_{\mathrm{N}}I_{1\mathrm{N}}\eta\cos\varphi_1$$

$$T_{\curlyvee}=9550\frac{P_{\curlyvee}}{n_{\curlyvee}}\approx9550\frac{P_{\curlyvee}}{n_{\mathrm{s}}}$$

$\curlyvee\curlyvee$联结时

$$P_{\curlyvee\curlyvee}=\sqrt{3}U_{\mathrm{N}}(2I_{1\mathrm{N}})\eta\cos\varphi_1=2P_{\curlyvee}$$

$$T_{\curlyvee\curlyvee}=9550\frac{P_{\curlyvee\curlyvee}}{n_{\curlyvee\curlyvee}}\approx9550\frac{P_{\curlyvee\curlyvee}}{2n_{\mathrm{s}}}=9550\frac{2P_{\curlyvee}}{2n_{\mathrm{s}}}=T_{\curlyvee}$$

由以上分析可见，$\curlyvee\rightarrow\curlyvee\curlyvee$变极调速基本属于恒转矩调速方式，适用于恒转矩负载（如起重机等）的调速。

(2) △→YY变换时的机械特性与输出功率

△→YY换接变极调速如图 3-28 所示。从图 3-28 可以看出，△联结时，每相中的两个半相绕组正向串联，极对数为 p，同步转速为 n_s。YY联结时，每相中两个半绕组反并联，极对数为 $p/2$，同步转速为 $2n_s$。

假设△联结时，每相绕组参数为 R_1、R_2'、$X_{1\sigma}$、$X_{2\sigma}'$，而YY联结时，每相参数为 $\frac{R_1}{4}$、$\frac{R_2'}{4}$、$\frac{X_{1\sigma}}{4}$、$\frac{X_{2\sigma}'}{4}$，从图 3-28 可见，△联结时，相电压 $U_{1\triangle}=U_N$，而YY联结时，相电压 $U_{1YY}=\frac{U_N}{\sqrt{3}}=\frac{U_{1\triangle}}{\sqrt{3}}$，定子相数为 m_1。则

△联结时，电动机的最大转矩 $T_{max\triangle}$、临界转差率 $s_{m\triangle}$ 和起动转矩 $T_{st\triangle}$ 为

$$T_{max\triangle}=\frac{1}{2}\frac{m_1pU_N^2}{2\pi f_1[R_1+\sqrt{R_1^2+(X_{1\sigma}+X_{2\sigma}')^2}]}$$

$$s_{m\triangle}=\frac{R_2'}{\sqrt{R_1^2+(X_{1\sigma}+X_{2\sigma}')^2}}$$

$$T_{st\triangle}=\frac{m_1pU_N^2R_2'}{2\pi f_1[(R_1+R_2')^2+(X_{1\sigma}+X_{2\sigma}')^2]}$$

YY联结时，电动机的最大转矩 T_{maxYY}、临界转差率 s_{mYY} 和起动转矩 T_{stYY} 为

$$T_{maxYY}=\frac{1}{2}\frac{m_1\frac{p}{2}\left(\frac{U_N}{\sqrt{3}}\right)^2}{2\pi f_1\left[\frac{R_1}{4}+\sqrt{\left(\frac{R_1}{4}\right)^2+\left(\frac{X_{1\sigma}+X_{2\sigma}'}{4}\right)^2}\right]}$$

$$=\frac{2}{3}T_{max\triangle}$$

$$s_{mYY}=\frac{\frac{R_2'}{4}}{\sqrt{\left(\frac{R_1}{4}\right)^2+\left(\frac{X_{1\sigma}+X_{2\sigma}'}{4}\right)^2}}=s_{m\triangle}$$

$$T_{stYY}=\frac{m_1\frac{p}{2}\left(\frac{U_N}{\sqrt{3}}\right)^2\frac{R_2'}{4}}{2\pi f_1\left[\left(\frac{R_1+R_2'}{4}\right)^2+\left(\frac{X_{1\sigma}+X_{2\sigma}'}{4}\right)^2\right]}$$

$$=\frac{2}{3}T_{st\triangle}$$

从上面分析结果可以看出，△→YY换接变极调速时，$p\to\frac{p}{2}$，$n_s\to 2n_s$，临界转差率 s_m 不变，最大转矩 T_{max} 与起动转矩 T_{st} 是原来的 2/3，过载能力与起动能力都下降了。其机械特性如图 3-30 所示。若拖动恒转矩负载 T_L 运行时，从△向YY变极调速，转速几乎增加了

一倍。

假定△→YY变极调速运行，电动机功率因数 $\cos\varphi_1$ 及效率 η 均保持不变。若保持导线中流过额定相电流 $I_{1N\phi}$，电动机输出的功率与转矩为

△联结时

$$P_{\triangle}=\sqrt{3}U_N(\sqrt{3}I_{1N\phi})\eta\cos\varphi_1$$

$$T_{\triangle}\approx 9550\frac{P_{\triangle}}{n_s}$$

YY联结时

$$P_{YY}=\sqrt{3}U_N(2I_{1N\phi})\eta\cos\varphi_1=\frac{2}{\sqrt{3}}P_{\triangle}=1.155P_{\triangle}$$

$$T_{YY}\approx 9550\frac{P_{YY}}{2n_s}=9550\frac{\frac{2}{\sqrt{3}}P_{\triangle}}{2n_s}=\frac{1}{\sqrt{3}}T_{\triangle}=0.577T_{\triangle}$$

由以上分析可见，△→YY变极调速基本属于近似恒功率调速方式，适用于恒功率负载（如金属切削机床等）的调速。

4. 变极降压调速时的机械特性

上面介绍了变极调速的基本方法。实际上应用还有多种方法，可使1套绕组改变成3、4种极数。例如为2、4、8极，4、6、8极，4、6、8、10极，4、6、8、12极等。这种单绕组三速或四速电动机，具有体积小，重量轻，设备简单，运行可靠，机械特性硬，使用方便等优点。这种多速电动机普遍用于各种机床及其他设备上，如起重电葫芦，运输传动带等。

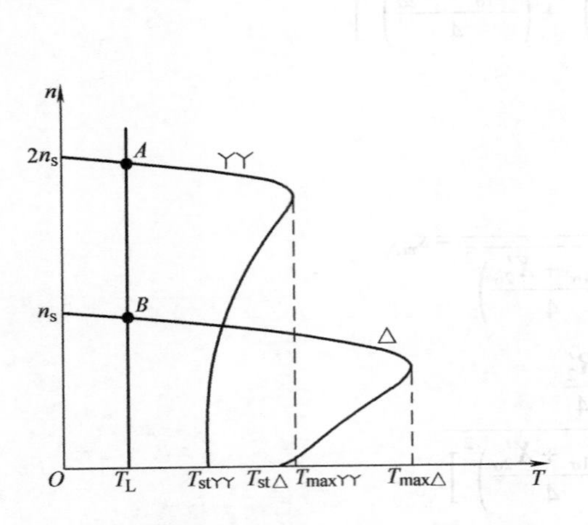

图3-30 单绕组双速电动机 YY/△联结变极调速时的机械特性

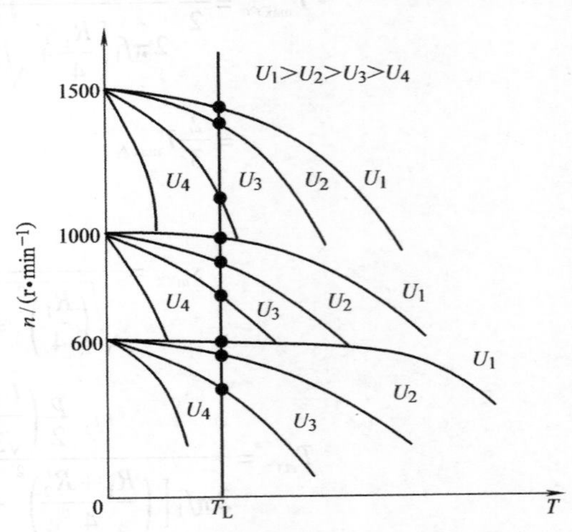

图3-31 4、6、10极三速异步电动机变极降压调速时的机械特性

但变极调速的缺点是转速只能成倍的变化，为有级变速。为了克服这个缺点，改善调速平滑性，可以综合应用变极调速及降压调速。“变极法”为粗调，“降压法”为细调，这种方法既扩大了调速范围，提高了平滑性，又减少了低速损耗。4、6、10极三速异步电动机

变极降压调速机械特性如图 3-31 所示。

3.3.5　变频调速

1. 变频调速的基本规律

由公式 $n_s=\dfrac{60f_1}{p}$ 可知，当三相异步电动机的极对数 p 不变时，其同步转速（即旋转磁场的转速）n_s 与电源频率 f_1 成正比，因此，若连续改变三相异步电动机电源的频率 f_1，就可以连续改变电动机的同步转速 n_s，从而可以平滑地改变电动机的转速 n，达到调速的目的。

变频调速的调速范围宽，精度高，效率也高，且能无级调速，但是需要有专用的变频电源，应用上受到一定的限制。近年来，随着电力电子技术的发展，变频器的性能提高，价格降低，变频调速的应用越来越广泛。

在改变异步电动机电源频率 f_1 时，异步电动机的参数也在变化。三相异步电动机定子绕组的感应电动势 E_1 为

$$E_1=4.44f_1k_{w1}N_1\Phi_m$$

式中，E_1 为定子绕组的感应电动势（V）；k_{w1} 为电动机定子绕组的绕组系数；N_1 为电动机定子绕组每相串联匝数；Φ_m 为电动机气隙每极磁通（又称气隙磁通或主磁通）（Wb）。

如果忽略电动机定子绕组的阻抗压降，则电动机定子绕组的电源电压 U_1 近似等于定子绕组的感应电动势 E_1，即

$$U_1\approx E_1=4.44f_1k_{w1}N_1\Phi_m$$

由上式可以看出，在变频调速时，若保持电源电压 U_1 不变，则气隙每极磁通 Φ_m 将随频率 f_1 的改变而成反比变化。一般电动机在额定频率下工作时磁路已经饱和，如果电源频率 f_1 低于额定频率时，气隙每极磁通 Φ_m 将会增加，电动机的磁路将过饱和，以致引起励磁电流急剧增加，从而使电动机的铁损耗大大增加，并导致电动机的温度升高、功率因数和效率均下降，这是不允许的；如果电源频率 f_1 高于额定频率时，气隙每极磁通 Φ_m 将会减小，因为电动机的电磁转矩与每极磁通和转子电流有功分量的乘积成正比，所以在负载转矩不变的条件下，Φ_m 的减小，势必会导致转子电流增大，为了保证电动机的电流不超过允许值，则将会使电动机的最大转矩减小，过载能力下降。综上所述，变频调速时，通常希望气隙每极磁通 Φ_m 近似不变，这就要求频率 f_1 与电源电压 U_1 之间能协调控制。若要 Φ_m 近似不变，则应使

$$\frac{U_1}{f_1}\approx 4.44k_{w1}N_1\Phi_m=\text{常数}$$

另一方面，也希望变频调速时，电动机的过载能力 $\lambda_m=\dfrac{T_{max}}{T_N}$ 保持不变。于是，在忽略电动机定子绕组电阻时，从式（3-9）可得

$$\lambda_m=\frac{T_{max}}{T_N}=\frac{3pU_1^2}{4\pi f_1(X_{1\sigma}+X'_{2\sigma})T_N}$$

在忽略铁心饱和的影响时，$(X_{1\sigma}+X'_{2\sigma})=2\pi f(L_{1\sigma}+L'_{2\sigma})=fk$，其中 k 为常数。若用加撇的符号代表变频后的量，则由上式可得在保持 λ_m 不变时，变频后与变频前各量的关系为

$$\frac{3pU_1'^2}{4\pi f_1'^2 kT_N'}=\frac{3pU_1^2}{4\pi f_1^2 kT_N}$$

由以上分析可得，在变频调速时，若要电动机的过载能力不变，则电源电压、频率和额定转矩应保持下列关系：

$$\frac{U_1'}{U_1}=\frac{f_1'}{f_1}\sqrt{\frac{T_N'}{T_N}} \tag{3-57}$$

式中，U_1、f_1、T_N 分别为变频前的电源电压、频率和电动机的额定转矩；U_1'、f_1'、T_N' 分别为变频后的电源电压、频率和电动机的额定转矩。

从式（3-57）可得对应于下面三种负载，电压应如何随频率的改变而调节。

（1）恒转矩负载

对于恒转矩负载，变频调速时希望 $T_N'=T_N$，即 $\frac{T_N'}{T_N}=1$，所以要求

$$\frac{U_1'}{U_1}=\frac{f_1'}{f_1}\sqrt{\frac{T_N'}{T_N}}=\frac{f_1'}{f_1} \tag{3-58}$$

即加到电动机上的电压必须随频率成正比变化，这个条件也就是 $\frac{U_1}{f_1}=$ 常数，可见这时气隙每极磁通 Φ_m 也近似保持不变。这说明变频调速特别适用于恒转矩调速。

（2）恒功率负载

对于恒功率负载，$P_N=T_N\Omega=T_N\frac{2\pi n}{60}=$ 常数，由于 $n\propto f$，所以，变频调速时希望 $\frac{T_N'}{T_N}=\frac{n}{n'}=\frac{f_1}{f_1'}$，以使 $P_N=T_N\frac{2\pi n}{60}=T_N'\frac{2\pi n'}{60}=$ 常数。于是要求

$$\frac{U_1'}{U_1}=\frac{f_1'}{f_1}\sqrt{\frac{T_N'}{T_N}}=\frac{f_1'}{f_1}\sqrt{\frac{f_1}{f_1'}}=\sqrt{\frac{f_1'}{f_1}} \tag{3-59}$$

即加到电动机上的电压必须随频率的开方成正比变化。

（3）风机、泵类负载

风机、泵类负载的特点是其转矩随转速的平方成正比变化，即 $T_N\propto n^2$，所以，对于风机、泵类负载，变频调速时希望 $\frac{T_N'}{T_N}=\left(\frac{n'}{n}\right)^2=\left(\frac{f_1'}{f_1}\right)^2$，所以要求

$$\frac{U_1'}{U_1}=\frac{f_1'}{f_1}\sqrt{\frac{T_N'}{T_N}}=\frac{f_1'}{f_1}\sqrt{\left(\frac{f_1'}{f_1}\right)^2}=\left(\frac{f_1'}{f_1}\right)^2 \tag{3-60}$$

即加到电动机上的电压必须随频率的平方成正比变化。

实际情况与上面分析的结果有些出入，主要因为电动机的铁心总是有一定程度的饱和，其次，由于电动机的转速改变时，电动机的冷却条件也改变了。

三相异步电动机的额定频率称为基频，即电网频率 50Hz。变频调速时，可以从基频向上调，也可以从基频向下调。但是这两种情况下的控制方式是不同的。

2. 变频调速时电动机的机械特性

在生产实践中，变频调速系统一般适用于恒转矩负载，实现在额定频率以下的调速。因此，这里仅着重于分析恒转矩变频调速的机械特性。

假定忽略定子电阻 R_1 时，电动机的临界转差率 s_m、最大转矩 T_{max} 分别为

$$\left.\begin{aligned} s_m &\approx \frac{R_2'}{X_{1\sigma}+X_{2\sigma}'}=\frac{R_2'}{2\pi f_1(L_{1\sigma}+L_{2\sigma}')}\propto\frac{1}{f_1} \\ T_{max} &\approx \frac{m_1pU_1^2}{4\pi f_1(X_{1\sigma}+X_{2\sigma}')}=\frac{m_1pU_1^2}{8\pi^2f_1^2(L_{1\sigma}+L_{2\sigma}')}=\text{const} \end{aligned}\right\} \tag{3-61}$$

电动机在最大转矩下转速降落为

$$\Delta n_m=n_s s_m=\frac{60f_1}{p}\frac{R_2'}{2\pi f_1(L_{1\sigma}+L_{2\sigma}')}=\text{常数} \tag{3-62}$$

即在不同频率时，对应于最大转矩的转速降落 Δn_m 不变。所以，恒转矩变频调速的机械特性基本上是一组平行曲线簇，如图 3-32 所示。

显然，变频调速的机械特性类同他励直流电动机改变电枢电压时的机械特性。

必须指出，当频率 f_1 很低时，由于 R_1 与（$X_{1\sigma}+X_{2\sigma}'$）相比已变得不可忽略，即使保持 $U_1/f_1=$ 常数，也不能维持 Φ_m 为常数，R_1 的作用相当于定子电路中串入一个降压电阻，使定子感应电动势降低，气隙磁通减小。频率 f_1 越低，R_1 的影响越大，T_{max} 下降越大。为了使低频时电动机的最大转矩不至下降太大，就必须适当地提高定子电压，以补偿 R_1 的压降，维持气隙磁通不变，如图 3-32 中虚线所示。但是，这又将使电动机的励磁电流增大，功率因数下降。所以，下限频率调节是有一定限度的。

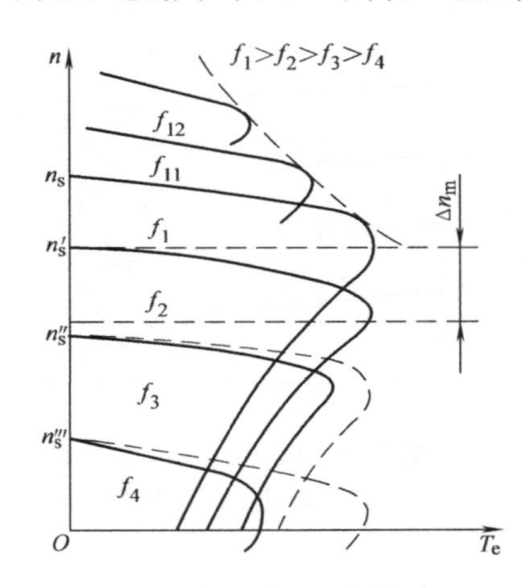

图 3-32　变频调速时的机械特性

对于恒功率变频调速，一般是从基频向上调频。但此时又要保持电压 U_{1N} 不变，由以上分析可知，频率越高，磁通 Φ_m 越低，所以，这种调速可看作是一种降低磁通升速方法，同他励直流电动机的弱磁升速相似，其机械特性如图 3-32 中 f_{11}、f_{12} 所对应的特性。

3. 从基频向下变频调速

当从基频向下变频调速时，为了保持气隙每极磁通 Φ_m 近似不变，则要求降低电源频率 f_1 时，必须同时降低电源电压 U_1。降低电源电压 U_1 有两种方法，现分述如下。

（1）保持 $E_1/f_1=$ 常数

当降低电源频率 f_1 调速时，若保持电动机定子绕组的感应电动势 E_1 与电源频率 f_1 之比等于常数，即 $E_1/f_1=$ 常数，则气隙每极磁通 $\Phi_m=$ 常数，是恒磁通控制方式。

保持 $E_1/f_1=$ 常数，即恒磁通变频调速时，电动机的机械特性如图 3-33 所示。

从图 3-33 中可以看出，电动机的最大转矩 $T_{max}=$ 常数，与频率 f_1 无关。观察图中的各条曲线可知，其机械特性与他励直流电动机降低电枢电源电压调速时的机械特性相似，机械

特性较硬，在一定转差率要求下，调速范围宽，而且稳定性好。由于频率可以连续调节，因此变频调速为无级调速，调速的平滑性好。另外，电动机在各个速度段正常运行时，转差率较小，因此转差功率较小，电动机的效率较高。

由图 3-33 可以看出，保持 E_1/f_1 = 常数时，变频调速为恒转矩调速方式，适用于恒转矩负载。

（2）保持 U_1/f_1 = 常数

当降低电源频率 f_1 调速时，若保持 U_1/f_1 = 常数，则气隙每极磁通 $\Phi_m \approx$ 常数，这是三相异步电动机变频调速时常采用的一种控制方式。

保持 U_1/f_1 = 常数，即近似恒磁通变频调速时，电动机的机械特性如图 3-34 中的实线所示。

从图 3-34 中可以看出，当频率 f_1 减小时，电动机的最大转矩 T_{max} 也随之减小，最大转矩 T_{max} 不等于常数。图 3-34 中虚线部分是恒磁通调速时 T_{max} = 常数的机械特性。显然，保持 U_1/f_1 = 常数的机械特性与保持 E_1/f_1 = 常数的机械特性有所不同，特别是在低频低速运行时，前者的机械特性变坏，过载能力随频率下降而降低。

由于保持 U_1/f_1 = 常数变频调速时，气隙每极磁通近似不变，因此这种调速方法近似为恒转矩调速方式，适用于恒转矩负载。

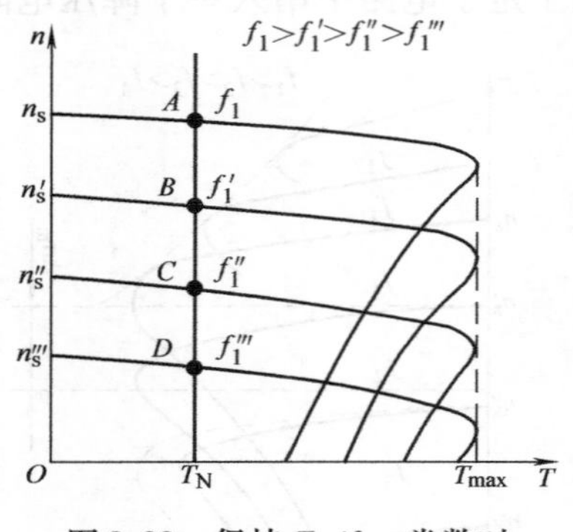

图 3-33　保持 E_1/f_1 = 常数时变频调速的机械特性

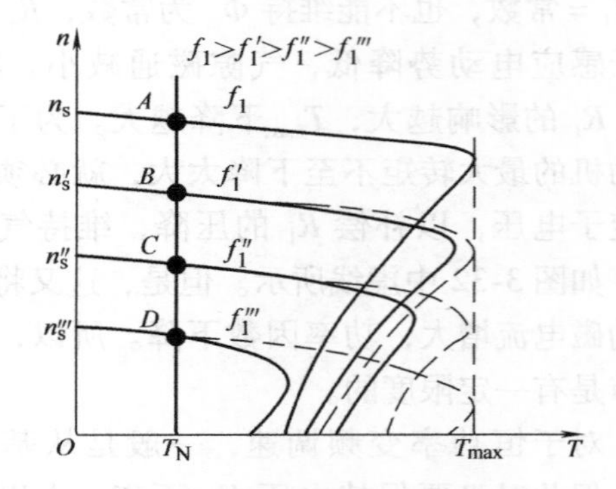

图 3-34　保持 U_1/f_1 = 常数的变频调速的机械特性

4. 从基频向上变频调速

在基频以上变频调速时，电源频率 f_1 大于电动机的额定频率 f_N，要保持气隙每极磁通 Φ_m 不变，定子绕组的电压 U_1 将高于电动机的额定电压 U_N，这是不允许的。因此，从基频向上变频调速，只能保持电压 U_1 为电动机的额定电压 U_N 不变。这样，随着频率 f_1 升高，气隙每极磁通 Φ_1 必然会减小，这是一种降低磁通升速的调速方法，类似于他励直流电动机弱磁升速的情况。

保持 $U_1 = U_N$ = 常数，升频调速时电动机的机械特性如图 3-35 所示，从图中可以看出，电动机的最大转矩 T_{max} 与 f_1^2 成反比减小。这种调速方法可以近似认为属于恒功率调速方式。

异步电动机变频调速的电源是一种能调压的变频装置，近年来，多采用绝缘栅双极型晶体管（IGBT）器件或自关断的功率晶体管器件组成的变频器。变频调速已经在很多领域内获得应用，随着生产技术水平的不断提高，变频调速必将获得更大的发展。

例 3-9　一台笼型三相异步电动机，极数 $2p=4$，额定功率 $P_N=30\text{kW}$，额定电压 $U_N=380\text{V}$，额定频率 $f_N=50\text{Hz}$，额定电流 $I_N=56.8\text{A}$，额定转速 $n_N=1470\text{r/min}$，拖动 $T_L=0.8T_N$ 的恒转矩负载，若采用变频调速，保持 $U_1/f_1=$ 常数，试计算将此电动机转速调为 900r/min 时，变频电源输出的线电压 U_1' 和频率 f_1' 各为多少？

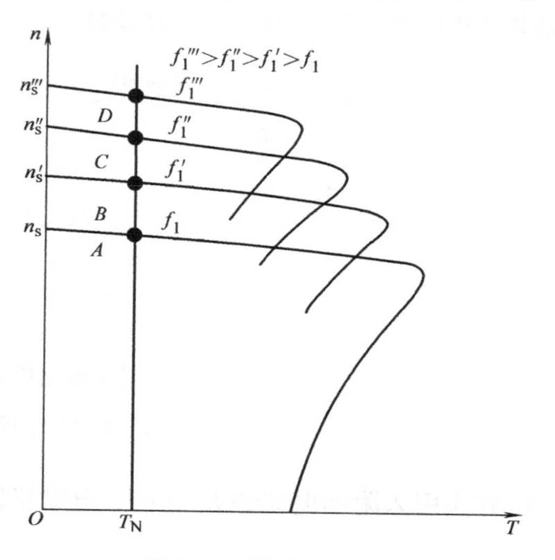

图 3-35　保持 $U_1=U_N$ 不变的升频调速的机械特性

解： 电动机的同步转速 n_s

$$n_s=\frac{60f_1}{p}=\frac{60f_N}{p}=\frac{60\times50}{2}\text{r/min}=1500\text{r/min}$$

电动机在固有机械特性上的额定转差率 s_N 为

$$s_N=\frac{n_s-n_N}{n_s}=\frac{1500-1470}{1500}=0.02$$

负载转矩 $T_L=0.8T_N$ 时，对应的转差率 s 为

$$s=\frac{T_L}{T_N}s_N=0.8\times0.02=0.016$$

则 $T_L=0.8T_N$ 时的转速降 Δn 为

$$\Delta n=sn_s=0.016\times1500\text{r/min}=24\text{r/min}$$

因为电动机变频调速时的人为机械特性的斜率不变，即转速降落值 Δn 不变，所以，变频以后电动机的同步转速 n_s' 为

$$n_s'=n'+\Delta n=(900+24)\text{r/min}=924\text{r/min}$$

若使 $n'=900\text{r/min}$，则变频电源输出的频率 f_1' 和线电压 U_1' 为

$$f_1'=\frac{pn_s'}{60}=\frac{2\times924}{60}\text{Hz}=30.8\text{Hz}$$

$$U_1'=\frac{U_1}{f_1}f_1'=\frac{U_N}{f_N}f_1'=\frac{380}{50}\times30.8\text{V}=234.08\text{V}$$

3.3.6　绕线转子异步电动机的串级调速

1. 串级调速原理

绕线转子异步电动机的转子回路串电阻调速时，在转子回路产生转差功率损耗 p_{Cu2}，其大小与转差率 s 和电磁功率 P_e 成正比（即 $p_{Cu2}=sP_e$），而且转速越低，转差率 s 越大，转差功率损耗 p_{Cu2} 越大，效率越低，而且完全消耗在转子电阻上。三相绕线转子异步电动机的串级调速，就是在转子回路中不串入电阻，而是串入一个可控的与转子频率 $f_2(=sf_1)$ 相同的附加电动势 E_f，其相位与转子电动势 $E_{2s}(=sE_2)$ 反相或同相。其工作原理图如图 3-36 所示。

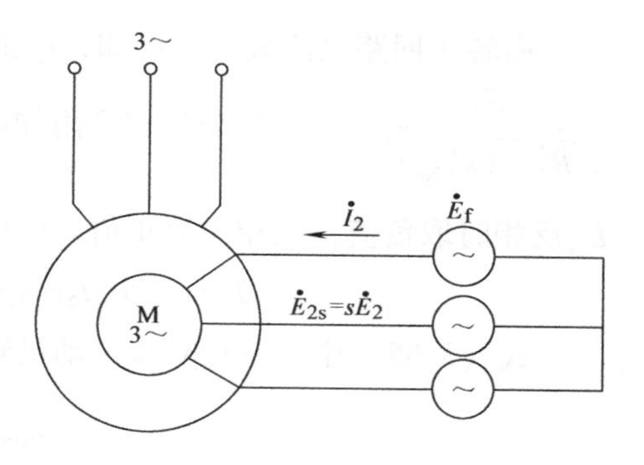

图 3-36　串级调速工作原理图

当转子回路串入附加电动势 E_f 时，其转子一相的等效电路如图 3-37 所示。下面讨论附加电动势的相位对电动机转速的影响。

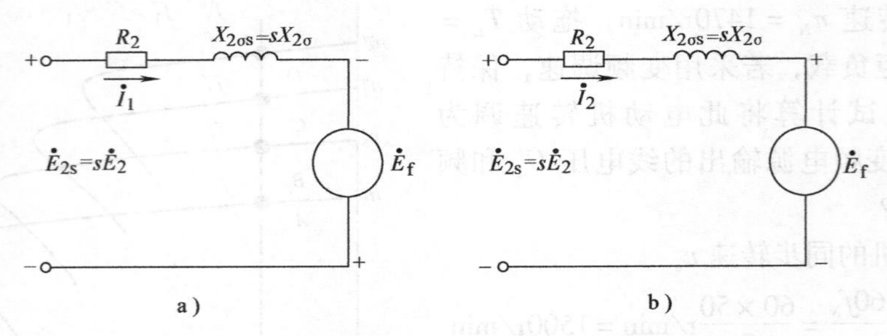

图 3-37 转子电路串入附加电动势的一相等效电路

a) $\dot{E}_f$ 与 $\dot{E}_2$ 同相 b) $\dot{E}_f$ 与 $\dot{E}_2$ 反相

在未引入附加电动势 E_f 之前，电动机转子电流 I_2 为

$$I_2=\frac{sE_2}{\sqrt{R_2^2+(sX_2)^2}} \tag{3-63}$$

在引入附加电动势 E_f 之后，电动机转子电流 I_2 变为

$$I_2=\frac{sE_2\pm E_f}{\sqrt{R_2^2+(sX_2)^2}} \tag{3-64}$$

因为要求在转子回路中串入的附加电动势 E_f 的相位与转子电动势 sE_2 的相位相反或相同，所以式（3-64）的分子为两个电动势的代数和。

在负载转矩 T_L 一定的条件下，若转子串入的附加电动势 E_f 与转子电动势 sE_2 反相，则转子电流 I_2 减小，因为磁通与功率因数未变，所以电磁转矩 T_e 将减小，系统开始减速。随着转速 n 的下降，转差率 s 增大，与此同时转子电动势 sE_2 增加使转子电流 I_2 回升，电动机的电磁转矩 T_e 也随之增大，当减速过程进行到 $T_e=T_L$ 时，系统达到新的平衡，电动机在较低的转速下稳定运行。而提供附加电动势的装置通过转子电路吸收电能。

同理，若转子串入的附加电动势 E_f 与转子电动势 E_{2s} 同相，可分析出电动机将加速到一定的转速下稳定运行。而提供附加电动势的装置向转子回路输入电能，由于此时定子电源还向定子回路输入电能，因此定子和转子回路两路同时输入电能。

2. 串级调速的机械特性

由转子回路电流表达式可知，I_2 由两部分组成：一部分为转子电压 $\dot{E}_{2s}$ 产生的电流 $I_{2D}=\frac{sE_2}{\sqrt{R_2^2+(sX_{2\sigma})^2}}$，另一部分为转子附加电压 $\dot{E}_f$ 产生的电流 $I_{2f}=\frac{\pm E_f}{\sqrt{R_2^2+(sX_{2\sigma})^2}}$，且式中 $\dot{E}_f$ 与 $\dot{E}_{2s}$ 反相时取负值，同相时取正值。所以，异步电动机的电磁转矩为

$$T_e=C_T\Phi_m I_2\cos\varphi_2=C_T\Phi_m I_{2D}\cos\varphi_2+C_T\Phi_m I_{2f}\cos\varphi_2 \tag{3-65}$$

式（3-65）中，三相异步电动机转子绕组的功率因数 $\cos\varphi_2$ 为

$$\cos\varphi_2=\frac{R_2}{\sqrt{R_2^2+(sX_{2\sigma})^2}} \tag{3-66}$$

将式（3-66）和I_{2D}、I_{2f}值代入式（3-65），整理得

$$T_e = C_T\Phi_m sE_2 \frac{R_2}{R_2^2 + s^2X_{2\sigma}^2} \pm C_T\Phi_m E_f \frac{R_2}{R_2^2 + s^2X_{2\sigma}^2} = T_{e1} \pm T_{e2} \tag{3-67}$$

显然，串级调速方法中，异步电动机的电磁转矩 T_e 由两部分组成：T_{e1}为旋转磁场 Φ_m 与 I_{2D}作用产生的转矩分量，其机械特性与转子不串附加电动势 $\dot{E}_f$ 时的异步电动机的机械特性一样，如图 3-38a 所示。T_{e2}为由旋转磁场 Φ_m 和 I_{2f}作用产生的转矩分量，$\dot{E}_f$ 取正值时，T_{e2}取正值，$\dot{E}_f$ 取负值时，T_{e2}取负值，其机械特性如图 3-38b 所示。绕线转子异步电动机转子串附加电动势 $\dot{E}_f$ 的机械特性 T_e 由 T_{e1}和 T_{e2}合成得到，如图 3-38c 所示。

由图 3-38c 可知，当 $E_f=0$ 时，机械特性与普通异步电动机的固有机械特性相同；当 E_f 取正值时，机械特性基本上平行上移。显然，机械特性的线性段较硬，但低速时，最大转矩和起动转矩减小，且过载能力降低。

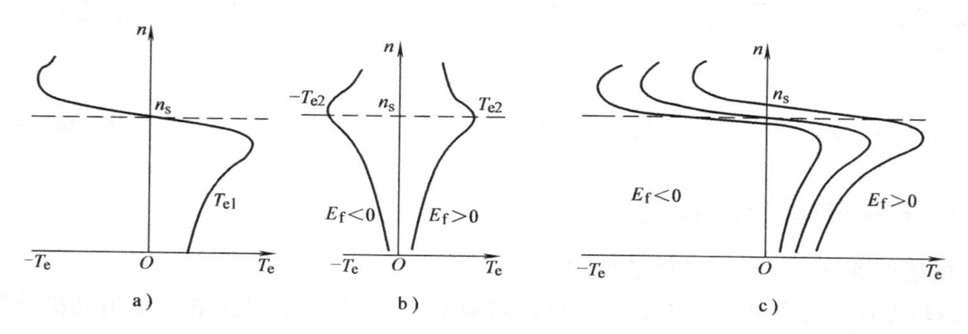

图 3-38　异步电动机串级调速的机械特性
a) $n=f(T_{e1})$　b) $n=f(T_{e2})$　c) $n=f(T_e)$

3. 串级调速的特点和性能

1）串级调速的控制设备较复杂，成本较高，控制困难。因为转子回路串入了一个频率与转子频率相同的附加电动势 $\dot{E}_f$，且要随频率 $f_2=sf_1$ 变化，这是相当困难的。因此，在实际应用中，通常是将转子附加电动势 $\dot{E}_f$ 用整流器整流成可控的直流电压来代替交变电压。

2）串级调速的机械特性较硬，调速平滑性好，转差功率损耗小，效率较高。

3）低速时，转差功率损耗较大，功率因数较低，过载能力较弱。

4）串级调速范围一般为（2～4）:1，适用于大容量的风机、泵类负载。

4. 异步电动机串级调速系统的组成

串级调速电动机转子回路要求提供可控幅值、频率和相位的电源。实现的方法有多种，早期的为机械串级调速系统、组合电动机串级调速系统以及电动机式串级调速系统（参阅有关文献）。目前常用的有采用晶闸管组成的交-直-交变频器串级调速系统（如图 3-39 所示），和交-交变频器串级调速系统，（如图 3-40 所示）。

现以交-直-交变频器串级调速系统为例，介绍其运行原理。绕线转子三相异步电动机的转子电动势 E_{2s}经整流器整流成直流电压 U_d，经滤波电抗器 L_d 滤波后加至晶闸管有源逆变器上，再经晶闸管有源逆变器将电压 U_β 逆变成交流电压馈送到电网上。为了使逆变器输

出的交流电压与电网电压匹配，一般需要设置一台专用的逆变变压器 T。由于逆变器交流侧与电网相连，其频率、电压都与电网一致，故称“有源”逆变器。有关逆变器的工作原理与线路有待后续课程学习。逆变电压 U_β 通过整流电路接入绕线转子三相异步电动机的转子电路，起到了产生附加电动势 E_f 的作用。其极性对每相转子电流而言，方向永远相反，总是起吸收转差功率的作用。所吸收的功率通过逆变器变成交流电能反馈到交流电网中去。改变逆变器的逆变角 β，就可以改变 U_β 的大小，也即改变 E_f 的大小，从而实现了三相异步电动机的串级调速。

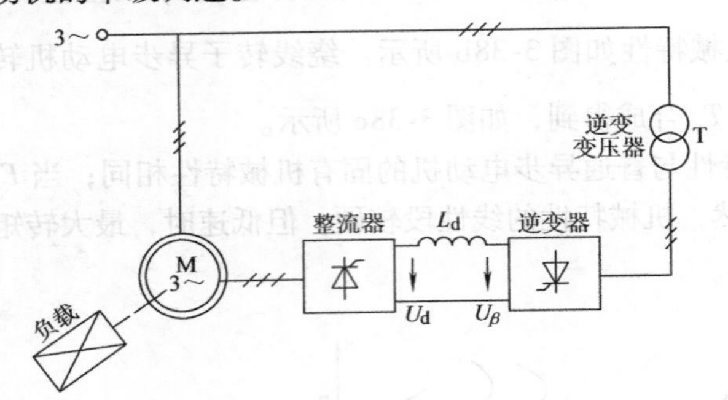

图 3-39 交–直–交变频器串级调速系统

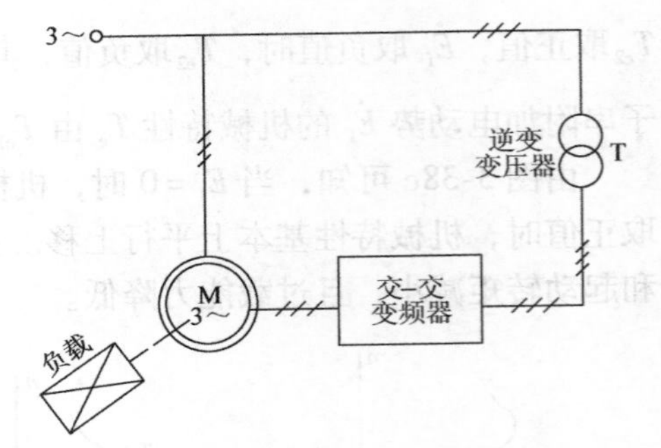

图 3-40 交–交变频器串级调速系统

※3.3.7 电磁转差离合器调速

1. 电磁调速三相异步电动机的结构

电磁转差离合器调速又称电磁滑差离合器调速，它由电磁调速三相异步电动机及控制装置等组成。

电磁调速三相异步电动机（又称转差电动机）是一种交流恒转矩无级调速电动机。其调速特点是调速范围大、无失控区、起动力矩大，可以强励起动，频繁起动时对电网无冲击，适用于纺织、化工、冶金、建材、食品、矿山等部门，如用于装配流水线的传送带、注塑机、印刷机、印染机、水泵、鼓风机、卷板机、压延机、空调设备、输送设备等。

电磁调速三相异步电动机更适用于变转矩的离心式水泵和风机，用转速调节来代替阀门的开闭以控制流量和压力，从而获得节能的效果。

电磁调速三相异步电动机由笼型三相异步电动机、电磁转差离合器、测速发电机等组成。中小型电磁调速异步电动机是组合式结构，如图 3-41 所示；较大的电磁调速异步电动机是整体式结构。笼型三相异步电动机为原动机；测速发电机安装在电磁调速异步电动机的输出轴上，用来控制和指示电动机的转速；电磁转差离合器是电磁调速的关键部件，电动机的平滑调速就是通过它的作用来实现的。

2. 电磁调速三相异步电动机的工作原理

电磁转差离合器（又称电磁滑差离合器）是一种离合器，但与一般机械离合器的结构、原理及作用都不同。

电磁转差离合器主要由电枢和磁极两部分组成，它们能够独立旋转，两者之间无机械联系。电磁转差离合器的电枢与普通笼型三相异步电动机的转子连接，由电动机带动它旋转，称其为主动部分；电磁转差离合器的磁极与负载（工作机械）相连，称其为从动部分。其工作原理如图 3-42 所示。异步电动机带动电磁转差离合器的电枢旋转，通过电磁感应关系使得电磁转差离合器的磁极随之旋转，带动生产机械进行工作。利用晶闸管整流装置调节电磁转差离合器中的励磁电流，就可以达到调速的目的。电磁转差离合器与三相异步电动机装成一体，即同一个机壳时，称为电磁调速异步电动机或滑差电动机。

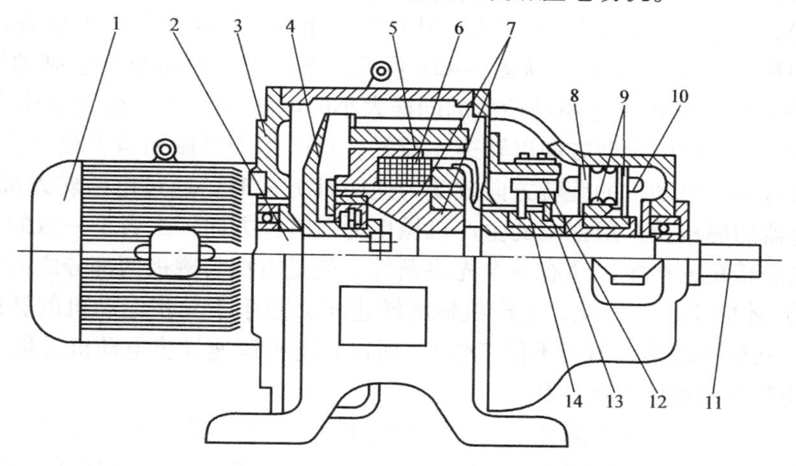

图 3-41　组合式结构电磁调速三相异步电动机
1—三相异步电动机　2—主动轴　3—法兰端盖　4—电枢　5—工作气隙　6—励磁绕组　7—磁极
8—测速发电机　9—测速发电机磁极　10—永久磁铁　11—输出轴　12—刷架　13—电刷　14—集电环

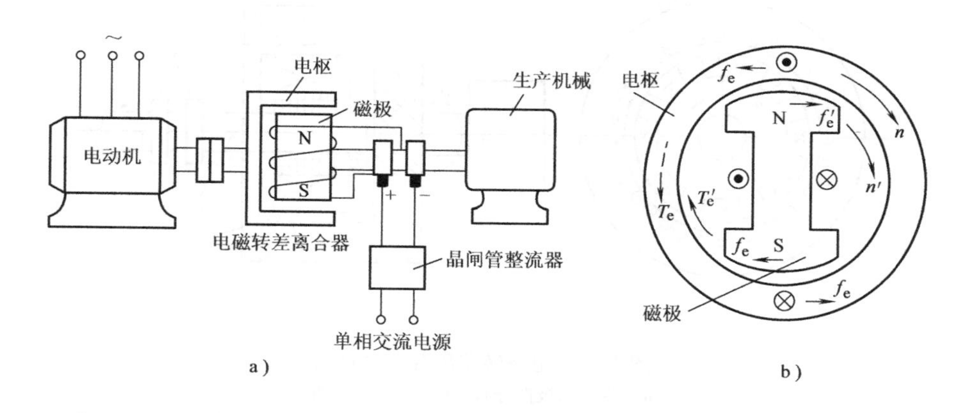

图 3-42　电磁调速异步电动机
a）连接原理图　b）电磁转差离合器工作原理

电磁转差离合器的结构有多种形式，但工作原理是相同的，图 3-42 中电枢部分可以装笼型绕组，也可以是整块铸钢。为整块铸钢时，可以看成是无限多根导条并联，其中流过的涡流类似于笼型绕组的导条中的电流。磁极上装有励磁绕组，由直流电流励磁，极数可多可少。

当三相异步电动机运行时，电磁转差离合器的电枢随异步电动机的转子同速旋转，其转速为 n，如图 3-42 所示。若励磁绕组的励磁电流 $I_f=0$，电枢与磁极之间既无电的联系，又无磁的联系，磁极及所连接的生产机械则不转动，这时生产机械相当于被“离开”。

若励磁绕组的励磁电流 $I_f\neq0$，则磁极有了极性，磁极与电枢二者就有了磁的联系。由于电枢与磁极之间有相对运动，电枢中的导条切割磁极的磁通将产生感应电动势，并产生电流。电流的方向可用右手定则确定，如图3-42b中的⊙和⊗所示，此时导条中的电流与磁极磁场相互作用，导条受到电磁力f_e的作用（其方向可以用左手定则判断），使电枢受到逆时针方向的电磁转矩T_e，如图3-42b中的虚线所示。由于电枢由异步电动机拖动，方向已定（顺时针方向），于是，根据作用力与反作用力大小相等、方向相反，可以确定磁极受到的电磁力f'_e和电磁转矩T'_e的方向。从图3-42b可见，电磁力f_e对电枢产生制动性质的电磁转矩T_e，而电磁力f'_e对磁极产生驱动性质的同样大小的电磁转矩T'_e。在T'_e的作用下，磁极便带动生产机械顺着电枢的旋转方向以转速n'旋转，这时生产机械相当于被“合上”，故取名为离合器。若将异步电动机的旋转方向改变为逆时针方向时，通过电磁转差离合器的作用，电磁转差离合器的磁极及其所拖动的生产机械也为逆时针方向，二者是一致的。显然，电磁转差离合器电磁转矩的产生，还有一个先决条件，就是电枢与磁极两部分之间要有相对运动（即要有转差）才能工作。因此，生产机械的转速n'必定小于异步电动机的转速n（若$n'=n$，则$T_e=0$，电磁转差离合器就不能工作）。所以，电磁调速异步电动机又称滑差电动机。

3. 电磁转差离合器的基本结构

电磁转差离合器的结构有多种形式。通常电枢为圆筒形结构，由铸钢加工而成；磁极为爪形结构，磁极的极性分布如图3-43a所示；磁极的励磁绕组经集电环通入直流电流励磁，如图3-43b所示。

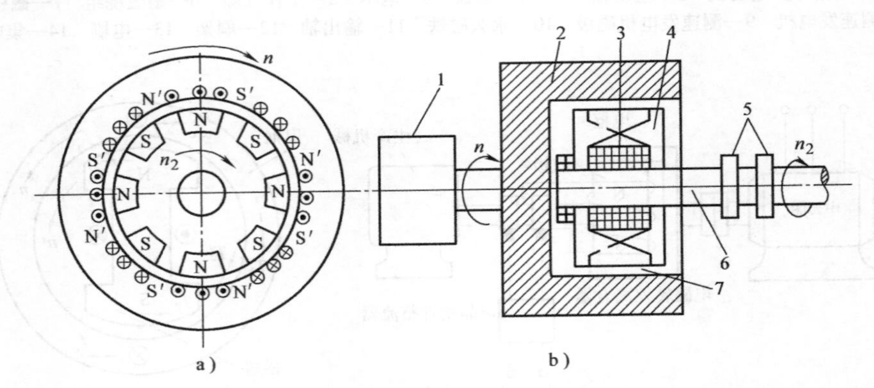

图3-43 电磁转差离合器示意图

a）磁极的极性分布 b）结构示意图

1—异步电动机 2—电枢 3—励磁绕组 4—爪形磁极 5—集电环 6—输出端 7—气隙

4. 电磁转差离合器的机械特性

电磁转差离合器的机械特性与异步电动机的机械特性相似，但其理想空载转速为异步电动机的转速n，而不是异步电动机的同步转速n_s。由于三相异步电动机的固有机械特性较硬，因而可以认为电磁转差离合器的电枢转速是近似不变的，而磁极的转速是由磁场的强弱（即励磁电流I_f的大小）来确定的。因此，改变励磁电流的大小，即可改变磁极及其所带生产机械的转速。电磁转差离合器的机械特性如图3-44所示。

由图3-44可知，电磁转差离合器自身的机械特性是软特性，转速随负载的波动而显著变化，励磁电流越小，其机械特性越软。在配置带有转速负反馈的晶闸管控制装置后，当负载转矩在10% ~ 100%额定转矩内变动时，它能根据测速发电机的信号，自动调整励磁电流，输出转速基本不变，使电磁离合器的机械特性变硬。这种机械特性称为人工机械特性，如图3-45所示。由于摩擦转矩和剩磁转矩的存在，负载小于10%额定转矩时，有时会失控。

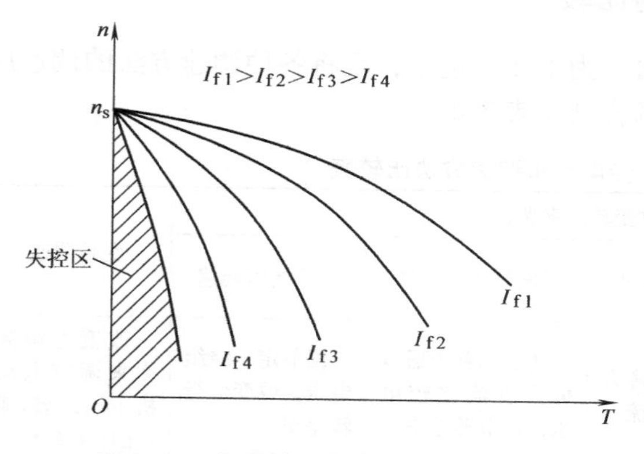

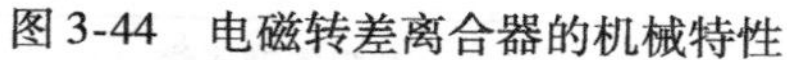
图3-44　电磁转差离合器的机械特性

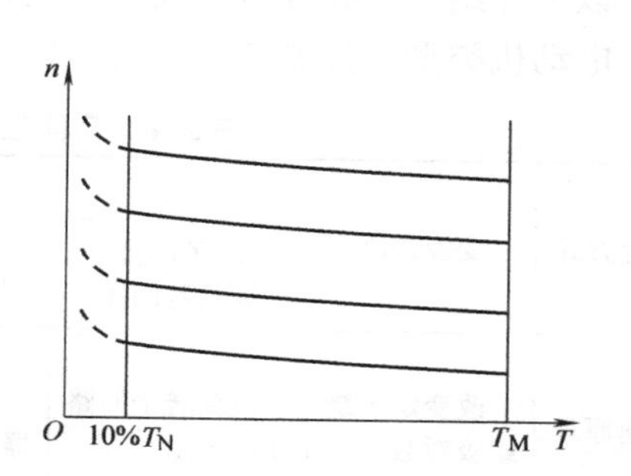

图3-45　电磁转差离合器的人工机械特性

电磁转差离合器在高速时的传递效率一般为80%~85%，在调速时随着转速的降低，输出功率也相应降低，因此，这种调速最适用于鼓风机负载和恒转矩负载，而不适用于恒功率负载。其传递效率可用下式计算：

$$\eta = \frac{n_2}{n_1}$$

式中，n_1为拖动电动机输出转速（r/min）；n_2为离合器输出转速（r/min）。

电磁转差离合器输出功率P_2为

$$P_2 = P_1\eta = P_1\frac{n_2}{n_1}$$

式中，P_1为拖动电动机输出功率（kW）。

5. 电磁调速系统的构成

带有转速负反馈的电磁调速异步电动机的调速系统原理框图如图3-46所示。

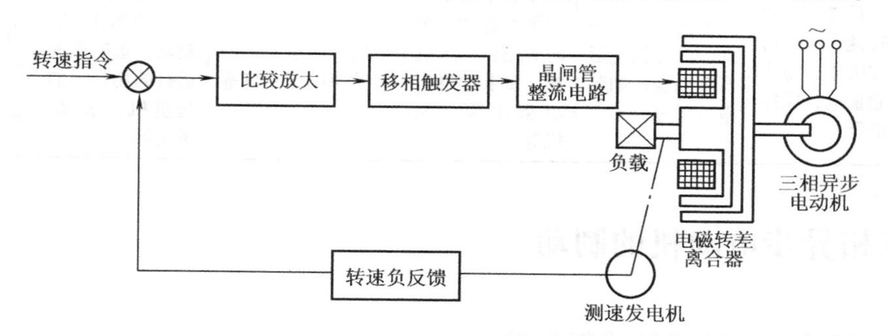

图3-46　带有转速负反馈的电磁调速异步电动机的调速系统原理框图

调速控制器（控制装置）的作用是控制电磁转差离合器的励磁电流，来调节电磁调速异步电动机的转速。控制器主要由转速指令给定、转速负反馈、比较放大、移相触发器、晶闸管整流电路等环节组成。

测速发电机是电磁调速异步电动机测量转速信号的元件，其输出电压与转速成正比，在整个调速系统中，测速发电机作为一种校正元件，用以提高系统的静态精度和动态稳定性。

3.3.8　三相异步电动机各种调速方法的比较

以上介绍了三相异步电动机常用调速方法。为了便于选用，现将各种调速方法的调速原理、电动机类型、控制装置、特点以及应用场合列于表3-4。

表3-4　几种三相交流异步电动机调速方法比较表

调速方式	变极调速	改变转差率调速				变频调速
		转子串接变阻器调速	电磁转差调速	晶闸管串级调速	定子调压调速	
调速原理	改变定子绕组极对数	改变转子回路中的电阻	改变电磁离合器的励磁电流	转子回路中通以可控直流比较电压，调节转差率	调节定子绕组电压，改变运行转差率	改变电源频率来调节电动机同步转速（正比关系）
电动机类型	多速笼型异步电动机	绕线转子异步电动机	电磁调速笼型异步电动机	绕线转子异步电动机	高阻笼型或绕线转子异步电动机	笼型异步电动机
控制装置	接触器构成的极数变换器	接触器和变阻器等	转差离合器励磁调节装置	硅整流—晶闸管逆变器	晶闸管调压装置	大功率电力电子器件变频装置
转速变化率	较小	大	较小（闭环系统时）	低速时大	大	小
特点	简单，有级调速，恒转矩，恒功率	方法简单，有级调速，但能较平滑调节，特性软，外接电阻功耗大	恒转矩，平滑无级调速，效率随转速降低而成比例下降，不能电磁制动	不可逆无级调速，效率高，功率因数低，恒转矩，如将硅整流器改为晶闸管可实现超同步速运行，多种性能都提高	恒转矩，无级调速，效率随转速降低而成比例下降	恒转矩，无级调速，可逆，效率高，调速系统复杂，价高
适用场合	只要求几种转速的场合，如机床、桥式起重机、搅拌机等	频繁起动、制动、短时低速运行等场合，如起重机械等	中、小功率要求平滑起动、短时低速运转机械，如搅拌机、小型水泵、风机等	风机、水泵、中大功率的压缩机等	要求平滑起动，频繁起动、制动，短时低速运行的场合，如起重机、水泵、风机等	恶劣环境，高速传动，小功率调速比大的场合，大功率调速

3.4　三相异步电动机的制动

3.4.1　三相异步电动机的能耗制动

当正在运转中的三相异步电动机突然切断电源时，由于其转动部分储存的动能，将使转子继续旋转，直至转动部分所储存的动能全部消耗完毕，电动机才会停止转动。如果不采取任何措施，动能只能消耗在运转所产生的风阻和轴承摩擦损耗上，因为这些损耗很小，所以电动机需要较长的时间才能停转。能耗制动是在电动机断电后，立即在定子两相绕组中通入直流励磁电流，产生制动转矩，使电动机迅速停转。

为了实现三相异步电动机的能耗制动，应将处于电动运行状态的三相异步电动机的定子绕组从交流电源上切除，并立即把它接到直流电源上去，而三相异步电动机的转子绕组或是直接短路，或是经过电阻 R_{ad} 短路。三相异步电动机能耗制动电路如图 3-47a 所示。

当把电动机定子绕组的三相交流电源切断后，将其三相定子绕组的任意两个端点立即接上直流电源，此时，在定子绕组中将产生一个静止的磁场，如图 3-47b 所示。而转子因机械惯性仍继续旋转，转子导体则切割此静止磁场而感应电动势和电流，其转子电流与磁场相互作用将产生电磁转矩 T_e，该电磁转矩 T_e 的方向可由左手定则判定，如图 3-47b 所示。从图中可见，电磁转矩 T_e 的方向与转子转动的方向相反，为一制动转矩，将使电动机转子的转速 n 下降。当转子的转速降为零时，转子绕组中的感应电动势和电流为零，电动机的电磁转矩也降为零，制动过程结束。这种制动方法把转子的动能转变为电能消耗在转子绕组的铜耗中，故称为能耗制动。

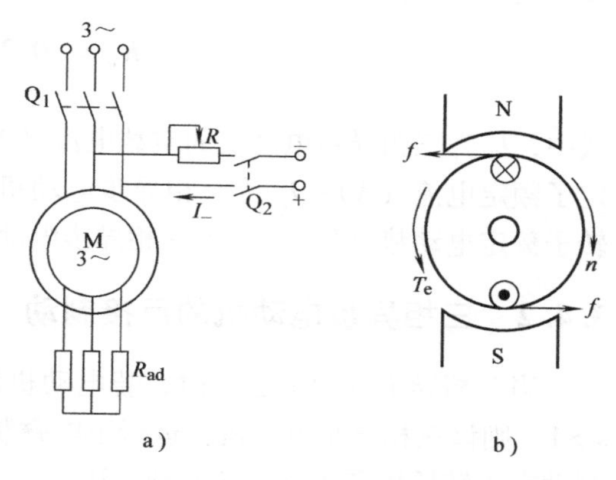

图 3-47　三相异步电动机能耗制动
a) 电路　b) 工作原理

三相异步电动机能耗制动时的机械特性实用表达式为

$$T_e = \frac{2T_{mv}}{\dfrac{v}{v_m} + \dfrac{v_m}{v}} \tag{3-68}$$

式中，v 为区别于电动状态的能耗制动状态下的转差率，$v = \dfrac{n}{n_s}$；T_{mv} 为最大制动转矩。

三相异步电动机能耗制动时的机械特性如图 3-48 所示。从图中可以看出，当直流励磁一定、而转子电阻增加时，产生最大制动转矩时的转速也随之增加，但是产生的最大转矩值不变，如图 3-48 中的曲线 1 和曲线 3 所示；当转子回路的电阻不变，而增大直流励磁时，则产生的最大制动转矩增大，但产生最大制动转矩时的转速不变，如图 3-48 中的曲线 1 和曲线 2 所示。

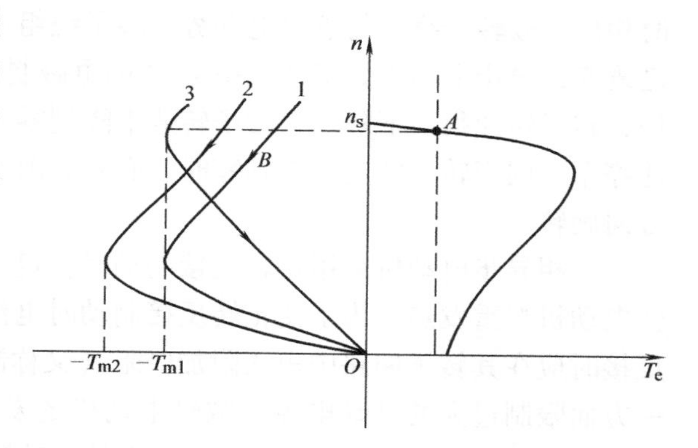

图 3-48　三相异步电动机能耗制动时的机械特性

由能耗制动的工作原理可知，其制动转矩与直流磁场、转子感应电流的大小有关，故能耗制动在高速时制动效果较好，当电动机的转速较低时，由于转子感应电流和电动机的电磁转矩均较小，制动效果较差。改变定子绕组中的直流励磁电流或改变绕线转子异步电动机转子回路中串入的电阻 R_{ad}，均可以调节制动转矩的大小。

采用能耗制动停车时，考虑到既要有较大的制动转矩，又不能使定、转子回路电流过大而使绕组过热，根据经验，对于图 3-47 所示接线方式的三相异步电动机，能耗制动时，可用下列各式计算异步电动机定子直流电流 I_- 和转子回路所串电阻 R_{ad}。

对于笼型异步电动机取

$$I_{-}=(4\sim5)I_0$$

对于绕线转子异步电动机

$$I_{-}=(2\sim3)I_0$$

$$R_{ad}=(0.2\sim0.4)\frac{E_{2N}}{\sqrt{3}I_{2N}}-R_2$$

式中，I_0 为三相异步电动机的空载电流（A），$I_0=(0.2\sim0.5)I_{1N}$；I_{1N}为三相异步电动机的定子额定电流（A）；I_{2N}为三相异步电动机的转子额定电流（A）；E_{2N}为三相异步电动机的转子额定电动势（V）；R_2 为三相异步电动机的转子绕组电阻（Ω）。

3.4.2 三相异步电动机的反接制动

当三相异步电动机运行时，若电动机转子的转向与定子旋转磁场的转向相反，转差率 $s>1$，则该三相异步电动机就运行于电磁制动状态，这种运行状态称为反接制动。实现反接制动有正转反接和正接反转两种方法。

1. 正转反接制动

正转反接又称为改变定子绕组电源相序的反接制动（或称定子绕组两相反接的反接制动）。

将正在电动机状态下运行的三相异步电动机的定子绕组的三根供电电源线任意两根对调，则定子电流的相序改变，定子绕组所产生旋转磁场的方向也随之立即反转，从原来与转子转向一致变为与转子转向相反。但是，由于机械惯性电动机转子仍按原方向转动，此时转子导体以 n_s+n 的相对速度切割旋转磁场，转子导体切割旋转磁场的方向与电动机运行状态时相反，故转子绕组的感应电动势、转子绕组中的电流和电动机的电磁转矩 T_e 的方向均随之改变，异步电动机处于转差率 $s\approx2$ 的电磁制动运行状态。电磁转矩 T_e 对转子产生制动作用，转子转速很快下降。当转子转速下降到零时，制动过程结束。如果制动的目的是为了迅速停车，则当转子转速下降到零时，必须立即切断定子绕组的电源，否则电动机将向相反的方向旋转。

三相异步电动机采用正转反接制动时，定、转子电流很大，定、转子铜耗也很大，将会使电动机严重发热。为了使正转反接制动时电流不至过大，若为绕线转子三相异步电动机，反接时应在其转子回路中串入附加电阻（又称制动电阻）R_{ad}，如图3-49a 所示。其作用是：一方面限制过大的制动电流，减轻电动机的发热；另一方面还可增大电动机的临界转差率 s_m，使电动机开始制动时能够产生较大的制动转矩，以加快制动过程，缩短制动时间。若为笼型三相异步电动机，则反接时应在定子绕组电路中串联限流电阻。

绕线转子三相异步电动机正转反接制动时的机械特性如图3-49b 所示。曲线1为异步电动机的固有机械特性，曲线1上的 A 点是该电动机为电动运行时的工作点。曲线2为异步电动机定子绕组两相反接时的人为机械特性，由于定子电压的相序反了，旋转磁场反向，其对应的同步转速为 $-n_s$，电磁转矩变为负值，起制动作用。在改变定子电压相序的瞬间，工作点由 A 过渡到 B，这时系统在电磁转矩和负载转矩共同作用下，迫使转子的转速迅速下降，直到 C 点，转速为零，制动结束。对于绕线转子异步电动机，为了限制两相反接瞬间电流和增大电磁制动转矩，通常在定子绕组两相反接的同时，在转子绕组中串入制动电阻 R_{ad}，这时对应的人为机械特性如图3-49b中的曲线3所示。这里所说的定子绕组两相反接的反接制动，就是指从反接开始至转速为零的这一制动过程，即图3-49b中的曲线2的 BC 段或曲线3的 $B'C'$ 段。

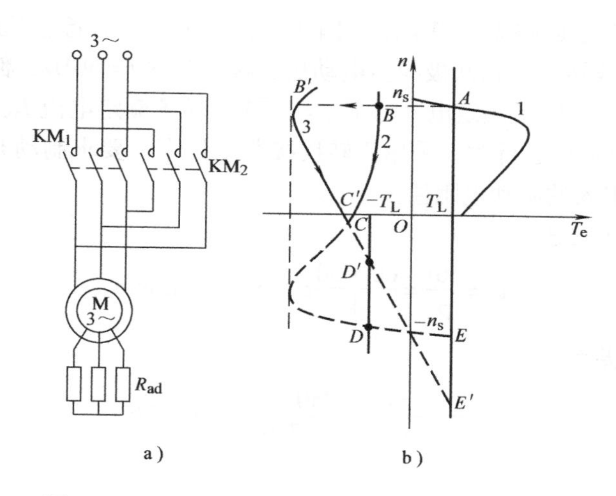

图3-49　绕线转子三相异步电动机的正转反接制动
a）电路　b）机械特性

如果制动的目的只是想快速停车，则必须采取措施，在转速接近零时，立即切断电源。否则，电力拖动系统的机械特性曲线将进入第Ⅲ象限。如果电动机拖动的是反抗性负载，而且在 C(或 C')点的电磁转矩大于负载转矩，则将反向起动到 D(或 D')点，稳定运行，这是反向电动运行状态；如果拖动的是位能性负载，则电动机在位能负载拖动下，将一直反向加速到 $E(E')$点。当电动机的电磁转矩 T_e 等于负载转矩 T_L 时，才能稳定运行。上述情况下，电动机转速高于同步转速，电磁转矩与转子的转向相反，这就是后面要讲的回馈制动状态。

正转反接制动过程中理想空载转速变为 $-n_s$，而 $n\geqslant0$，则相应的转差率 $s>1$。电动机的总机械功率 P_Ω 为

$$P_\Omega=3I_2'^2\frac{1-s}{s}R_2'<0$$

P_Ω 为负值表示负载向电动机输入机械功率，这些机械功率是由负载动能的减少转化而来的。从定子输向转子的电磁功率 P_e 为

$$P_e=3I_2'^2\frac{R_2'}{s}>0$$

转子回路的铜损耗 p_{Cu2} 为

$$p_{Cu2}=3I_2'^2R_2'=P_e-P_\Omega=P_e+|P_\Omega|$$

可见，转子回路消耗的电能为电磁功率和机械功率之和，数值很大，需要外串较大电阻，从而限制制动时的电流，以防止绕阻过热损坏电动机。制动过程中，为保持比较大的制动转矩，可采取转子回路串入大电阻并分级切除的分级制动的方式。

正转反接制动比能耗制动停车速度快，但能耗大。一些频繁正、反转的生产机械，经常

采用正转反接制动停车接着反向起动，就是为了迅速改变转向，提高生产效率。

正转反接制动停车的制动电阻计算，可根据所要求的最大制动转矩进行。为了简单起见，可以认为正转反接制动后瞬间的转差率 $s\approx2$，处于正转反接制动机械特性的 $s=0\sim s_m$ 之间。

笼型异步电动机转子回路无法串电阻，因此正转反接制动不能过于频繁。

例 3-10　一台绕线转子三相八极异步电动机，额定频率 $f=50\text{Hz}$，额定功率 $P_N=22\text{kW}$，额定转速 $n_N=723\text{r/min}$，转子额定电动势 $E_{2N}=197\text{V}$，转子额定电流 $I_{2N}=70.5\text{A}$，过载能力 $\lambda_m=3$。如果拖动额定负载运行时，采用正转反接制动停车，要求制动开始时最大制动转矩为 $2T_N$，求转子每相串入的制动电阻值。

解：电动机的同步转速

$$n_s=\frac{60f}{p}=\frac{60\times50}{4}\text{r/min}=750\text{r/min}$$

电动机的额定转差率

$$s_N=\frac{n_s-n_N}{n_s}=\frac{750-723}{750}=0.036$$

转子每相电阻

$$R_2=\frac{E_{2N}s_N}{\sqrt{3}I_{2N}}=\frac{197\times0.036}{\sqrt{3}\times70.5}\Omega=0.0581\Omega$$

制动后瞬间电动机转差率

$$s=\frac{n_s+n_N}{n_s}=\frac{750+723}{750}=1.964$$

过制动开始点（$s=1.964$，$T_e=2T_N$）的正转反接制动机械特性的临界转差率为

$$s_m'=s\left[\lambda_m\frac{T_N}{T_e}+\sqrt{\lambda_m^2\left(\frac{T_N}{T_e}\right)^2-1}\right]$$

$$=1.964\times\left[3\times\frac{1}{2}+\sqrt{3^2\times\left(\frac{1}{2}\right)^2-1}\right]=5.142$$

固有机械特性的临界转差率 s_m 为

$$s_m=s_N(\lambda+\sqrt{\lambda^2-1})$$

$$=0.036\times(3+\sqrt{3^2-1})=0.21$$

由式（3-27）得临界转差率之比

$$\frac{s_m}{s_m'}=\frac{R_2'}{R_2'+R_{ad}'}=\frac{R_2}{R_2+R_{ad}}$$

所以，在转子回路串入反接制动电阻为

$$R_{ad}=\left(\frac{s_m'}{s_m}-1\right)R_2$$

$$=\left(\frac{5.142}{0.21}-1\right)\times0.0581\Omega=1.365\Omega$$

2. 正接反转制动

正接反转制动又称为转速反向的反接制动（或称为转子反转的反接制动），这种反接制动用于位能性负载，使重物获得稳定的下放速度，故又称倒拉反转运行。

绕线转子三相异步电动机正接反转制动电路如图 3-50a 所示，其制动工作原理如图 3-50b所示。当绕线转子三相异步电动机拖动起重机下放重物时，若电动机的定子绕组仍按作为电动运行时（即提升重物时）的接法接线，即所谓正接，而利用在转子回路中串入较大电阻 R_{ad}，可以使电动机转子的转速下降，当在转子回路中串接的电阻增加到一定值时，转子开始反转，重物则开始下降。

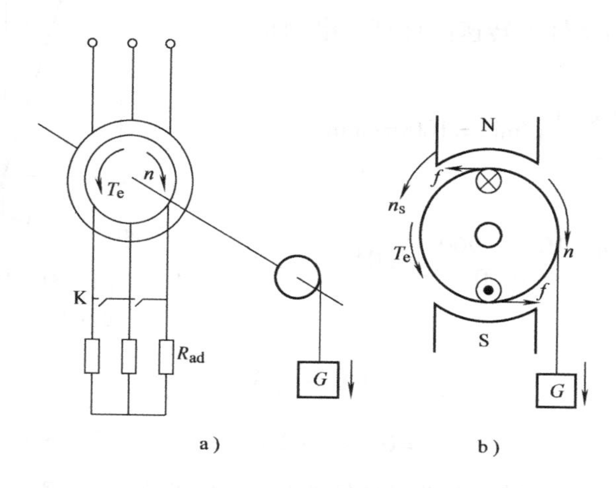

图 3-50　绕线转子三相异步电动机正接反转制动
a）电路　b）工作原理

正接反转的制动原理与在转子回路串电阻调速基本相同。当绕线转子三相异步电动机提升重物时，电动机在其固有机械特性曲线 1 上的 A 点稳定运行，如图 3-51 所示。当异步电动机下放重物时在转子回路中串入较大电阻 R_{ad}，电动机的人为机械特性曲线的斜率随串入电阻 R_{ad}的增加而增大，如图 3-51 中的曲线 2、3 所示。转子转速 n 逐步减小至零，如图 3-51中的 A、B、C 点所示，此时如果在转子回路中串入的电阻 R_{ad}继续增加，由于电磁转矩 T_e 小于负载转矩 T_L，转子就开始反转（重物向下降落）而进入正接反转制动状态，当电阻 R_{ad}增加到 R_{ad3}时，电动机稳定运行于 D 点，从而保证了重物以较低的均匀转速慢慢下降，而不至将重物损坏。

显然，调节在转子回路中串入的电阻 R_{ad}可以控制重物下放的速度。利用同一转矩下转子电阻与电动机的转差率成正比的关系，即

$$\frac{s_D}{s_A}=\frac{R_2+R_{ad}}{R_2}$$

可以求出在需要的下放速度 n_D 时，转子回路中需要串入的附加电阻 R_{ad}的数值

$$R_{ad}=\left(\frac{s_D}{s_A}-1\right)R_2$$

式中，R_2 为绕线转子异步电动机转子绕组的电阻；s_A 为反接制动开始时电动机的转差率；s_D 为以稳定速度下放重物时电动机的转差率。

例3-11 一台三相六极绕线转子异步电动机拖动起重机主钩，其额定功率 $P_N = 20\text{kW}$，额定电压 $U_N = 380\text{V}$，定、转子绕组均为Y联结，电动机的额定转速 $n_N = 960\text{r/min}$，电动机的过载能力 $\lambda_m = 2$，转子额定电动势 $E_{2N} = 208\text{V}$，转子额定电流 $I_{2N} = 76\text{A}$。升降某重物的转矩 $T_L = 0.72T_N$，忽略 T_0，请计算：(1) 在固有机械特性上运行时转子的转速；(2) 转子回路每相串入 $R_{adA} = 0.88\Omega$ 时转子的转速；(3) 转速为 -430r/min 时转子回路每相串入的电阻值。

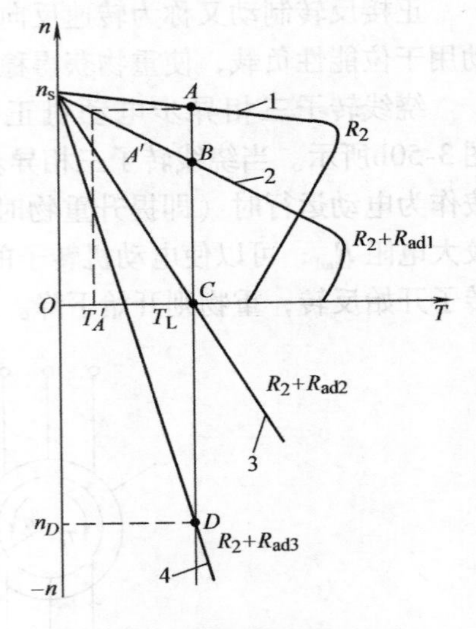

图3-51 绕线转子三相异步电动机正接反转制动时的机械特性

解：(1) 固有机械特性上转速的计算。电动机的同步转速

$$n_s = \frac{60f}{p} = \frac{60 \times 50}{3}\text{r/min} = 1000\text{r/min}$$

额定转差率

$$s_N = \frac{n_s - n_N}{n_s} = \frac{1000 - 960}{1000} = 0.04$$

临界转差率

$$s_m = s_N(\lambda_m + \sqrt{\lambda_m^2 - 1})$$
$$= 0.04 \times (2 + \sqrt{2^2 - 1}) = 0.1493$$

设负载转矩 $T_L = 0.72T_N$ 时，电动机的转速为 n、转差率为 s，则

$$T_e = \frac{2\lambda_m T_N}{\dfrac{s}{s_m} + \dfrac{s_m}{s}}$$

$$0.72T_N = \frac{2 \times 2T_N}{\dfrac{s}{0.1493} + \dfrac{0.1493}{s}}$$

$s = 0.0278$（另一解为0.8016不合理，舍去）

$n = (1 - s)n_s = (1 - 0.0278) \times 1000\text{r/min} = 972.2\text{r/min}$

(2) 转子每相串 $R_{adA} = 0.88\Omega$ 后的转速 n_A 的计算。转子每相电阻

$$R_2 = \frac{s_N E_{2N}}{\sqrt{3}I_{2N}} = \frac{0.04 \times 208}{\sqrt{3} \times 76}\Omega = 0.0632\Omega$$

设转子每相串入 R_{adA} 后，转速为 n_A，转差率为 s_A，则

$$\frac{s_A}{s} = \frac{R_2 + R_{adA}}{R_2}$$

$$s_A = \frac{R_2 + R_{adA}}{R_2}s = \frac{0.0632 + 0.88}{0.0632} \times 0.0278 = 0.4149$$

$$n_A = (1 - s_A)n_s = (1 - 0.4149) \times 1000\text{r/min} = 585.1\text{r/min}$$

(3) 转速为 -430 r/min 时转子每相串入电阻 R_{adB} 的计算。转差率

$$s_B = \frac{n_1 - n_B}{n_1} = \frac{1000 - (-430)}{1000} = 1.43$$

转子每相串入电阻值为 R_{adB}，则

$$\frac{s_B}{s} = \frac{R_2 + R_{adB}}{R_2}$$

$$R_{adB} = \left(\frac{s_B}{s} - 1\right) R_2 = \left(\frac{1.43}{0.0278} - 1\right) \times 0.0632\Omega = 3.188\Omega$$

3.4.3　三相异步电动机的回馈制动

三相异步电动机的回馈制动通常用以限制电动机的转速 n 的上升。当三相异步电动机作电动机运行时，如果由于外来因素，使电动机的转速 n 超过旋转磁场的同步转速 n_s，此时三相异步电动机的电磁转矩 T_e 的方向与转子的转向相反，则电磁转矩 T_e 变为制动转矩，异步电动机由原来的电动状态变为发电状态运行，故又称为发电机制动。这时，异步电动机将机械能转变成电能向电网回馈。

在生产实践中，异步电动机的回馈制动一般有以下两种情况：一种是出现在位能性负载的下放重物时；另一种是出现在电动机改变极对数或改变电源频率的调速过程中。

1. 机车下坡或下放重物时的回馈制动

当电力机车下坡或起重机下放重物时，刚开始，电动机转子的转速 n 小于旋转磁场的同步转速 n_s，即 $n < n_s$，此时该电动机工作在电动运行状态，电动机的电磁转矩 T_e 与转子的旋转方向相同，如图 3-52a 所示。接着，在电动机的电磁转矩 T_e 和重物的重力产生的转矩双重作用下，电力机车或重物将以越来越快的速度下坡或下降。当转子的转速 n 由于重力的作用超过旋转磁场的同步转速 n_s，即 $n > n_s$时，电动机进入发电状态运行，此时，电磁转矩的方向与电动运行状态时相反，成为制动转矩，如图 3-52b 所示，电动机开始减速，同时将储藏的机械动能转变为电能回馈到电网。一直到电磁转矩与重力转矩平衡时，转子转速才能稳定不变，此时，将使电力机车恒速下坡或重物恒速下降。

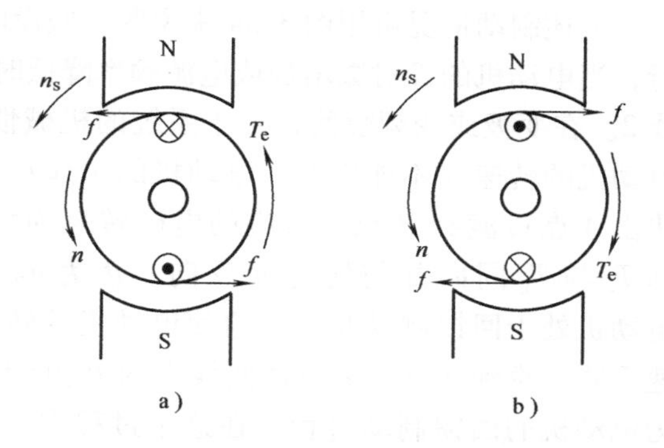

图 3-52　三相异步电动机回馈制动原理图
a) $n < n_s$（电动运行状态）　b) $n > n_s$（发电运行状态）

绕线转子三相异步电动机下放重物时的回馈制动电路如图 3-53a 所示，其机械特性如图 3-53b 所示。设电动机在提升重物时的转速 n 为正，下放重物时的转速 n 为负。提升重物时，电动机运行于第 Ⅰ 象限，如图 3-53b 中的 A 点；下放重物时，电动机运行于第Ⅳ象限，如图中的 D（或 D'）点，获得稳定的下放速度。由图 3-53b 可见，下放重物时电动机的转速 $|-n| > |-n_s|$，此时电磁转矩 T_e 为正值，与正向电动运行状态时的电磁转矩 T_e 同向。

2. 变极或变频调速过程中的回馈制动

当三相异步电动机进行变极调速，由少极数变为多极数的瞬间（或变频调速时，由高

频变为低频的瞬间)，电动机中的旋转磁场的转速（即同步转速）n_s 突然下降很多。但是，由于机械惯性，电动机转子的转速 n 不能突变，于是转子的转速 n 大于电动机的同步转速 n_s，电动机进入发电制动状态运行。此时，制动性质的电磁转矩 T_e 驱使转子减速，当转子的转速 n 小于电动机的同步转速 n_s，即 $n<n_s$ 时，电动机重新处于电动运行状态。

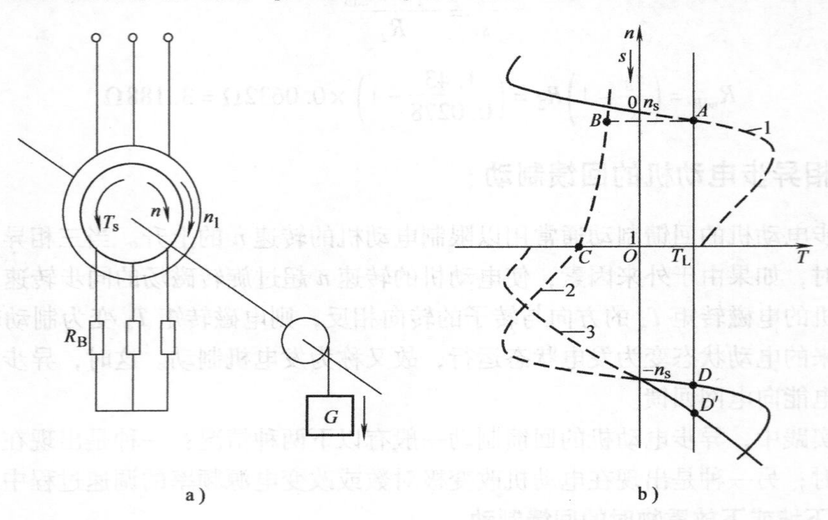

图 3-53　绕线转子三相异步电动机下放重物时的回馈制动
a）电路　b）机械特性

上述制动情况可用图 3-54 来说明。假设电动机原来在机械特性曲线 1 上的 A 点稳定运行，当电动机的极对数增加或电源频率降低时，其对应的同步转速降低为 n_s'，机械特性为曲线 2。在变极或变频瞬间，由于系统的机械惯性，电动机的转速 n 不能突变，电动机的工作点则很快由 A 点过渡到 B 点，对应的电磁转矩为负值，即 T_e 与 T_L 同向并与转速 n 反向，因为 $n_B>n_s'$，电动机处于回馈制动状态，迫使电动机的转速快速下降，直到 n_s'点。沿特性曲线 2 的 B 点到 n_s'点为电动机的回馈制动过程。在这个过程中，电动机不断吸收系统中释放的动能，并将其转换为电能回馈到电网。这一机电过程与直流拖动系统增磁或降压时的过程完全相似。电动机沿特性曲线 2 的 n_s'点到 C 点为电动运行状态的减速过程，C 点为拖动系统的最后稳定运行点。

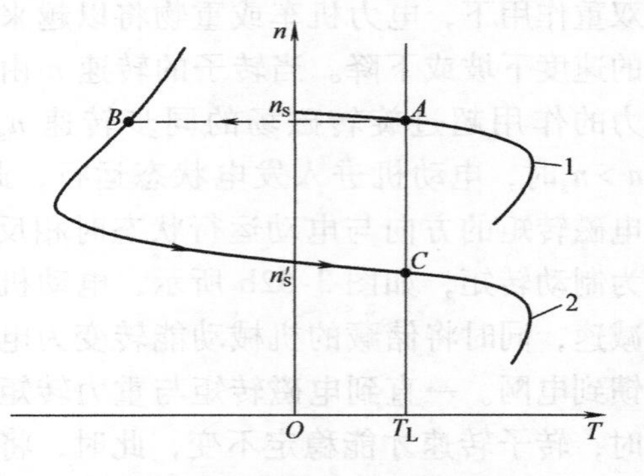

图 3-54　三相异步电动机在变极或变频调速过程中的回馈制动

回馈制动的优点是经济性能好，可将负载的机械能转换成电能反馈回电网。其缺点是应用范围窄，仅当电动机的转速 $n>n_s$ 时才能实现制动。

3.4.4　三相异步电动机各种制动方法的比较

以上介绍了三相异步电动机的三种制动方法。为了便于选用，现将三种制动方法及其能量关系、优缺点以及应用场合列于表 3-5。

表 3-5　三相异步电动机各种制动方法的比较

比较	能耗制动	反接制动		回馈制动
		定子两相反接（正转反接）	转速反向（正接反转）	
方法（条件）	断开交流电源的同时，在定子两相中通入直流电流	突然改变定子电源的相序，使旋转磁场反向	定子按提升重物的方向接通电源，在转子回路串入较大电阻，电动机被重物拖着反转	在某一转矩作用下，使电动机转速超过同步转速，即 $n>n_s$
能量关系	吸收系统储存的动能，并将动能转换成电能，消耗在转子电路的电阻上	吸收系统储存的机械能，作为轴上输入的机械能，并将机械能转换成电能，连同定子传递给转子的电磁功率一起全部消耗在转子电路的电阻上		轴上输入机械功率，并将机械功率转换成定子的电功率，由定子回馈给电网
优点	制动平稳，便于实现准确停车	制动强烈，停车迅速	能使位能性负载，以稳定转速下降	能向电网回馈电能，比较经济
缺点	制动较慢，需增设一套直流电源	能量损耗大，控制较复杂，不易实现准确停车	能量损耗大	在 $n<n_s$ 时不能实现回馈制动
应用场合	要求平稳、准确停车的场合	要求迅速停车和需要反转的场合	限制位能性负载的下降速度，并在 $\lvert n\rvert<\lvert n_s\rvert$ 的情况下采用	限制位能性负载的下降速度，并在 $\lvert n\rvert>\lvert n_s\rvert$ 的情况下采用

3.4.5　三相异步电动机的各种运行状态

通过以上分析可以看到，三相异步电动机的各种运行状态都是在负载转矩保持不变的前提下，通过人为改变电动机定、转子的某些参数而获得的。

电动机各种运行状态是通过电动机的机械特性与负载的机械特性在 T_e-n 直角坐标平面上的四个象限中交点的变化来讨论的。与他励直流电动机相同，三相异步电动机按其电磁转矩 T_e 与电动机的转速 n 是同向还是反向，分为电动运行状态、电磁制动运行状态和发电运行状态（或回馈制动运行状态），其对应的机械特性如图 3-55 所示。

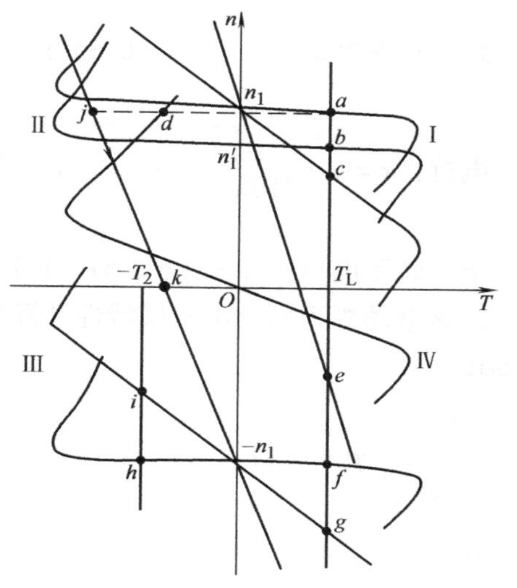

图 3-55　三相异步电动机各种运行状态对应的机械特性

从图 3-55 中可以看出，在第Ⅰ象限，T_e 为正，n 也为正，稳定点 a、b、c 为正向电动运行点。在第Ⅲ象限，T_e 为负，n 也为负，工作点 h 和 i 为反向电动运行点。在第Ⅱ象限，T_e 为负，

n 为正，jk 段为反接制动过程，d 点是能耗制动运行点。在第Ⅳ象限，T_e 为正，n 为负，f 和 g 为反向回馈制动（又称发电制动）运行点，e 点是倒拉反转运行点。

三相异步电动机可根据生产机械的要求运行于各种状态，所以它广泛应用于生产实际中。根据生产工艺要求，可使三相异步电动机工作在 T_e-n 直角坐标平面上的任意象限中，实现机电能量的转换。

※3.5 三相异步电动机的 MATLAB 仿真

本节主要介绍基于 MATLAB 7.10 平台设计的交流电动机机械特性的绘制和电动机调速过程的仿真。

3.5.1 三相异步电动机的机械特性仿真

根据已知的电动机参数绘制固有机械特性，并通过改变电源电压和转子电阻绘制人为机械特性。利用 MATLAB 7.10 编写 M 文件（ *. m），完成机械特性曲线的绘制。

例 3-12 有一绕线转子异步电动机的铭牌数据为：$P_N = 13kW$，$U_{1N} = 380V$，$I_{1N} = 27.3A$，$n_N = 1445r/min$，$E_{2N} = 252V$，$I_{2N} = 31.5A$，$\lambda_m = 2$。绘制机械特性曲线。

解： 为绘制较精确的机械特性曲线，首先计算电动机的定、转子参数。

定子电阻：$r_1 = \dfrac{0.95U_{1N}s_N}{\sqrt{3}I_{1N}} = 0.28\Omega$

转子电阻：$r_2 = \dfrac{E_{2N}s_N}{\sqrt{3}I_{2N}} = 0.17\Omega$

定、转子电压比：$k_e = \dfrac{0.95U_{1N}}{E_{2N}} = 1.43$

转子折算电阻：$r_2' = k_e^2 r_2 = 0.35\Omega$

电抗：$x = \sqrt{\left(\dfrac{U_\phi^2 p}{210\lambda_m T_N} - r_1\right)^2 - r_1^2} = 2.38\Omega$

定、转子电抗：$x_1 = x_2' = 0.5x = 1.19\Omega$

以该电动机为例给出机械特性计算与绘制程序如下，其中转子参数均为折算值。

```
clear
m1 =3;
U1 =220 * sqrt(3);
R1 =0.28;
R2 =0.35;
p =2;
f =50;
```

```
omega = 2 * pi * f /p;
X1 = 1.19;
X2 = 1.19;
s = 0.005:0.005:1
Te = (m1 * p * U1^2 * R2)./s./(omega.* ((R1 + R2./s).^2. + (X1 + X2)^2));
%绘制改变定子电压时的机械特性
figure(1)
plot(s,Te,'k-');
xlabel('电磁转矩');
ylabel('转速');
strx = 0.02;
text(strx,max(Te) + 10,strcat('U1 = ',num2str(U1),'V'),'Color','black');
hold on;
for coef = 0.75: -0.25:0.25
    U1p = U1 * coef;
    Te1 = (m1 * p * U1p^2 * R2)./s./(omega.* ((R1 + R2./s).^2. + (X1 + X2)^2));
    plot(s,Te1,'k-');
    str = strcat('U1 = ',num2str(U1p),'V');
    stry = max(Te1) + 10;
    text(strx,stry,str,'Color','black');
end
%绘制改变转子电阻时的机械特性
figure(2)
plot(s,Te,'k-');
xlabel('电磁转矩');
ylabel('转速');
strx = 0.75;
stry = Te(length(Te)) + 10;
text(strx,stry,strcat('R2 = ',num2str(R2),'\omega'),'Color','black');
hold on;
for coef = 2:1:5
    R2p = R2 * coef;
    Te1 = (m1 * p * U1^2 * R2p)./s./(omega.* ((R1 + R2p./s).^2. + (X1 + X2)^2));
    plot(s,Te1,'k-');
    str = strcat('R2 = ',num2str(R2p),'\omega');
    stry = Te1(length(Te1)) + 10;
    text(strx,stry,str,'Color','black');
end
```

程序运行后，机械特性曲线如图 3-56 和图 3-57 所示。

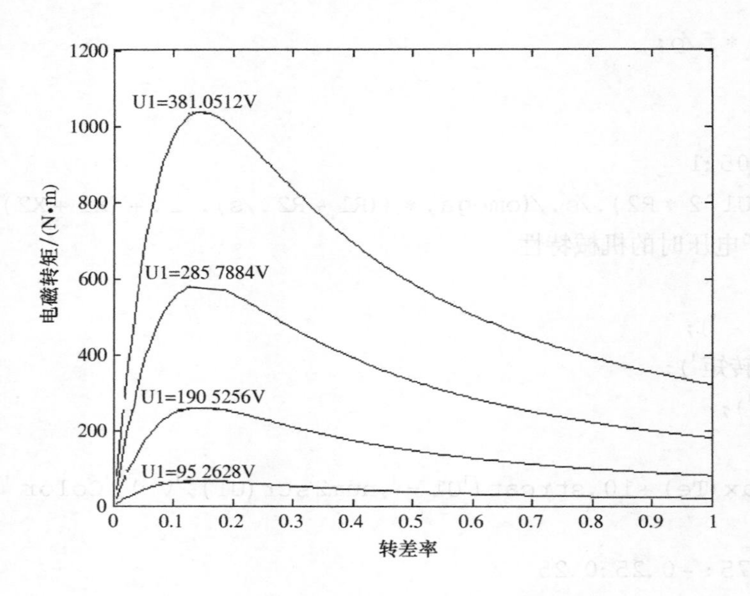

图 3-56　改变定子电压时的机械特性曲线

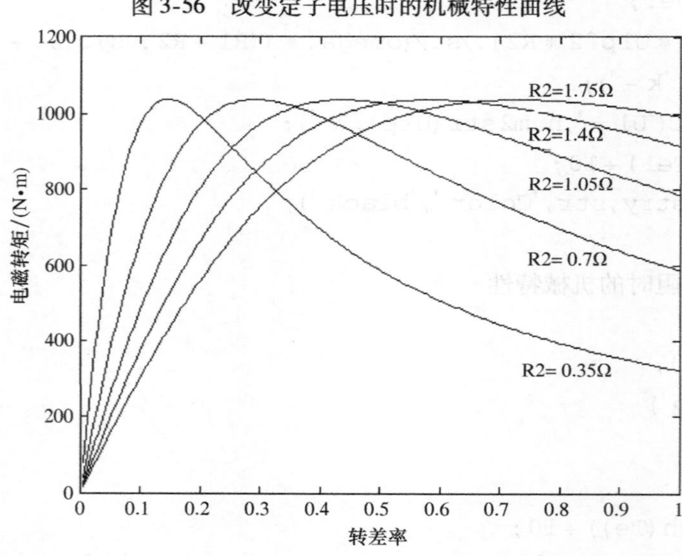

图 3-57　改变转子电阻时的机械特性曲线

3.5.2　三相异步电动机的调速过程仿真

改变三相异步电动机的定子电压就可以改变电动机的机械特性，从而可以进行调速。图3-58给出了基于MATLAB/Simulink开发平台的调压调速过程的仿真模型，其中包括笼型异步电动机模块、电源模块、电动机参数测量和显示模块。电动机模块采用MATLAB平台自带的05号模型（额定线电压为460V，额定转速为1780r/min，额定功率为75kW，频率为60Hz）。电源模块采用峰值相电压为460V和100V电压源分别在0~2s和2~4s进行供电。系统仿真时间为4s，转速变化仿真结果如图3-59所示。

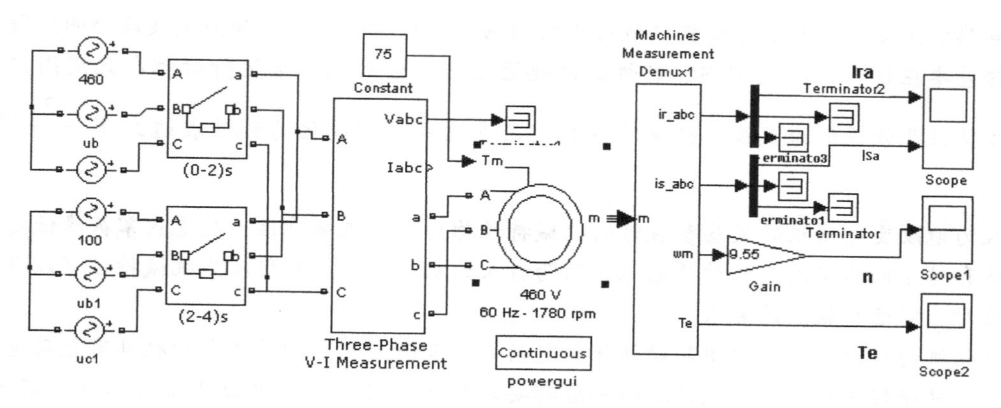

图 3-58　笼型异步电动机调压调速的仿真模型

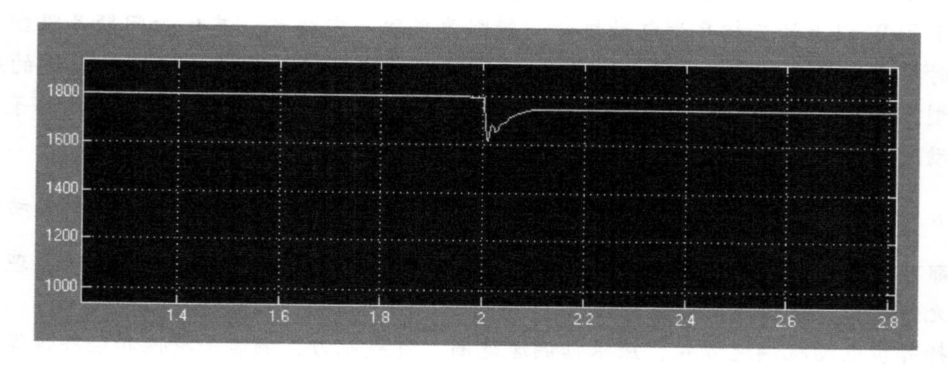

图 3-59　转速变化仿真结果

基于 MATLAB 平台还可以实现交流电动机起动特性、制动特性的仿真和其他调速方法的仿真。

本章小结

本章主要讲述三相异步电动机电力拖动基础，包括三相异步电动机的机械特性、起动、制动与调速。

异步电动机的机械特性是描述、分析异步电动机电力拖动系统各种运行状态的有力工具。三相异步电动机机械特性有三种表达式，分别从不同角度描述异步电动机的外在特性。这三种表达式的形式虽然不同，但它们所描述的物理本质却是相同的，都能表征三相异步电动机的运行性能。物理表达式从电动机内部电磁相互作用的物理本质着手，适用于电动机运行的定性分析；参数表达式是在物理表达式的基础上，通过近似等效电路求得，适用于分析各种参数对电动机运行的影响；实用表达式则抓住机械特性的特征，经合理简化得到，适用于工程计算。

三相异步电动机的机械特性不像直流电动机的机械特性那样简单，其转速也常用转差率 $s=\dfrac{n_s-n}{n_s}$ 表示。应熟记机械特性的几个特殊点：同步点、额定点、临界点和起动点。三相异步电动机的同步转速 n_s、最大转矩 T_{max}、临界转差率 s_m 和起动转矩 T_{st} 是表征电动机运行性能的重要物理量，应深刻理解和掌握它们与电动机参数之间的关系，特别要记住电源电压和转子电路电阻变化对异步电动机机械特性的影响。机械特性曲线可分为直线段和曲线段两部分，转差率在 $0<s<s_m$ 范围内，特性曲线接近直线，电动机正常运行时都在此范围内。由于这段特性曲线近似为直线，机械特性的实用表达式也可简化为线性表达式 $T_e=\frac{2T_{max}}{s_m}s$ 来表示。

人为地改变电动机的某些参数时的机械特性称为人为机械特性。应重点掌握降低定子绕组电压和转子回路串入三相对称电阻时的两种人为机械特性。利用人为机械特性可以满足生产机械对不同运行状态的要求。

电动机的起动性能主要用起动转矩和起动电流来衡量。三相异步电动机具有起动电流较大而起动转矩较小的特点。生产机械一般都要求起动转矩较大，电源又希望起动电流较小，从而构成了异步电动机的突出矛盾。小容量的三相异步电动机在轻载情况下一般可以直接起动；对于7kW以上的三相异步电动机，一般则要采取一定措施，其核心问题是限制起动电流，同时要满足起动转矩的要求，因此，对于不同转矩特性的负载，应选择合适的起动方法。笼型三相异步电动机主要采用减压起动，而绕线转子三相异步电动机多采用转子电路串电阻起动或转子电路串频敏变阻器起动。

从 $n=\frac{60f_1}{p}(1-s)$ 可见，改变电动机的极对数 p、电动机的电源频率 f_1 和电动机的转差率 s 都可改变异步电动机的转速。要掌握三相异步电动机各种调速方法的调速原理、机械特性、允许输出、调速特点及适用场合。

选择异步电动机调速方式，应根据调速范围、负载能力、调速平滑性和经济性等技术指标来酌情考虑。改变转差率调速，如转子串电阻，这种方法设备简单，投资小，但随着转差率的增加，电动机特性变软，损耗也增大，效率降低，所以一般使用在对调速性能要求不太高的场合。改变定子电压调速，通常只适用于高转差率电动机，且必须采用闭环控制系统才能获得较好的调速特性。变极调速是一种改变同步转速的调速方法，这种调速方法只适用于笼型异步电动机。改变极数是通过改变定子绕组接线来实现的，变极前后应注意电动机的转向，一般对于倍极比单绕组变极多速电动机，变极调速时，应调换电源的相序，以保证调速前后转向不变。若将调压和变极两种调速方法结合起来，则既可改善低速运行时的性能又可扩大调速范围，可以适应各种负载类型的调速要求。

变频调速是一种宽范围内连续调节转速的方法，它具有控制功率小、调节方便、易于实现闭环控制的特点。按电压和频率调节比例不同又可分为恒转矩和恒功率两种调速特性。

1）在基频以下变频调速时，如使电压与频率按 $U_1/f_1=U_{1N}/f_{1N}=$ 常数比例调节，即气隙磁通 Φ_m 保持不变，则可实现恒转矩调速。

2）在基频以上调速时，当在保持电压 U_{1N} 不变时，频率升高，则气隙磁通要减弱，即可实现恒功率调速。

制动的目的是使生产机械减速停车或限制高速运转。三相异步电动机有能耗制动、反接制动和回馈制动方式，其共同特点是电磁转矩与转速方向相反。应着重理解三相异步电动机各种制动的产生条件、机械特性、功率关系及制动电阻的计算，并注意与直流电动机制动的比较，尤其要理解异步电动机进行能耗制动时必须加直流励磁的道理。

本章还介绍了几种为了改善电动机起动性能和调速性能而专门设计制造的特种三相异步

电动机的基本结构、工作原理、性能特点及应用场合。

思考题与习题

3-1　什么是三相异步电动机的固有机械特性？什么是三相异步电动机的人为机械特性？

3-2　三相异步电动机的机械特性上有哪些特殊点？

3-3　三相异步电动机的最大转矩 T_{max}、临界转差率 s_m 和起动转矩 T_{st} 与电源电压、电动机参数之间有什么关系？

3-4　绕线转子三相异步电动机转子回路串入电阻可以增大起动转矩，是否串入电阻值越大，起动转矩越大？为什么？

3-5　绕线转子三相异步电动机转子回路串入电抗，是否也可以增大起动转矩和减小起动电流？为什么？

3-6　什么是Y－△起动？一台笼型三相异步电动机额定电压为380V，定子绕组为Y联结，该电动机可以采用Y－△起动吗？

3-7　三相异步电动机采用变频调速时应注意什么？

3-8　什么是三相异步电动机的回馈制动？什么情况下才能实现回馈制动？

3-9　什么是串级调速？其原理是什么？绕线转子三相异步电动机串级调速的机械特性有什么特点？

3-10　交流电动机系统的MATLAB仿真模型如何建立？模型中有几个参数可以调节？

3-11　一台笼型三相异步电动机，极数 $2p=6$，额定电压 $U_N=380V$，额定频率 $f_N=50Hz$，额定转速 $n_N=960r/min$，定子绕组为Y联结，$R_1=2.06\Omega$，$X_{1\sigma}=3.13\Omega$，$R_2'=1.58\Omega$，$X_{2\sigma}'=4.27\Omega$。试求该电动机的额定转矩 T_N、最大转矩 T_{max}、过载能力 λ_m、最大转矩对应的临界转差率 s_m（忽略空载转矩 T_0）。

3-12　一台绕线转子三相异步电动机，极数 $2p=4$，额定功率 $P_N=75kW$，额定电压 $U_N=380V$，定子绕组为△联结，额定电流 $I_N=144A$，额定频率 $f_N=50Hz$，转子额定电动势 $E_{2N}=399V$，转子额定电流 $I_{2N}=116A$，额定转速 $n_N=1460r/min$，过载能力 $\lambda_m=2.8$。用简化实用表达式及较准确的实用表达式绘制电动机的固有机械特性。

3-13　一台绕线转子三相异步电动机，极数 $2p=4$，额定功率 $P_N=150kW$，额定电压 $U_N=380V$，定子绕组为△联结，额定频率 $f_N=50Hz$，$R_1=R_2'=0.014\Omega$，$X_{1\sigma}=X_{2\sigma}'=0.065\Omega$。当忽略励磁阻抗 Z_m 时，使用简化等效电路求取：

（1）直接起动时的起动转矩和起动电流；

（2）在转子每相绕组中串入起动电阻 $R_{st}'=0.12\Omega$ 时的起动转矩和起动电流；

（3）在定子每相绕组中串入起动电抗 $X_{st}=0.12\Omega$ 时的起动转矩和起动电流。

3-14　一台笼型三相异步电动机，极数 $2p=4$，额定功率 $P_N=28kW$，定子绕组为△联结，额定电压 $U_N=380V$，额定电流 $I_N=58A$，额定频率 $f_N=50Hz$，额定功率因数 $\cos\varphi_N=0.88$，额定转速 $n_N=1455r/min$，起动电流倍数 $K_I=6$，起动转矩倍数 $K_T=1.1$，过载能力 $\lambda_m=2.3$。车间变电站允许最大冲击电流为150A，生产机械要求起动转矩不小于73.5N·m，试选择合适的减压起动方法，写出必要的计算数据。若采用自耦降压变压器减压起动，抽头有55%、64%、73%三种。

3-15　一台绕线转子三相异步电动机，极数 $2p=8$，额定功率 $P_N=30kW$，额定电压 $U_{1N}=380V$，额定电流 $I_{1N}=71.6A$，额定频率 $f_N=50Hz$，额定转速 $n_N=725r/min$，转子额定电动势 $E_{2N}=257V$，转子额定电流 $I_{2N}=73.2A$，过载能力 $\lambda_m=2.2$。拖动恒转矩负载起动，负载转矩 $T_L=0.75T_N$。若用转子串电阻四级起动，$\dfrac{T_1}{T_N}=1.8$，求各级起动电阻多大？

3-16　一台绕线转子三相异步电动机，极数 $2p=4$，额定功率 $P_N=150kW$，额定电压 $U_N=380V$，额定频率 $f_N=50Hz$，定、转子绕组均为Y联结，额定负载时测得转子铜耗 $P_{Cu2}=2205W$，机械损耗 $P_{\Omega}=2645W$，杂散损耗 $P_{\Delta}=1010W$。其他电动机参数为 $R_1=R_2'=0.013\Omega$，$X_{1\sigma}=X_{2\sigma}'=0.06\Omega$。试求：

（1）额定运行时的电磁功率 P_e、额定转差率 s_N、额定转速 n_N 和电磁转矩 T_e；

（2）负载转矩不变（认为 T_e 不变），转子回路中串入调速电阻 $R'_\Omega=0.10\Omega$ 时，电动机的转差率 s、转速 n 和转子铜耗 P_{Cu2}；

（3）转子回路不串电阻和串入调速电阻 R'_Ω 两种情况下的临界转差率；

（4）欲使起动时产生的转矩最大，应在转子回路串入的起动电阻 R'_{st}（折算到定子侧的值）。

3-17　一台绕线转子三相异步电动机拖动一桥式起重机的主钩，其额定数据为：极数 $2p=10$，额定功率 $P_N=60\text{kW}$，额定频率 $f_N=50\text{Hz}$，额定转速 $n_N=577\text{r/min}$，额定电流 $I_N=133\text{A}$，转子额定电流 $I_{2N}=160\text{A}$，转子额定电动势 $E_{2N}=253\text{V}$，过载能力 $\lambda_m=2.9$，额定功率因数 $\cos\varphi_N=0.77$，额定效率 $\eta_N=0.89$。设电动机转子转35.4圈时，主钩上升1m。如要求带额定负载时，重物以8m/min的速度上升，试求电动机转子电路每相串入的电阻值。

3-18　一台绕线转子三相异步电动机有关数据为：极数 $2p=6$，额定功率 $P_N=75\text{kW}$，额定电压 $U_N=380\text{V}$，额定频率 $f_N=50\text{Hz}$，额定转速 $n_N=976\text{r/min}$，过载能力 $\lambda_m=2.05$，转子额定电动势 $E_{2N}=238\text{V}$，转子额定电流 $I_{2N}=210\text{A}$。转子回路每相可以串入电阻为0.05Ω、0.1Ω和0.2Ω时，求转子串电阻调速的：

（1）调速范围；

（2）最大静差率；

（3）拖动恒转矩负载 $T_L=T_N$ 时的各档转速为多少？

3-19　某绕线转子三相异步电动机，技术数据为：极数 $2p=6$，额定功率 $P_N=60\text{kW}$，额定频率 $f_N=50\text{Hz}$，额定转速 $n_N=960\text{r/min}$，转子额定电动势 $E_{2N}=200\text{V}$，转子额定电流 $I_{2N}=195\text{A}$，过载能力 $\lambda_m=2.5$。其拖动起重机主钩，当提升重物时电动机负载转矩 $T_L=530\text{N}\cdot\text{m}$，不考虑传动机构损耗转矩，试求：

（1）电动机工作在固有机械特性上提升该重物时，电动机的转速；

（2）若使下放速度为 $n=-280\text{r/min}$，不改变电源相序，转子回路应串入多大电阻？

（3）若在电动机不断电的条件下，欲使重物停在空中，应如何处理？并作定量计算；

（4）如果改变电源相序在反向回馈制动状态下下放同一重物，转子回路每相串接电阻为0.06Ω，求下放重物时电动机的转速。

※ 第4章　三相同步电动机的电力拖动

同步电动机的特点是，稳态运行时转子转速与负载大小无关而始终保持为同步转速，且其功率因数可以调节。因此，在恒速负载及需要改善功率因数的场合，常常优先选用同步电动机。随着电力电子技术的发展，同步电动机还可以采用变频装置实现调速，从而解决了过去同步电动机不能调速和起动性能差的问题。

4.1　三相同步电动机概述

4.1.1　三相同步电动机的工作原理

同步电动机的工作原理示意图如图 4-1 所示。当定子三相对称绕组通入三相交流电流时，在电动机的气隙中将产生一个旋转磁场。该磁场以同步转速 $n_S=\frac{60f}{p}$旋转，其转向取决于定子电流的相序。转子励磁绕组通入直流电流后，产生一个大小和极性都不变的恒定磁场，而且转子磁场的极数与定子旋转磁场的极数相同。根据异性磁极相互吸引的原理，转子磁极在定子旋转磁场的电磁吸引力的作用下，产生电磁转矩，使转子跟着旋转磁场一起转动，将定子侧输入的交流电能转换为转子轴上输出的机械能。由于转子与旋转磁场的转速和转向相同，故称为同步电动机。

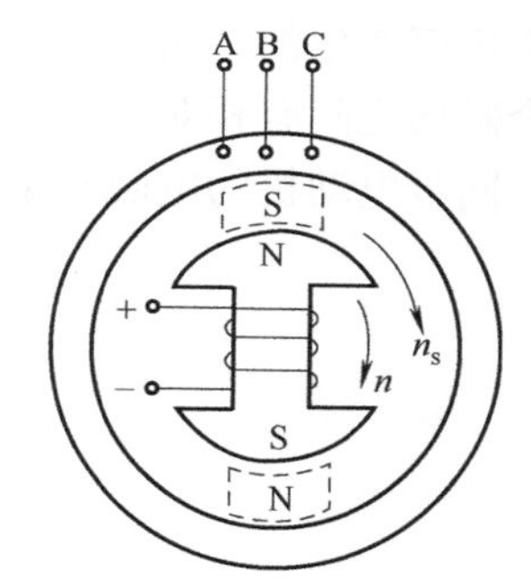

图 4-1　同步电动机工作原理示意图

定子旋转磁场的磁极与转子磁极之间产生的切向电磁吸引力（即同步电动机产生的电磁转矩 T_e）的大小，取决于定、转子磁极轴线之间的角度 δ（称为功率角，简称功角）。当同步电动机理想空载（空载转矩 $T_0=0$）运行时，定、转子磁极轴线重合，功角 $\delta=0$，电磁转矩 $T_e=0$，同步电动机以同步转速稳定运行。在一定范围内，转子轴上的负载转矩 T_L 增大的瞬间，$T_e<T_L+T_0$，原来的平衡被打破，转子减速，将导致同步电动机的功角 δ 增大，与此同时同步电动机的定子旋转磁场的磁极与转子磁极之间的切向电磁吸引力随之增大，即电动机产生的电磁转矩 T_e 也随着 δ 的增大而增大，当 $T_e=T_L+T_0$ 时，同步电动机则在比原来大的功角下重新以同步转速稳定运行。同步电动机的稳定运行有一个极限，若转子轴上的负载转矩太大，超过一定值后，定、转子磁极之间产生的电磁转矩将不能克服负载转矩，转子转速将逐渐减慢，甚至停转，不再与旋转磁场保持同步，这种现象称为同步电动机的“失步”。

综上所述，在同步电动机稳定运行范围内，电动机的电磁转矩 T_e 是靠定、转子之间异性磁极的相互吸引力产生的，机械负载功率越大，功角 δ 也越大。

4.1.2　三相同步电动机的机械特性

当三相交流电源的频率 f = 常数时，电动机的转速 n 与电磁转矩 T_e 之间的关系为 $n=f(T_e)$，称为同步电动机的机械特性，如图 4-2 所示，它是一条与横轴平行的直线。机械特性的斜率 $\beta=0$，这种机械特性称为绝对硬特性。

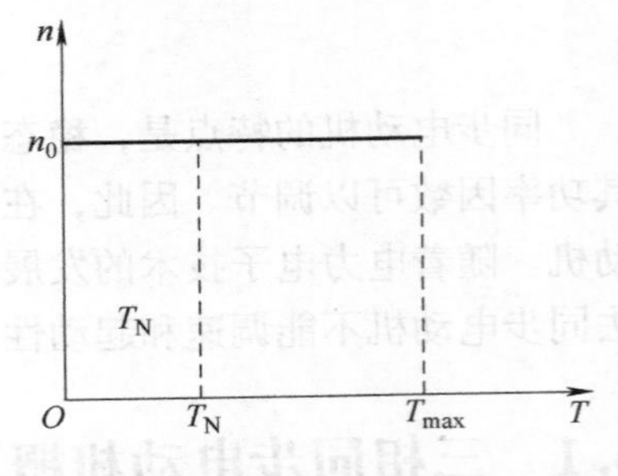

图 4-2　三相同步电动机的机械特性

与三相异步电动机一样，当三相同步电动机的定子电流 $I_1=I_N$ 时，称为满载；当 $I_1>I_N$ 时，称为过载。同步电动机长期过载运行是不允许的，仅允许短时过载，但是，过载运行时的 T_L+T_0 必须小于同步电动机的最大转矩 T_{max}。否则，电动机带不动负载，将出现失步现象。

4.2　三相同步电动机的起动

同步电动机的电磁转矩是由定子（电枢）电流建立的旋转磁场与转子（主极）磁场相互作用而产生的，而且只有当两者相对静止即同步时，才能得到固定方向的电磁转矩。如果两个磁场之间有相对运动，瞬时电磁转矩是存在的，但平均电磁转矩为零。接通励磁后起动时，同步电动机的电磁转矩如图 4-3 所示。

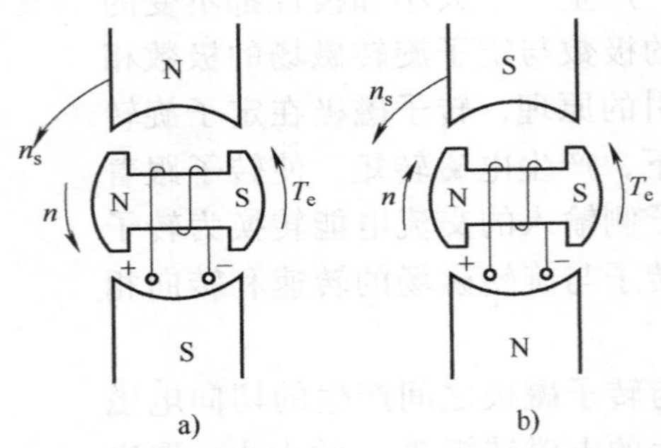

图 4-3　接通励磁后起动时，同步电动机的电磁转矩
a）转子倾向于逆时针方向旋转　b）转子倾向于顺时针方向旋转

起动时，在把定子直接投入电网，转子加上直流励磁的瞬间，定子三相电流所产生的旋转磁场以同步转速旋转，而转子磁场静止不动。在图 4-3a 所示位置瞬间，电磁转矩 T_e 的方向倾向于拖动转子逆时针方向旋转。但是，由于机械惯性，转子还未转起来，定子磁场已转了 180°，达到图 4-3b 所示的位置，转子又倾向于顺时针转动，结果作用在转子上的电磁转矩快速地正、负交变，转子承受了一个交变的脉振转矩，其平均转矩为零，故同步电动机不能自行起动。因此，要使同步电动机起动，必须借助于其他方法。

同步电动机常用的起动方法有辅助电动机起动、异步起动和变频起动。

4.2.1　辅助电动机起动法

辅助电动机起动法又称拖动起动法。采用辅助电动机起动法时，一般选用一台与同步电动机极数相同的小容量三相异步电动机作为辅助电动机，辅助电动机的容量约为同步电动机容量的10%～15%。先将辅助电动机投入电网，用辅助电动机拖动同步电动机起动，当同步电动机的转速接近同步转速时，先把同步电动机定子绕组接入电网，再给同步电动机励磁绕组加上直流励磁，利用自整步法将同步电动机牵入同步运行，然后再切断辅助电动机的电源。

也可采用比同步电动机少一对极的异步电动机作为辅助电动机，将同步电动机拖动到超过同步转速，然后切断辅助电动机的电源使同步电动机的转速下降，当同步电动机的转速降到等于同步转速时，再将同步电动机立即投入电网，这样可获得更大的整步转矩。如果主机的同轴上装有足够容量的直流励磁机，也可以把直流励磁机兼作辅助电动机。

这种起动方法投资大、设备多、占地面积大、操作复杂，不宜用来起动带有负载的同步电动机，否则要求辅助电动机的容量很大，将增加整个机组的投资。因此，这种起动方法用得不多，只在某些大容量的同步电动机起动中采用。

4.2.2　异步起动法

异步起动法是目前应用最广泛的起动方法。这种起动方法是在同步电动机转子磁极的极靴上装设类似于异步电动机转子上的笼型绕组，称为起动绕组（又称为阻尼绕组）。同步电动机的起动绕组一般用铜条制成，两端用铜环短接。当同步电动机定子绕组接到电源上时，起动绕组就会产生起动转矩，使电动机自行起动，这个起动过程实际上类似于异步电动机的起动过程，因此这种起动方法称为异步起动法。

异步起动法原理接线图如图4-4所示。起动时，先在励磁回路串入一个限流电阻（限流电阻的阻值约为励磁绕组电阻 R_f 的10倍），将开关 S_2 闭合至位置1，使转子励磁绕组构成闭合回路。然后，将定子电源开关 S_1 闭合，使定子绕组通入三相交流电流产生旋转磁场。这样，利用异步电动机的起动原理，将转子起动起来。待转子转速上升到接近于同步转速（约为95% n_s）时，迅速将开关 S_2 由位置1转换至位置2，将直流励磁电流接入励磁绕组，使转子建立主磁场；此时依靠定、转子磁场相互作用所产生的同步电磁转矩，再加上转子凸极效应所产生的磁阻转矩，通常便可将转子牵入同步转速运行。一般来讲，负载越轻，加入直流励磁时电动机的转差率越小，功率角又在合适的范围以内，就越容易将电动机牵入同步。

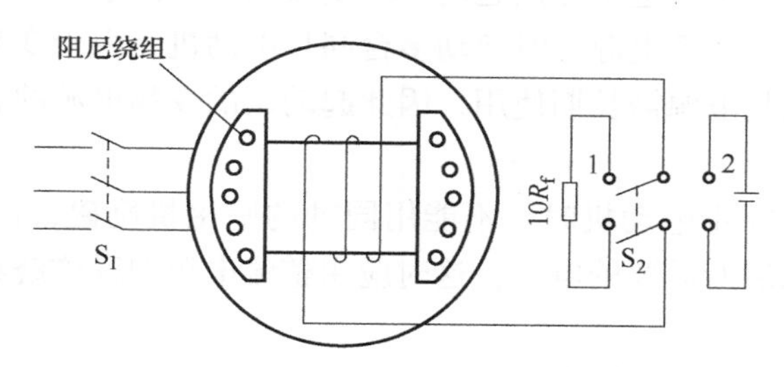

图4-4　异步起动法原理接线图

异步起动时，同步电动机的励磁绕组既不能开路，也不能短路。若励磁绕组开路，由于起动时定子旋转磁场与转子的相对速度很大，励磁绕组的匝数又较多，定子旋转磁场将在励磁绕组中感应出高电压，易使励磁绕组击穿或引起人身安全事故；若将励磁绕组不经限流电阻直接短路，会在励磁绕组中产生很大的感应电流，它与气隙磁场作用将产生较大的附加转矩（称为单轴转矩），将会导致重载起动时同步电动机的转速无法上升到接近同步转速。因此，同步电动机起动时，必须在励磁绕组中串入一个限流电阻。

顺便指出，同步电动机起动结束后，转子与旋转磁场同步旋转，笼型绕组中无感应电流。但是，在同步电动机发生失步以及振荡过程中，这个笼型绕组还会起到阻尼作用，因此，又称笼型绕组为阻尼绕组。

同步电动机的异步起动既可采用全压起动，也可采用降压起动。一般同步电动机的功率较大，为了减小起动电流，应采用降压起动。同步电动机降压异步起动的方法与异步电动机降压起动基本相同。凡是笼型异步电动机所用的降压起动措施，在这里也都适用。

微型同步电动机中，除磁滞电动机自身具有起动转矩外，永磁同步电动机和磁阻电动机除小惯量、低转速外，也要装上笼型起动绕组，以利于异步起动法起动。

4.2.3　变频起动法

变频起动法是随着变频技术的发展而出现的新的起动方法。起动时，在同步电动机的转子加上直流励磁，定子绕组由变频电源供电，使变频电源的频率由零缓慢增加，定子三相电流产生的旋转磁场转得极慢。这样，依靠定、转子磁场之间相互作用所产生的电磁转矩，即可使电动机的转子开始起动，并在很低的转速下运转。然后逐步提高电源的频率，使定子旋转磁场和转子的转速逐步加快，直到电源频率等于额定频率，电动机的转速达到额定转速时，将定子绕组投入电网，切除变频电源。

现在的变频器具有多种功能，例如能够预先设定频率的变化率，使输出频率随时间线性增长，因而同步电动机的转速也是线性增加的，升速平稳。变频器也可以按时间要求进行设定，或者按起动转矩的要求进行设定等。总之，变频器可以按给定的要求顺利起动同步电动机。

变频起动法的起动电流小，是一种性能很好的起动方法，但是需要变频电源。变频起动法的缺点是起动技术复杂，起动设备成本高。此法主要适用于大容量高速同步电动机，尤其在负载转矩及转动惯量都很大的情况，更为适用。

如果同步电动机需要变频调速的话，可利用变频调速用的变频电源兼作起动使用。如果同步电动机不需要调速，则可选用专供起动用的变频电源。由于电动机起动后，变频电源即被切除，因而可以用一台变频电源分时起动多台同步电动机。由于变频电源只在起动时短时使用，不像调速用的变频电源需长期使用，因此起动用的变频电源的容量可以比同步电动机的容量小一些。

使用变频电源起动同步电动机时，不能用同轴的励磁机励磁，因为起动之初，转速很低，励磁机无法发出励磁所需要的电压，这时应用整流电源向励磁绕组供电。

4.3　三相同步电动机的调速

同步电动机稳态运行时，转子的转速等于定子旋转磁场的转速，即 $n = n_S = \dfrac{60f}{p}$。由于同步电动机的转速 n 与电源的频率 f 成正比，所以同步电动机的调速方法只有变频调速。

同步电动机变频调速可分为他控式变频调速和自控式变频调速两大类。其基本原理和方法以及所使用的变频装置和异步电动机变频调速大体相同。但是，同步电动机变频调速也有其独特的一些优点：

1）因为同步电动机的转速与电源的频率之间保持着严格的同步关系，所以只要精确地控制变频电源的基波频率就能精确地控制电动机的转速。

2）同步电动机可以通过调节转子励磁电流来调节电动机的功率因数，这对于改善电网的功率因数有利。若使同步电动机运行在 $\cos\varphi = 1$ 的状态下，电动机的电枢电流最小，变频器的容量可以减小。

3）由于同步电动机对负载转矩扰动具有较强的承受能力，而且转动部分的惯性不会影响同步电动机对转矩的快速响应。因此，同步电动机比较适合于要求对负载转矩变化做出快速反应的交流调速系统中。

4）因为同步电动机能从转子进行励磁以建立必要的磁场，所以同步电动机在低频时也能运行，故同步电动机的调速范围比较宽。

4.3.1　他控式变频调速

利用独立的变频装置给同步电动机提供变频、变压电源的调速方法称为他控式变频调速。这种方法是首先改变加到定子绕组中的电源的频率，从而改变定子旋转磁场的转速，然后带动转子转速变化。与异步电动机变频调速一样，同步电动机变频调速也分为以下两种情况。

1）当 $f_1 < f_N$ 时，要保持 U_1/f_1 = 常数。但是在 f_1 降得很低时，可以适当提高 U_1/f_1 的值，以弥补对最大转矩和过载能力的影响。由于满载时，其允许输出的转矩不变，故为恒转矩调速。

2）当 $f_1 > f_N$ 时，要保持 $U_1 = U_N$ 不变。这时过载能力会随 f_1 的增加而减小，但可以通过调节励磁电流 I_f 来提高过载能力。由于其允许输出的功率基本不变，故为恒功率调速。

通过改变三相交流电的频率，定子旋转磁场的转速是可以瞬间改变的，但是由于转子及整个拖动系统具有机械惯性，所以转子转速不能瞬间改变，两者之间最终能不能同步，取决于外界条件。若频率变化较慢，且负载较轻，定、转子磁场的转速差较小，电磁转矩的自整步能力能带动转子及负载跟上定子旋转磁场的变化而保持同步，则变频调速成功。如果频率上升的速度较快，且负载较重，定、转子磁场的转速差较大，电磁转矩使转子转速的增加跟不上定子旋转磁场转速的增加而出现失步，则变频调速失败。

由以上分析可知，这种变频调速方法有失步的可能，因此一般不被采用。

4.3.2　自控式变频调速

自控式变频调速方法是在转子转速变化的同时改变电源电压频率，由于变频是通过电子线路来实现的，瞬间就可以完成，因而也就可以瞬间改变定子旋转磁场的转速而使两者同步，不会有失步的困扰。所以，这种变频调速的方法被广泛地应用于同步电动机的调速系统中。

自控式变频调速与他控式变频调速不同之处在于同步电动机的转子上装有一台转子位置检测器，转子位置检测器检测出转子位置及转速的变化，由其发出信号来控制变频装置的输出电压的频率。也就是说，自控式中的变频装置与他控式中的变频装置不同，自控式变频装置中的输出频率不是独立调节的，而是由转子位置检测器控制的。调速时，通过改变同步电动机的输入电压的大小来调节同步电动机的转速。例如当电压 U_1 减小时，电动机的电磁转矩 T_e 随之减小，打破了原有的转矩平衡，电动机的转速 n 则下降，这时转子位置检测器发出信号，调节变频装置的输出频率 f_1，使 f_1 随之下降，电动机的电磁转矩 T_e 则回升，直到重新出现 $T_e = T_L + T_0$ 为止，电动机在一个比原来低的频率和转速下重新稳定运行。由于这种电动机的定子频率与转子转速始终保持同步，电动机不会出现失步等问题。

这种采用自控式变频调速的同步电动机称为自控式同步电动机。由于这种同步电动机常采用旋转磁极型结构，并且磁极做成爪极式，没有集电环，也没有换向器。所以常称为无换向器电动机。

1. 无换向器电动机调速系统的组成

无换向器电动机调速系统由同步电动机、转子位置检测器、变频装置和控制装置组成，如图 4-5 所示。

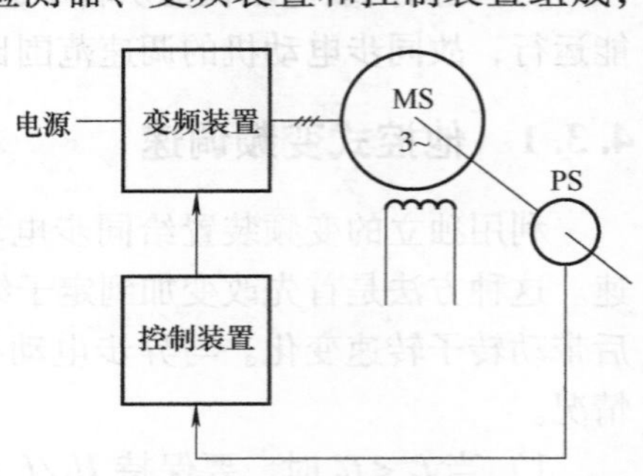

图 4-5　无换向器电动机调速系统

(1) 同步电动机（MS）

同步电动机往往采用旋转磁极型爪极结构的同步电动机，这样可以做到既无换向器，又无集电环和电刷。

(2) 位置检测器（PS）

位置检测器是无换向器电动机的特有部件，用于检测转子位置的变化及转速的变化，并向变频器发出控制信号，控制变频器的输出频率。位置检测器一般都做成无接触式。根据原理和结构的不同，有以下几种类型：接近开关式、光电耦合式、差动变压器式和霍尔元件式等。

(3) 控制装置

转子位置检测器发出的控制信号，经过控制装置的处理和分配后，形成变频器的频率控制信号，用于同步电动机的速度控制和正反转控制。

(4) 变频器

调速系统中的变频器将频率恒定的电网电压变为频率可调、电压可调的三相交流电，向同步电动机的定子绕组供电。

变频器分为交-交变频器和交-直-交变频器。由于交-直-交变频器的调频范围大，所以得到了广泛应用。

2. 无换向器电动机调速系统的调速原理

图 4-6 是交-直-交电流型无换向器电动机调速系统原理图。

变频器主电路由整流桥、逆变桥及平波电抗器 L_d 组成。整流桥的作用是把 50Hz 交流电整流为可控的直流电，然后再由逆变器转变为频率可调、电压可调的交流电，供给同步电动机的定子绕组，以实现变频调速。欲提高同步电动机的转速时，首先要提高系统的给定控制电压，控制晶闸管的移相触发信号，使整流桥的晶闸管提前触发导通，从而使整流桥输出的直流电压 U_d 升高，经逆变桥逆变后加到定子绕组中的三相交流电压也升高，同步电动机的电磁转矩则增加，转子转速上升，同时转子位置检测器发出的控制信号频率增加，控制逆变器输出的频率升高，使定子旋转磁场的转速升高到等于转子的转速而实现同步。降速的过程则与之相反。

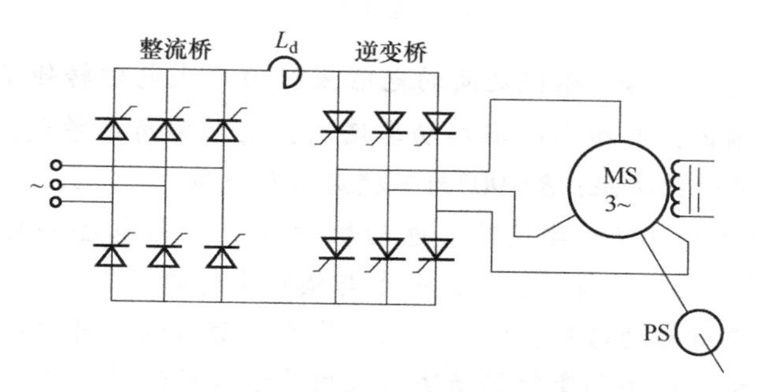

图 4-6　交-直-交电流型无换向器电动机调速系统原理图

4.4　三相同步电动机的制动

三相同步电动机停机时，如需进行电磁制动，最简便的方法是能耗制动。反接制动和回馈制动都难以实现。

三相同步电动机能耗制动的原理接线图如图 4-7 所示。将开关 S_1 闭合时，同步电动机正常运行。制动时，首先将开关 S_1 断开，把定子绕组与电源断开，然后将开关 S_2 闭合，将定子绕组与星形联结的制动电阻 R 相连，并保持转子励磁绕组的直流励磁。这时，同步电动机在机械惯性的作用下继续旋转，该同步电动机就变成了一台同步发电机，其定子绕组切割励磁磁通而产生感应电动势 E_0，经 R 形成闭合回路，在定子绕组中产生感应电流，定子三相绕组中的电流形成的旋转磁场与转子励磁电流相互作用，从而产生与转子转向相反的制动转矩，使拖动系统迅速停机。在制动过程中，将转子转动的动能转换为电能，消耗在定子绕组中串接的电阻 R 上。

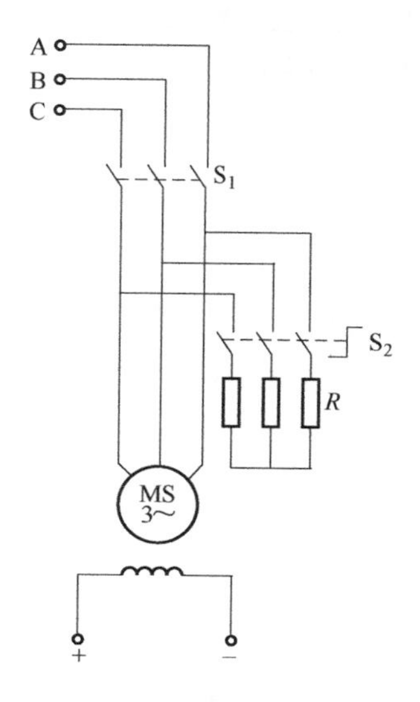

图 4-7　三相同步电动机能耗制动的原理接线图

本章小结

同步电动机是利用定、转子磁极之间的电磁吸引力产生电磁转矩 T_e 而工作的。在同步电动机的稳定运行范围内，其输出的有功功率增加，则功率角 δ 增大。$0<\delta<90°$ 为稳定运行范围；$\delta=90°$ 为稳定运行极限；$\delta>90°$ 为不稳定运行范围。

当三相交流电源的频率 $f=$ 常数时，电动机的转速 n 与电磁转矩 T_e 之间的关系 $n=f(T_e)$，称为同步电动机的机械特性，它是一条与横轴平行的直线。

同步电动机自身没有起动转矩，因此需采取其他起动措施，同步电动机的起动方法有辅助电动机起动法、异步起动法和变频起动法。采用异步起动法时，要注意转子励磁绕组既不能开路，也不能直接短路。

由于同步电动机的转速 n 与电源的频率 f 成正比，所以同步电动机的调速方法只有变频调速。同步电动机变频调速可分为他控式变频调速和自控式变频调速两大类。由于他控式变频调速方法有失步的可能，因此一般不被采用。自控式中的变频装置与他控式中的变频装置不同，自控式变频装置中的输出频率不是独立调节的，而是由转子位置检测器控制的。

对于同步电动机，常用的制动方法是能耗制动。能耗制动时要注意首先把定子绕组与电源断开，然后将定子绕组与制动电阻 R 相连构成闭合回路，并保持转子励磁绕组的直流励磁。

思　考　题

4-1　同步电动机是如何工作的？为什么同步电动机不能自行起动？

4-2　同步电动机的起动方法有哪几种？各有什么特点？

4-3　装在同步电动机主极极靴中类似于异步电动机的笼型绕组有什么作用？

4-4　简述同步电动机的异步起动过程？为什么转子励磁绕组既不能开路，也不能直接短路？

4-5　为什么同步电动机只能变频调速？

4-6　同步电动机采用自控式变频调速时，应注意什么？

4-7　同步电动机与异步电动机能耗制动各有什么特点？

第 5 章　电力拖动系统的过渡过程

5.1　引言

5.1.1　过渡过程的基本概念

系统由于受到外界或内部的扰动，从一个稳定工作状态过渡到另一个稳定工作状态的过程称为系统的过渡过程。电力拖动系统的运动情况分为静态和动态。所谓静态又称稳定工作状态，是指电动机电磁转矩 T_e 和负载转矩 T_L 相等，系统静止不动或以恒速运动的状态；动态则是指 $T_e \neq T_L$，$dn/dt \neq 0$ 的加速或减速状态。电力拖动系统的运行状态如图 5-1 所示，在图中的 A、B 和 C 点时，系统都处于稳定工作状态即静态。而从 A 过渡到 B 或从 B 过渡到 A，电动机都处于动态，即过渡过程。不论从 A 到 B 还是从 B 到 A，都是起始瞬间电动机电磁转矩 T_e 和负载转矩 T_L 不相等，破坏了转矩的静态平衡关系。电动机起动、调速、制动、停车等均需经历过渡过程。在过渡过程中，转速的变化将导致电动势的变化，根据电压方程，电动势的变化将引起电枢电流的变化，而电枢电流的变化又将引起电磁转矩的变化，因此，在电力拖动系统的过渡过程中，电动机的转速、电流、电磁转矩等均随时间变化。研究过渡过程，主要就是研究这些量随时间变化的规律，即 $T_e=f(t)$，$n=f(t)$，$I_a=f(t)$ 等。

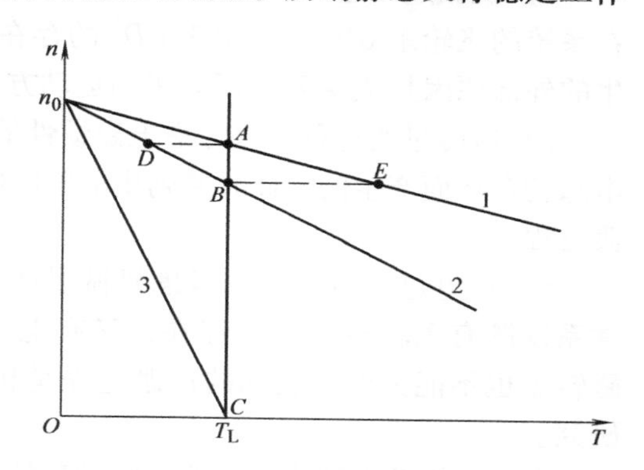

图 5-1　电力拖动系统的运行状态

不同的生产机械或同一生产机械在不同的生产工艺条件下，对其拖动系统过渡过程有不同的要求。一些经常起制动、正反转的生产机械，例如可逆轧钢机、龙门刨床的工作台等，要求过渡过程尽可能短，以缩短非生产时间，从而提高生产率。但是像造纸机、印刷机这类生产机械，则要求过渡过程中加速度的大小有一定的限度，以保护设备不被损坏和生产工艺正常进行而不产生废品。电梯、矿井提升机构、地铁、电车等又要求有较小的加速度和减速度，从而保证人的舒适性。通过研究过渡过程，弄清过渡过程中转速、电流、电磁转矩等随时间变化的规律，弄清这些变化规律受哪些因素制约或支配，进而有针对性地采取措施，使拖动系统的过渡过程能在一定的程度上得以控制。例如，研究加快和延缓过渡过程的方法，从而满足生产机械对过渡过程提出的不同要求；探讨减小过渡过程中能量损耗的方法，从而实现节能；另外，通过研究过渡过程，给控制系统的设计提供控制原则，也为设计出最优控制系统打下基础。这些就是研究电力拖动系统过渡过程的实际意义。

5.1.2　过渡过程的分类

产生过渡过程的外部原因是 $T_e \neq T_L$，其内部原因是系统有储能元件。由于能量的储存和释放不能在瞬间完成，因此系统存在惯性。正是因为这些惯性的存在，使一些物理量不能突变。因此，只要是能够导致 $T_e \neq T_L$ 的因素，都会引起过渡过程。例如电压、磁通、负载转矩的突变等，都会导致过渡过程的产生。

实际的电力拖动系统中存在的惯性有机械惯性、电磁惯性、热惯性。惯性的大小可用一个时间常数来表示。电动机在运行中发热，使电枢电阻和励磁绕组电阻值发生变化，也会影响系统的工作状态。但是，由于热惯性时间常数较大，电动机发热使参数发生变化过程比电磁和机械过渡过程慢得多，所以一般不考虑热惯性。根据惯性不同，可以将过渡过程分为以下三类：

1）机械过渡过程。只考虑系统的机械惯性的过渡过程叫机械过渡过程。机械惯性反映在系统的飞轮矩 GD^2 上。由于 GD^2 的存在，使转速 n 不能突变。因为导致机械过渡过程产生的外部原因是 $T_e \neq T_L$，所以采用运动方程式建立微分方程来研究机械过渡过程。

2）电磁过渡过程。只考虑电磁惯性的过渡过程叫电磁过渡过程。电磁惯性是由于系统电感的存在而产生的。此时要列出电路的电压平衡方程式，建立一阶微分方程来研究电磁过渡过程。

3）机电过渡过程。既考虑机械惯性又考虑电磁惯性的过渡过程叫机电过渡过程。通常系统既有飞轮矩 GD^2 的存在，又有电感的存在，不但转速 n 不能突变，电枢电流及电磁转矩也不能突变。实际的过渡过程是机电过渡过程，需要建立二阶微分方程式来进行研究。

在电力拖动系统中，影响过渡过程的主要因素是电磁和机械的惯性。在一般的电力拖动系统中，与机械惯性相比，电磁惯性时间常数相对较小，通常在机械过渡过程刚开始时，电磁过渡过程已经结束。因此，电磁惯性对过渡过程的影响相对较小，为了得到简明的结果，分析时常忽略电磁惯性，从而认为在过渡过程中电流、电磁转矩可以突变，但转速 n 不能突变。理论分析和实验结果表明，这样做引起的误差在工程允许范围内。

本章重点研究的是机械过渡过程。所以后面泛指的过渡过程都是机械过渡过程。

5.2　他励直流电动机拖动系统的过渡过程

5.2.1　他励直流电动机过渡过程的一般规律

为讨论过渡过程的一般规律，如图 5-2 所示，画出任一机械特性曲线中的任一段。图中，取机械特性上任一点 Q 为起始点，稳态点即电动机的机械特性与负载转矩特性的交点为 W，X 点为从起始点到稳态点运动过程中的任一点。Q 点对应的转速为 n_Q，电磁转矩为 T_Q，电枢电流为 I_Q；W 点对应的转速为 n_W，电磁转矩为 $T_W = T_L$（负载转矩），电枢电流为 $I_W = I_L$（负载电流）；X 点对应的转速为 n_X，电磁转矩为 T_X，电枢电流为 I_X。

为突出主要过渡过程，在讨论中作如下假定：在过渡过程中，电网电压 U 为常数、磁通 Φ 为常数、负载转矩 T_L 为常数。

1. 电磁转矩 T_e 的变化规律

系统在由 Q 点向 W 点过渡时，电动机满足运动方程式

$$T_e - T_L = \frac{GD^2}{375}\frac{dn}{dt}$$

同时又满足机械特性

$$n = \frac{U}{C_e\Phi} - \frac{R_a + R_s}{C_e C_T \Phi^2}T_e = n_0 - \beta T_e \qquad (5\text{-}1)$$

由式（5-1）得

$$\frac{dn}{dt} = -\frac{R_a + R_s}{C_e C_T \Phi^2}\frac{dT_e}{dt} = -\beta\frac{dT_e}{dt} \qquad (5\text{-}2)$$

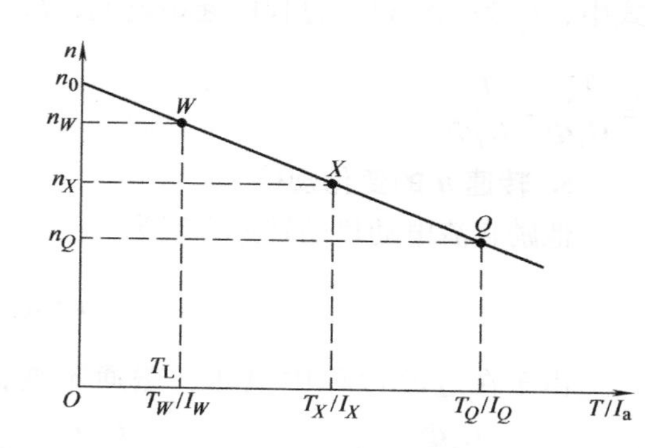

图 5-2　他励直流电动机任一机械特性

将式（5-2）代入运动方程式中，得到关于电磁转矩的一阶微分方程

$$\frac{GD^2}{375}\frac{R_a + R_s}{C_e C_T \Phi^2}\frac{dT_e}{dt} + T_e = T_L \qquad (5\text{-}3)$$

即

$$\frac{GD^2}{375}\beta\frac{dT_e}{dt} + T_e = T_L \qquad (5\text{-}4)$$

令 $T_m = \frac{GD^2}{375}\frac{R_a + R_s}{C_e C_T \Phi^2} = \frac{GD^2}{375}\beta$ 为机电时间常数，单位为秒。机电时间常数是过渡过程决定性的参量，它标志着过渡过程时间的长短，限制了系统的加速度。将其代入式（5-3）或式（5-4）则得一阶微分方程

$$T_m\frac{dT_e}{dt} + T_e = T_L \qquad (5\text{-}5)$$

分离变量，等式两边同时积分，则有

$$\ln\frac{T_e - T_L}{C} = -\frac{t}{T_m}$$

$$T_e = T_L + Ce^{-t/T_m} \qquad (5\text{-}6)$$

由初始条件：$t=0$ 时，$T_e = T_Q$，求积分常数 C

$$C = T_Q - T_L = T_Q - T_W$$

将积分常数代入式（5-6），得

$$T_e = T_W + (T_Q - T_W)e^{-t/T_m} \qquad (5\text{-}7)$$

式中，T_Q 为系统过渡过程的起始转矩；T_W 为系统过渡过程结束时的稳态转矩，与过渡过程开始后的负载转矩 T_L 相等。

式（5-7）即为过渡过程中电磁转矩随时间变化的一般公式。

2. 电枢电流 I_a 的变化规律

因为当磁通 Φ 不变时，电磁转矩与电枢电流成正比，所以只要将式（5-7）每项除以 $C_T\Phi$ 则可写出过渡过程中电枢电流 I_a 随时间变化的一般公式

$$I_a = I_W + (I_Q - I_W)e^{-t/T_m} \qquad (5\text{-}8)$$

式中，I_Q 为系统过渡过程的起始电流，$I_Q=\dfrac{T_Q}{C_T\Phi}$；I_W 为系统过渡过程结束时的稳态电流，$I_W=\dfrac{T_W}{C_T\Phi}=\dfrac{T_L}{C_T\Phi}$。

3. 转速 n 的变化规律

他励直流电动机的转速方程为

$$n=n_0-\frac{(R_a+R_{st})}{C_e\Phi}I_a \tag{5-9}$$

由于在过渡过程中电压、磁通不变，因此 $C_e\Phi$ 和 n_0 不变。则由式（5-9）得 $I_a=(n_0-n)\dfrac{C_e\Phi}{R_a+R_{st}}$；$I_Q=(n_0-n_Q)\dfrac{C_e\Phi}{R_a+R_{st}}$；$I_W=(n_0-n_W)\dfrac{C_e\Phi}{R_a+R_{st}}$，代入式（5-8）可得过渡过程中转速变化的一般规律

$$n=n_W+(n_Q-n_W)e^{-t/T_m} \tag{5-10}$$

式中，n_Q 为系统过渡过程的起始转速；n_W 为系统过渡过程的稳态转速。

式（5-7）、式（5-8）、式（5-10）就是他励直流电动机过渡过程中 T_e 和 I_a、n 的表达式。可以看出三者的表达式具有相同的结构，且具有相同的时间常数，由此写出其通式为

$$X=X_W+(X_Q-X_W)e^{-t/T_m} \tag{5-11}$$

式（5-11）为一阶常系数微分方程解的表达式。过渡过程中各参量均按指数规律从起始值变化到稳态值。稳态值为强制分量；起始值与稳态值的差值为自由分量，按指数规律衰减到零。

由式（5-11）可见，决定转速、电流、转矩变化规律的三要素是：起始值、稳态值和机电时间常数。只要找到过渡过程的三要素就可以很方便地列出各参量的过渡过程表达式，下面进一步讨论各量起始值、稳态值和机电时间常数。

由于主要讨论机械过渡过程，转速不能突变，因此过渡过程开始前的稳态转速为转速的起始值。当外界条件，包括电枢电压、电枢回路总电阻、磁通或负载转矩等发生变化后，系统进入过渡过程，根据已知条件，可求出过渡过程开始后电动机所满足的新的机械特性，根据此机械特性和起始转速可确定电磁转矩和电枢电流的起始值。过渡过程开始后的机械特性与负载转矩特性的交点为新的稳态点，新稳态点的转速、电磁转矩、电流为稳态值。需要注意的是，与分析稳态运行一样，在求各参量的起始值、稳态值时，均应将它们按代数量来考虑，即可正可负。将各量的起始值、稳态值代入式（5-11）时，必须连同符号一起代入。

机电时间常数 T_m 既与机械量飞轮矩 GD^2 有关，又与电量 R 及磁通有关，它具有时间的量纲。从定义式 $T_m=\dfrac{GD^2}{375}\dfrac{R_a+R_{st}}{C_eC_T\Phi^2}=\dfrac{GD^2}{375}\beta$ 可以看出，机电时间常数与机械特性斜率的大小有关。T_m 的物理意义又是什么呢？由式（5-10），在 $t=0$ 时，可求得

$$n_W=\left[\frac{dn}{dt}\right]_{t=0}T_m$$

与直线运动 $v=at$（其中 v 为速度，a 为加速度）对比，可以看出，T_m 是以 $t=0$ 时的加速度恒速起动到稳态转速 n_W 所需要的时间。这就是 T_m 的物理意义，如图5-3所示。

可以证明，式（5-11）适用于他励直流电动机起动、制动、调速等一切机械过渡过程。

4. 过渡过程时间的计算

由式（5-11）可知，过渡过程为指数变化规律，从一个稳态点过渡到另一稳态点的过渡过程时间理论上是无限长的，即 $t \to \infty$ 时，$X = X_W$。实际上当 $t = (3 \sim 4)T_m$ 时，误差只有 5% ~ 2%。因此，工程上认为 $t = (3 \sim 4)T_m$ 时，系统即进入稳态。所以，一条完整的过渡过程曲线，其过渡过程时间即为（3 ~ 4）T_m。但是在过渡过程中，从起始点到任一中间点的时间则是有限的，是可以具体计算的。

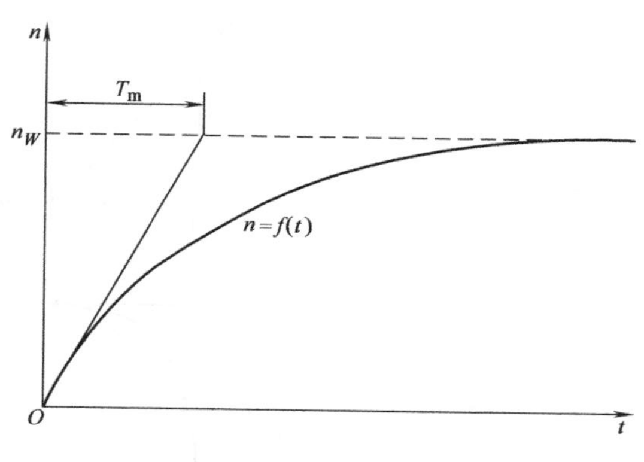

图 5-3　机电时间常数的物理意义

如图 5-2 所示，分析从过渡过程起始点 Q 开始，到达稳态点 W 之前的某一中间点 X 时所经历的时间 t_{QX}。将值 $n = n_X$ 代入式(5-10)中得

$$n_X = n_W + (n_Q - n_W)\mathrm{e}^{-t_{QX}/T_m}$$

$$\mathrm{e}^{-t_{QX}/T_m} = \frac{n_X - n_W}{n_Q - n_W}$$

两边取对数，得

$$t_{QX} = T_m \ln \frac{n_Q - n_W}{n_X - n_W} \tag{5-12}$$

同理，将 $T_e = T_X$、$I_a = I_X$ 分别代入式（5-7）、式（5-8），可推导出已知初始、终止及稳态各转矩值或各电流值时计算各段时间的公式分别为

$$t_{QX} = T_m \ln \frac{T_Q - T_W}{T_X - T_W} \tag{5-13}$$

$$t_{QX} = T_m \ln \frac{I_Q - I_W}{I_X - I_W} \tag{5-14}$$

式（5-12）~式（5-14）是从分析一般情况得出的，所以是计算过渡过程时间的通用公式，适用于起动、制动、调速、负载突变等各种不同情况下过渡过程时间的计算。

5. 动态特性与静态特性的关系

把求得的动态特性 $n = f(t)$，$T_e = f(t)$ 与相应的机械特性对应起来，如图 5-4 所示。这样可以明显地看出动特性和静特性之间的关系。动特性的起始点 $n = n_Q$，$T_e = T_Q$ 及稳态点 $n = n_W$，$T_L = T_W$，刚好是静特性上两个稳态点的坐标。所以，知道静特性，就可以从中找出相应的动特性的起始值和稳态值。另外，静特性与横轴夹角越大，机电时间常数 T_m 越大，所对应的 $n = f(t)$ 曲线在 $t = 0$ 时的斜率越小。也就是说，由机械特性的倾斜程度可以定性地画出过渡过程曲线起始点的斜率。根据机械特性，在已知电动机 GD^2 的前提下，可以算出机电时间常数。反过来从 $n = f(t)$，$T_e = f(t)$ 曲线上消去时间变量 t，就可以得到静态特性 $n = f(T_e)$。即动态特性表示转速 n、转矩 T_e（或电流 I_a）随时间变化的规律；静态特性则表示同一时间下，转矩（或电流）和转速间的关系。

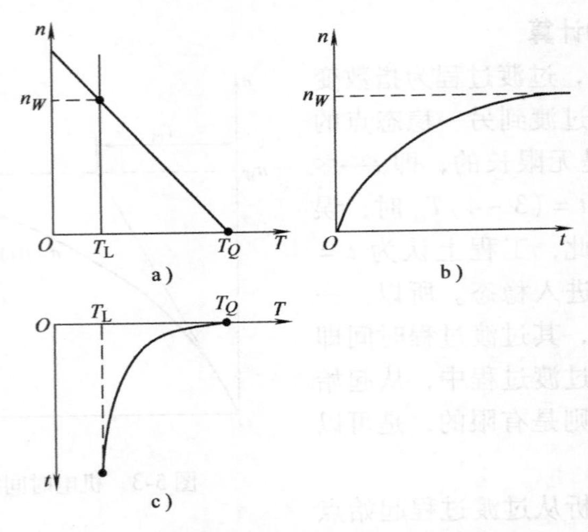

图 5-4　静特性与动特性的对应关系

a）静特性　b）$n=f(t)$ 曲线　c）$T_e=f(t)$ 曲线

了解了动态特性和静态特性的关系，就可以很方便地从静态特性出发，研究相对应的动态特性。

5.2.2　他励直流电动机起动的过渡过程

1. 直接起动的过渡过程

在电枢回路中串入固定的起动电阻 R_{st}，电动机拖动恒转矩负载，在额定磁场下，突加电压，使电动机起动。在忽略电枢绕组电感的条件下，研究起动时的机械过渡过程。其机械特性如图 5-5 所示。

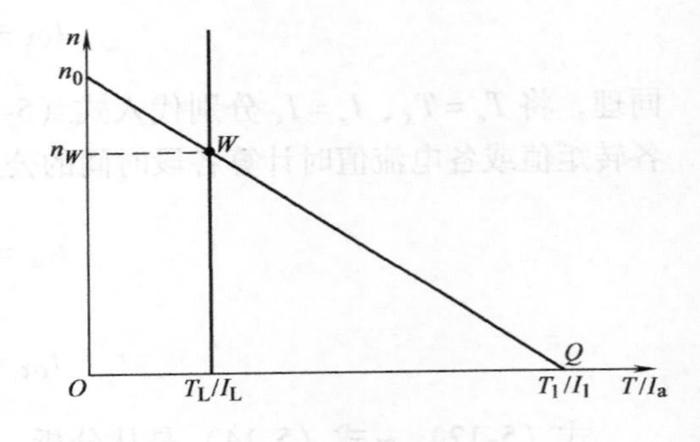

图 5-5　直接起动的机械特性

这种情况可以认为引起过渡过程的外因是外加电压由零变化为电网电压。设接通电源电压时刻 $t=0$，则过渡过程起始点为 Q 点，稳态点为电动机的机械特性与负载转矩特性的交点 W。由前分析可知，此过渡过程完全满足通式（5-11），因此可以用“三要素”法进行分析。其中起始点为：$n_Q=0$，$T_Q=T_1$，$I_Q=I_1$；稳态点为：$n_W=n_W$，$T_W=T_L$，$I_W=I_L$。而另外一个重要的参数 $T_m=\dfrac{GD^2}{375}\dfrac{R_a+R_{st}}{C_eC_T\Phi^2}$。将这些值分别代入式（5-7）、式（5-8）、式（5-10），得起动过程中各物理量的解为

$$T_e=T_L+(T_1-T_L)e^{-t/T_m}$$

$$I_a=I_L+(I_1-I_L)e^{-t/T_m}$$

$$n=n_W+(0-n_W)e^{-t/T_m}=n_W(1-e^{-t/T_m})$$

起动过程中，曲线 $n=f(t)$ 和 $T_e=f(t)$ 如图 5-6 中的曲线 1、2 所示。

理论上讲，$t\to\infty$ 时才能达到稳态，但实际上 $t=3T_m$ 时，$n=0.95n_W$；$t=4T_m$ 时，$n=$

$0.98n_W$。因此当 $t=(3\sim4)T_m$ 时，自由分量基本上已衰减完毕，系统进入稳态，过渡过程已基本结束。

2. 分级起动的过渡过程

以三级起动为例，其起动特性如图 5-7 所示。

图 5-7 中，从静特性上找出各段转速和转矩的起始值、稳态值和终了值，代入式（5-7）和式（5-10）中，可直接写出各阶段的动特性方程式。

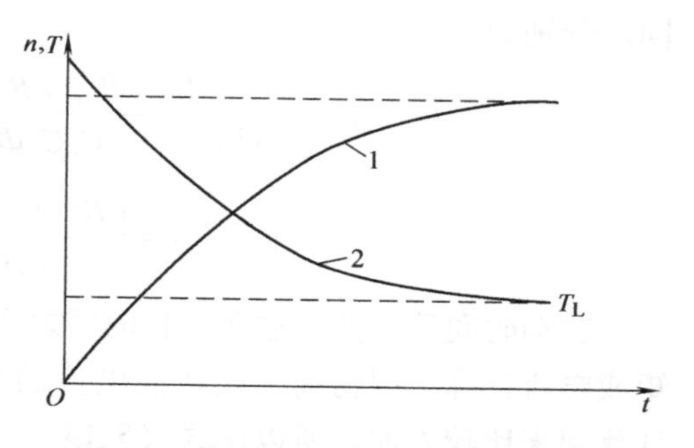

图 5-6　直接起动的过渡过程曲线
1—$n=f(t)$ 曲线　2—$T_e=f(t)$ 曲线

阶段 1：$\begin{cases} n = n_{W1} - n_{W1}\mathrm{e}^{-t/T_{m1}} \\ T_e = T_L + (T_1 - T_L)\mathrm{e}^{-t/T_{m1}} \end{cases}$

阶段 2：$\begin{cases} n = n_{W2} + (n_{Q2} - n_{W2})\mathrm{e}^{-t/T_{m2}} \\ T_e = T_L + (T_1 - T_L)\mathrm{e}^{-t/T_{m2}} \end{cases}$

阶段 3：$\begin{cases} n = n_{W3} + (n_{Q3} - n_{W3})\mathrm{e}^{-t/T_{m3}} \\ T_e = T_L + (T_1 - T_L)\mathrm{e}^{-t/T_{m3}} \end{cases}$

阶段 4：$\begin{cases} n = n_W + (n_{Q4} - n_W)\mathrm{e}^{-t/T_{ma}} \\ T_e = T_L + (T_1 - T_L)\mathrm{e}^{-t/T_{ma}} \end{cases}$

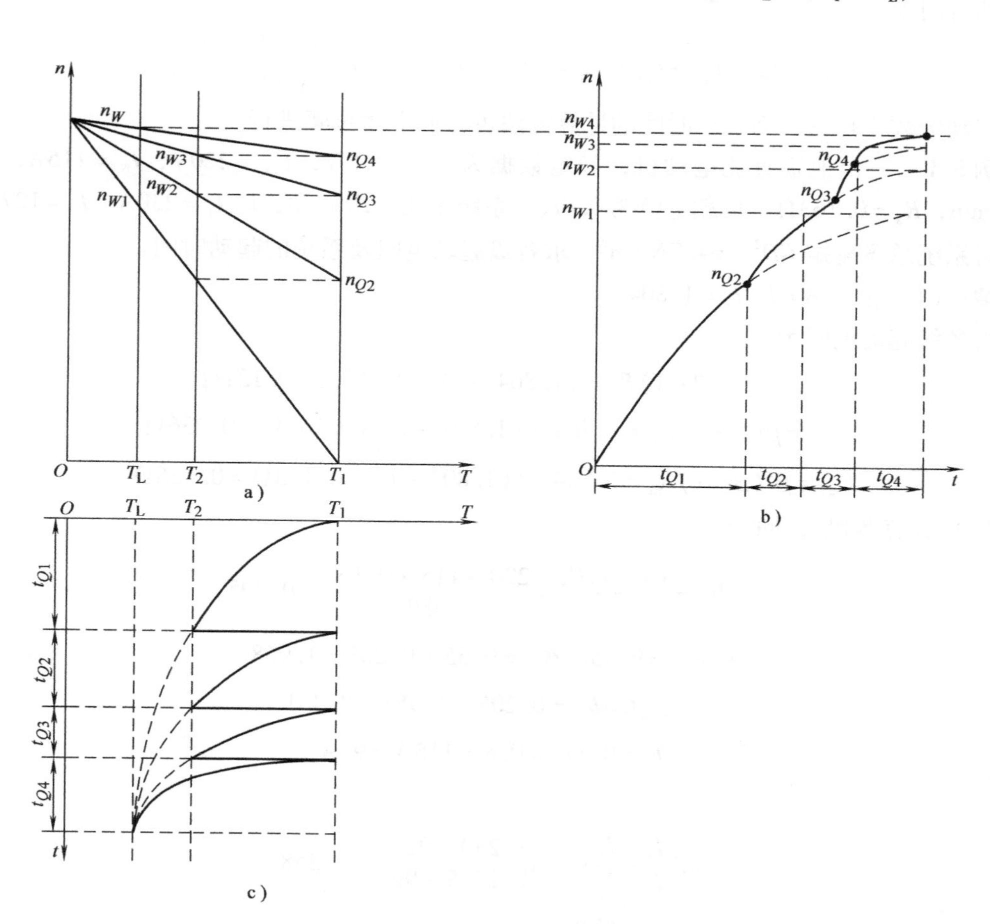

图 5-7　三级起动的过渡过程
a）机械特性　b）$n=f(t)$ 曲线　c）$T_e=f(t)$ 曲线

各阶段中，时间常数 T_m 与电枢回路电阻有关，因此在各起动阶段中的时间常数各不相同。分别为

$$T_{m1}=\frac{GD^2}{375}\frac{R_a+R_{st1}+R_{st2}+R_{st3}}{C_eC_T\Phi^2},\ T_{m2}=\frac{GD^2}{375}\frac{R_a+R_{st1}+R_{st2}}{C_eC_T\Phi^2}$$

$$T_{m3}=\frac{GD^2}{375}\frac{R_a+R_{st1}}{C_eC_T\Phi^2},\ T_{ma}=\frac{GD^2}{375}\frac{R_a}{C_eC_T\Phi^2}$$

起动时间等于四段过渡过程时间之和，每段过渡过程时间可以用转速计算，也可以用转矩或电流计算。因为前三段特性电流的起始值和终了值都分别为 I_1 和 I_2，稳态值都是 I_L，计算起来比较方便，所以用式（5-14）计算得

$$t_{Q1}=T_{m1}\ln\frac{I_1-I_L}{I_2-I_L}\qquad t_{Q2}=T_{m2}\ln\frac{I_1-I_L}{I_2-I_L}\qquad t_{Q3}=T_{m3}\ln\frac{I_1-I_L}{I_2-I_L}$$

而第四段过渡过程所经历的时间是从第三次切除电阻开始到达稳态的完整的过渡过程，它所需要的时间为无穷大，但可采用 $(3\sim4)T_{ma}$来进行估算。因此，三级起动过渡过程所需的总的起动时间为

$$t_Q=t_{Q1}+t_{Q2}+t_{Q3}+t_{Q4}=(T_{m1}+T_{m2}+T_{m3})\ln\frac{I_1-I_L}{I_2-I_L}+4T_{ma}$$

如果起动级数不是三，则起动时间的计算方法可参照上述步骤进行。

例5-1　一台他励直流电动机，额定数据为 $P_N=21\text{kW}$，$U_N=220\text{V}$，$I_N=115\text{A}$，$n_N=980\text{r/min}$，$R_a=0.163\Omega$。负载电流为$0.8I_N$。系统采用三级起动，取 $I_1=230\text{A}$，$I_2=127.5\text{A}$，设此时系统总飞轮矩 $GD^2=64.7\text{N}\cdot\text{m}^2$，求各级起动电阻及系统的起动时间。

解：（1）由于 $\beta=I_1/I_2=1.804$

得各级起动电阻为

$$R_{st1}=(\beta-1)R_a=(1.804-1)\times0.163\Omega=0.131\Omega$$

$$R_{st2}=\beta(\beta-1)R_a=1.804\times(1.804-1)\times0.163\Omega=0.236\Omega$$

$$R_{st3}=\beta^2(\beta-1)R_a=1.804^2\times(1.804-1)\times0.163\Omega=0.426\Omega$$

（2）计算各段起动时间

$$C_e\Phi_N=\frac{U_N-I_NR_a}{n_N}=\frac{220-115\times0.163}{980}=0.205$$

$$C_T\Phi_N=9.55C_e\Phi_N=9.55\times0.205=1.958$$

$$C_e\Phi_NC_T\Phi_N=0.205\times1.958=0.401$$

$$I_L=0.8I_N=0.8\times115\text{A}=92\text{A}$$

得

$$\ln\left(\frac{I_1-I_L}{I_2-I_L}\right)=\ln\left(\frac{230-92}{127.5-92}\right)=1.358$$

$$T_{ma}=\frac{GD^2R_a}{375C_eC_T\Phi_N^2}=\frac{64.7\times0.163}{375\times0.401}\text{s}=0.07\text{s}$$

$$T_{m3}=\frac{GD^2(R_a+R_{st1})}{375C_eC_T\Phi_N^2}=\frac{64.7\times(0.163+0.131)}{375\times0.401}s=0.126s$$

$$T_{m2}=\frac{GD^2(R_a+R_{st1}+R_{st2})}{375C_eC_T\Phi_N^2}=\frac{64.7\times(0.163+0.131+0.236)}{375\times0.401}s=0.228s$$

$$T_{m1}=\frac{GD^2(R_a+R_{st1}+R_{st2}+R_{st3})}{375C_eC_T\Phi_N^2}=\frac{64.7\times(0.163+0.131+0.236+0.426)}{375\times0.401}s=0.411s$$

总起动时间为

$$\begin{aligned}t&=(T_{m1}+T_{m2}+T_{m3})\ln\frac{I_1-I_L}{I_2-I_L}+4T_{ma}\\&=(0.411+0.228+0.126)\times1.358s+4\times0.07s=1.039s+0.28s=1.319s\end{aligned}$$

5.2.3　他励直流电动机制动的过渡过程

1. 能耗制动的过渡过程

(1) 拖动位能性恒转矩负载

他励直流电动机拖动位能性恒转矩负载时，机械特性曲线如图 5-8a 所示。

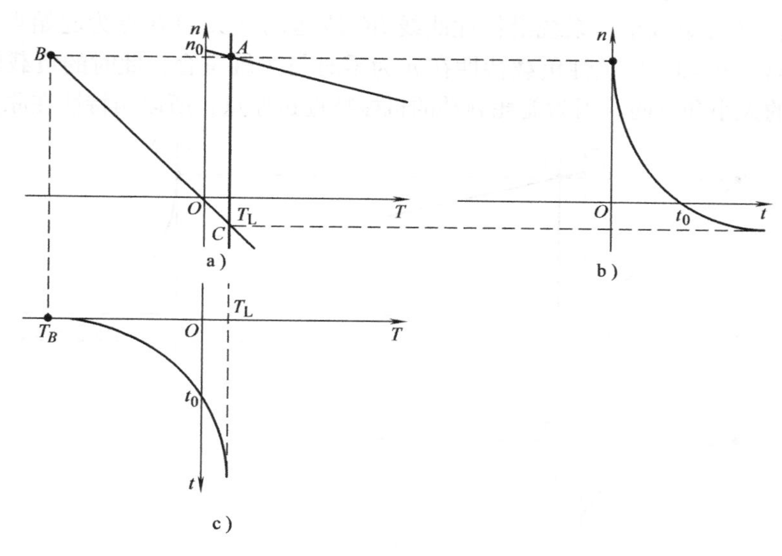

图 5-8　位能性恒转矩负载能耗制动的过渡过程

a) 机械特性　b) $n=f(t)$ 曲线　c) $T_e=f(t)$ 曲线

设系统原稳定运行于图 5-8a 中的 A 点，在能耗制动开始时，工作点突变为能耗制动机械特性上的 B 点，转矩为负，转速开始下降，运行点由 B 点沿 BC 运动。若求过渡过程数学表达式，只要找到初始值、稳态值，代入过渡过程一般表达式 (5-7)、式 (5-8)、式 (5-10)即可。由图可知

$$T_m=\frac{GD^2}{375}\frac{R_a+R_B}{C_eC_T\Phi^2}$$

式中，R_B 为能耗制动时的串联电阻。

起始点为：$n_Q = n_B = n_A$，$I_Q = I_B = -\dfrac{C_e \Phi n_A}{R_a + R_B}$，$T_Q = T_B = C_T \Phi I_B$，稳态点为：$I_W = I_C = I_L$，$T_W = T_C = C_T \Phi I_W$，$n_W = n_C = -\dfrac{I_L(R_a + R_B)}{C_e \Phi}$。则能耗制动的动态特性为

$$T_e = T_L + (T_B - T_L)e^{-t/T_m}$$

$$I_a = I_L + (I_B - I_L)e^{-t/T_m}$$

$$n = n_C + (n_B - n_C)e^{-t/T_m}$$

由此可以画出能耗制动的动态特性如图 5-8b、c 所示。其中当时间 $t \leqslant t_0$ 时，是能耗制动的停机过程，而 $t > t_0$ 时，则为电动机在重物作用下倒拉反转直至稳速下放阶段。t_0 为转速从 n_A 开始能耗制动直至停机所需时间，$t_0 = T_m \ln \dfrac{n_A - n_C}{n_C}$。

（2）拖动反抗性恒转矩负载

他励直流电动机拖动反抗性负载时，机械特性如图 5-9a 所示。制动瞬间由于机械惯性的影响，转速 n 来不及变化，电枢电流和转矩瞬间变成负值。电动机的工作点从 A 过渡到 B，电动机产生的转矩为制动转矩，在电磁转矩和负载转矩的共同作用下，使电动机的转速很快下降，电流和转矩减小，系统沿特性曲线 BC 段运动（其中 B 点为起始点，C 点为稳态点），直到 $T_e = 0$，$n = 0$。反抗性负载特性在 n 为零时与 T 轴重合，此时的负载转矩大小取决于电动机转矩的大小和方向。因为能耗制动的机械特性过原点，所以两特性在原点重合。

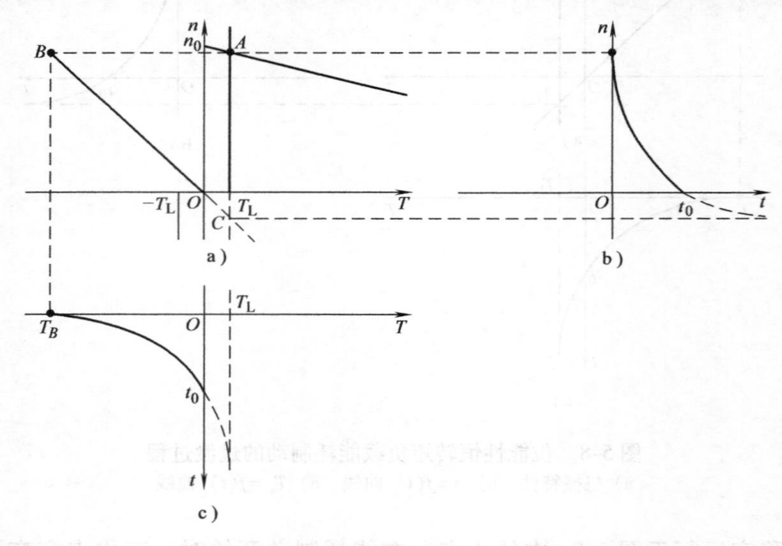

图 5-9　反抗性负载能耗制动的过渡过程
a）机械特性　b）$n = f(t)$ 曲线　c）$T_e = f(t)$ 曲线

值得说明的是，拖动反抗性负载与拖动位能性负载不同，它不可能主动反转，系统制动后会停止在原点上。那么既然到原点时，过渡过程已经结束，又为什么把 C 点仍作为稳定运行点呢？所谓稳定运行点，应该是电动机机械特性和负载特性的交点，即 $T_e = T_L$ 的点。在拖动反抗性负载时，当转速大于零时，电动机的能耗制动机械特性和负载特性没有交点，

为了找到过渡过程中各参量随时间的变化规律，假想将两条特性曲线延长交于 C 点。只有把 C 点作为稳态点代入 $n=f(t)$、$T_e=f(t)$、$I=f(t)$ 方程式，才能表示能耗制动过程中各参量的变化规律，如图 5-9b 和 c 中虚线所示。但是过渡过程到原点已结束，所以电动机拖动反抗性负载进行能耗制动时，过渡过程曲线为图上实线部分。这时的稳态点 C 并不存在，而是虚拟点，因此称为"虚稳态点"。

因此，电动机拖动反抗性负载进行能耗制动，过渡过程中的 $n=f(t)$、$T_e=f(t)$、$I=f(t)$方程式及从能耗制动开始到停机的时间与拖动位能性负载时相同。

2. 反接制动的过渡过程

转速反向的反接制动状态，只是在电动状态时在电枢回路中串入了大电阻，其他条件都不变。所以其机械特性方程与电动状态下电枢回路串电阻的人为机械特性相同。而且转速反向的反接制动只能拖动位能性负载，其过渡过程经历了正向电动和反向制动两个过程，在整个过渡过程中起始点和稳态点很容易分析得到。如图 5-10 所示，电动机原运行于固有机械特性上的 A 点，串入大电阻后运行点突变到 C 点，开始转速反向反接制动过程，即过渡过程起始点为 C 点，稳态点为 B 点，则很容易得出过渡过程方程式为

$$T_e=T_L+(T_C-T_L)e^{-t/T_m}\qquad I_a=I_L+(I_C-I_L)e^{-t/T_m}\qquad n=n_B+(n_C-n_B)e^{-t/T_m}$$

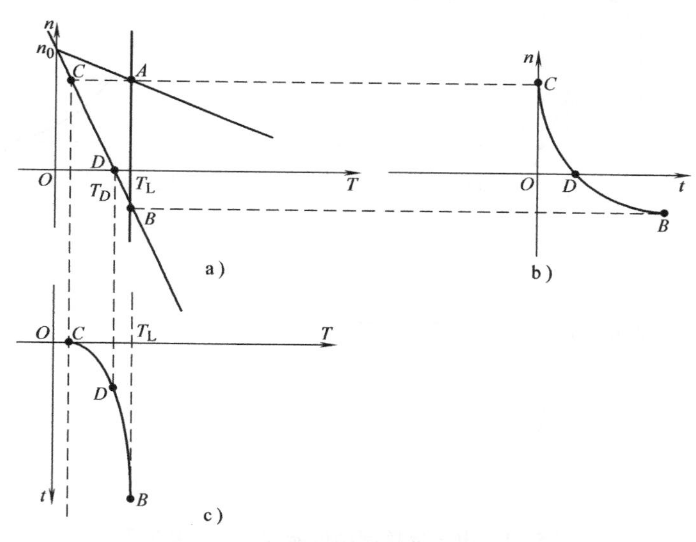

图 5-10　转速反向反接制动过渡过程
a) 机械特性　b) $n=f(t)$ 曲线　c) $T=f(t)$ 曲线

电压反向的反接制动既可拖动位能性负载，又可拖动反抗性负载，下面分别进行分析。

(1) 拖动位能性恒转矩负载

直流电动机拖动位能性负载时的机械特性如图 5-11a 所示。电动机原运行于固有机械特性上的 A 点。电压反接制动开始瞬间，转速来不及变化，电枢电流和电磁转矩突变为负值，从 A 点突变到反接制动特性的 B 点。B 点为反接制动过渡过程的起始点。在制动电磁转矩和负载转矩的共同作用下，电动机沿特性曲线 BC 减速，到 $n=0$ 时电压反接制动完结。但在电磁转矩 T_C 和负载转矩共同作用下，进入反向电动状态，直到 $n=-n_0$，反向电动状态结束，电磁转矩为零，但在位能性负载转矩的作用下，电动机仍继续加速，进入回馈制动状

态，直到 $T_e = T_L$，电动机稳定运行于 D 点。在电动机拖动位能性负载从电压反接制动到稳态运行全过程中，电磁转矩和负载转矩都没有突变，所以 $n=f(t)$，$T_e=f(t)$，$I=f(t)$ 曲线都是一条完整的指数曲线。只要将起始点和稳态点的坐标代入过渡过程的一般表达式，即可得到此时的过渡过程方程式

$$T_e = T_L + (T_B - T_L)e^{-t/T_m} \qquad I_a = I_L + (I_B - I_L)e^{-t/T_m} \qquad n = n_D + (n_B - n_D)e^{-t/T_m} \tag{5-15}$$

式中，$T_m = \dfrac{GD^2}{375}\dfrac{R_a + R_B}{C_e C_T \Phi^2}$。

由此可画出电动机拖动位能性负载从电压反接制动到稳态运行全过程的 $n=f(t)$、$T=f(t)$，曲线如图5-11b、c所示。

全过程的过渡过程时间为（3～4）T_m。若计算从开始制动到 $n=0$ 停转时的制动时间，只需将 $n_Q = n_B$，$n_W = n_D$，$n_X = 0$ 代入式（5-12），即可得 $t_{BC} = T_m \ln \dfrac{n_B - n_D}{-n_D}$。

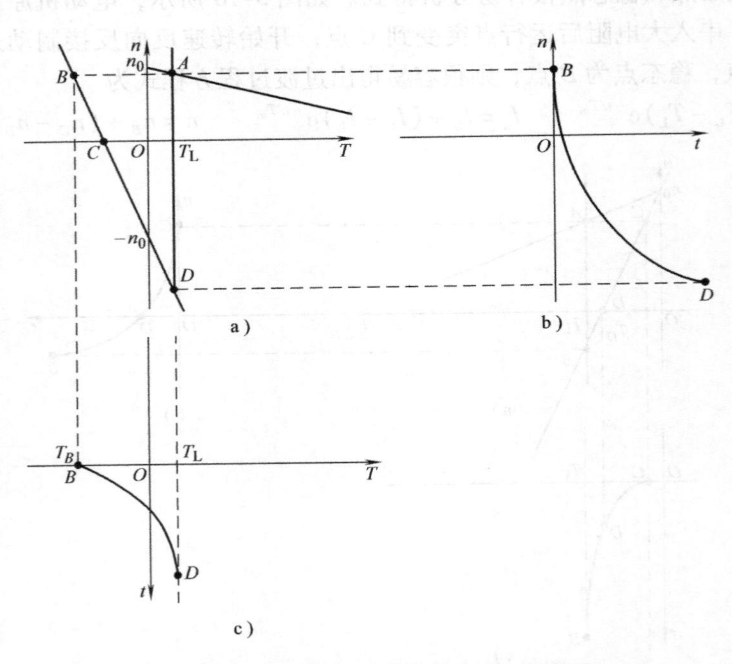

图5-11　电压反接制动位能性负载过渡过程
a）机械特性　b）$n=f(t)$ 曲线　c）$T=f(t)$ 曲线

（2）拖动反抗性恒转矩负载

电动机拖动反抗性恒转矩负载时的机械特性如图5-12a所示。电动机拖动反抗性负载进行电压反接制动，制动到 $n=0$，电压反接制动过程结束。如果此时电动机转矩 $|T_e| > |-T_L|$，则电动机反向起动，运行于反向电动状态。到 $|-T_e| = |-T_L|$ 时，电动机在 D 点稳定运行。从机械特性可以看出，在电压反接制动和反向电动两种运行状态的分界点 C 上，两种状态的电动机加速转矩不相等。反接制动的加速转矩为 $|T_C + T_L|$，而反向电动的加速转矩为 $|T_C - T_L|$，因此其过渡过程要分为两个阶段进行研究。

第一阶段为电压反接制动。起始点为 $n_Q = n_B$，$T_Q = T_B$，$I_Q = I_B$；稳态点为 $n_W = n_E$，$T_W = T_L$，$I_W = I_L$；与电动机拖动位能性负载时电压反接制动的起始点和稳态点相同。但稳态

点 E 为“虚稳态点”。其过渡过程方程与式（5-15）相同。这段转速和转矩与时间的关系曲线如图 5-12b 和 c 中的实线段 BC 所示，虚线 CE 部分代表转速和转矩的变化趋势。

第二阶段为反向电动阶段。起始点的坐标为 $n_Q=0$，$T_Q=T_C$，$I_Q=I_C$；稳态点为 D 点，其坐标为 $n_W=n_D$，$T_W=-T_L$，$I_W=-I_L$。代入过渡过程一般表达式，可得过渡过程方程式

$$T_e=-T_L+(T_C+T_L)e^{-t/T_m}\qquad I_a=-I_L+(I_C+I_L)e^{-t/T_m}\qquad n=n_D(1-e^{-t/T_m})$$

式中，$T_m=\dfrac{GD^2}{375}\dfrac{R_a+R_B}{C_eC_T\Phi^2}$。

曲线如图 5-12b、c 中的 CD 段所示。由图可以看出，过渡过程出现了转折。

全过渡过程时间的计算也要分为两段来进行。电压反接制动到转速 $n=0$ 的时间为 $t_{BC}=T_m\ln\dfrac{n_B-n_E}{-n_E}$；反向起动过程的时间为 $t_{CD}=4T_m$；总时间为 $t=t_{BC}+t_{CD}$。

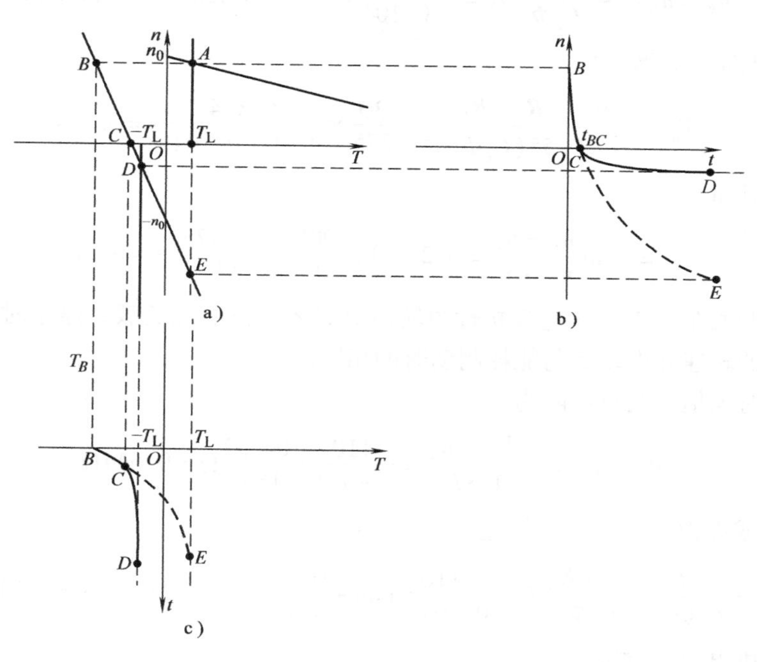

图 5-12　电压反接制动反抗性负载制动过渡过程

a）机械特性　b）$n=f(t)$ 曲线　c）$T=f(t)$ 曲线

例 5-2　一台他励直流电动机，额定数据为 $P_N=17\text{kW}$，$U_N=110\text{V}$，$I_N=185\text{A}$，$n_N=1000\text{r/min}$，$R_a=0.035\Omega$。系统总飞轮矩 $GD^2=30\text{N}\cdot\text{m}^2$。如果负载电流为 $0.85I_N$，在电动运行时进行制动停车，制动的起始电流为 $1.8I_N$，试就反抗性恒转矩负载与位能性恒转矩负载两种情况，求：（1）能耗制动的停车时间；（2）电压反接制动的停车时间；（3）电压反接制动时，当转速制动到 $n=0$，若不采取其他停车措施，转速达到稳定值时整个过渡过程的时间。

解：（1）能耗制动停车，无论是反抗性恒转矩负载还是位能性恒转矩负载，制动停车时间都是一样的

$$C_e\Phi_N=\frac{U_N-I_NR_a}{n_N}=\frac{110-185\times0.035}{1000}=0.104$$

制动前的转速即制动初始转速

$$n_Q = \frac{U_N}{C_e\Phi_N} - \frac{R_a}{C_e\Phi_N}I_L = \frac{110}{0.104}\text{r/min} - \frac{0.035}{0.104}\times 0.85\times 185\text{r/min} = 1005\text{r/min}$$

对应于初始转速的电枢感应电动势

$$E_a = C_e\Phi_N n_Q = 0.104\times 1005\text{V} = 104.52\text{V}$$

制动时电枢回路总电阻

$$R_a + R_B = \frac{-E_a}{-1.8I_N} = \frac{104.52}{1.8\times 185}\Omega = 0.314\Omega$$

稳态点（或虚拟稳态点）的转速

$$n_W = n_L = -\frac{R_a + R_B}{C_e\Phi_N}I_L = -\frac{0.314}{0.104}\times 157.25\text{r/min} = -475\text{r/min}$$

制动时机电时间常数

$$T_m = \frac{GD^2}{375}\frac{R_a + R_B}{9.55(C_e\Phi_N)^2} = \frac{30}{375}\times\frac{0.314}{9.55\times 0.104^2}\text{s} = 0.24\text{s}$$

制动停车时间

$$t_{Bk} = T_m \ln\frac{n_Q - n_W}{n_X - n_W} = 0.24\times\ln\frac{1005-(-475)}{0-(-475)}\text{s} = 0.27\text{s}$$

（2）电压反接制动时，无论反抗性恒转矩负载还是位能性负载，停车时间都是一样的，且制动起始点的转速和电动势与能耗制动时的相同。

反接制动时电枢回路总电阻为

$$R_a + R_{B1} = \frac{-U_N - E_a}{-1.8I_N} = \frac{-110-104.52}{-1.8\times 185}\Omega = 0.644\Omega$$

稳态点（或虚拟稳态点）的转速

$$n_W = n_L = \frac{-U}{C_e\Phi_N} - \frac{R_a + R_{B1}}{C_e\Phi_N}I_L = \frac{-110}{0.104}\text{r/min} - \frac{0.644}{0.104}\times 157.25\text{r/min} = -2032\text{r/min}$$

反接制动机电时间常数

$$T'_m = \frac{GD^2}{375}\frac{R_a + R_{B1}}{9.55(C_e\Phi_N)^2} = \frac{30}{375}\times\frac{0.644}{9.55\times 0.104^2}\text{s} = 0.499\text{s}$$

反接制动停车时间

$$t'_{Bk} = T'_m \ln\frac{n_Q - n_W}{n_X - n_W} = 0.499\times\ln\frac{1005-(-2032)}{0-(-2032)}\text{s} = 0.2\text{s}$$

（3）反接制动带反抗性转矩负载时，应先计算制动到 $n=0$ 时的电磁转矩 T_e 的大小，然后将它与反向负载转矩 $-T_L$ 进行比较，判断电动机是否能反向起动。为此，将该点的有关数据代入反接制动机械特性方程中求解 T_e

$$n = \frac{-U}{C_e\Phi_N} - \frac{R_a + R_{B1}}{9.55(C_e\Phi_N)^2}T_e$$

将有关数据代入得

$$0 = \frac{-110}{0.104} - \frac{0.644}{9.55 \times 0.104^2} T_e$$

所以

$$T_e = -169.7\text{N} \cdot \text{m}$$

$$T_L = 9.55 \times C_e \Phi_N \times 0.85 I_N = 9.55 \times 0.104 \times 0.85 \times 185\text{N} \cdot \text{m} = 156\text{N} \cdot \text{m}$$

因为 $|T_e| > |T_L|$，所以电动机能反向起动到反向电动运行，此时总的制动过程所用的时间也应包含两部分：一部分是从起始制动到 $n=0$ 停车终止，这段时间已经求出；另一部分是从 $n=0$ 反向起动到反向电动稳定运行在第Ⅲ象限的时间，即

$$t = t'_{Bk} + 4T'_m = 0.2\text{s} + 4 \times 0.499\text{s} = 2.196\text{s}$$

反接制动带位能性恒转矩负载时，总的过渡过程所用的时间为

$$t_4 = 4T'_m = 4 \times 0.499\text{s} = 1.996\text{s}$$

从上例中可以看出，尽管都是从同一转速起始值开始制动到转速为零，但制动时间不尽相同。能耗制动停车比反接制动停车要慢。此外，同样是从起始转速值开始制动，由于采用的制动方法不同，传动负载性质不同，因而进入稳定运行点的过程就不同，所经历的总的制动时间也不同。因此，应按具体情况进行分析。

例 5-3　一台他励直流电动机，额定数据为 $P_N = 16\text{kW}$，$U_N = 220\text{V}$，$I_N = 86\text{A}$，$n_N = 670\text{r/min}$，$R_a = 0.2\Omega$。系统总飞轮矩 $GD^2 = 67\text{N} \cdot \text{m}^2$。电动机拖动反抗性恒转矩负载，负载电流为 $0.7I_N$，运行在固有机械特性曲线上。（1）停车时采用反接制动，制动转矩为 $2T_N$，求电枢回路需串联的电阻值；（2）当反接制动到转速为 $0.3n_N$ 时，为了使电动机不至反转，换成能耗制动，制动转矩仍为 $2T_N$，求电枢回路需串联的电阻值；（3）求制动停车所用的时间；（4）画出上述制动停车的机械特性曲线，简述制动过程；（5）画出上述制动停车过程中的 $n=f(t)$ 的曲线，并标出停车时间。

解：（1）制动前的电枢电流

$$I_L = 0.7I_N = 0.7 \times 86\text{A} = 60.2\text{A}$$

制动前的电枢电动势

$$E_a = U_N - I_L R_a = 220\text{V} - 60.2 \times 0.2\text{V} = 207.96\text{V}$$

反接制动开始时的电枢电流

$$I'_a = -2I_N = -2 \times 86\text{A} = -172\text{A}$$

反接制动电阻

$$R_{B1} = \frac{-U_N - E_a}{I'_a} - R_a = \frac{-220 - 207.96}{-172}\Omega - 0.2\Omega = 2.29\Omega$$

（2）电动机额定运行时的感应电动势

$$E_{aN} = U_N - I_N R_a = 220\text{V} - 86 \times 0.2\text{V} = 202.8\text{V}$$

能耗制动起始时电枢的感应电动势

$$E'_a = \frac{0.3n_N}{n_N} E_{aN} = 0.3 \times 202.8\text{V} = 60.84\text{V}$$

能耗制动电阻

$$R_{B2}=\frac{-E'_{a}}{I'_{a}}-R_{a}=\frac{-60.84}{-172}\Omega-0.2\Omega=0.15\Omega$$

（3）电动机的 $C_e\Phi_N$ 为

$$C_e\Phi_N=\frac{E_{aN}}{n_N}=\frac{202.8}{670}=0.303$$

反接制动时间常数

$$T_{m1}=\frac{GD^2}{375}\frac{R_a+R_{B1}}{9.55(C_e\Phi_N)^2}=\frac{67}{375}\times\frac{0.2+2.29}{9.55\times0.303^2}\text{s}=0.51\text{s}$$

能耗制动时间常数

$$T_{m2}=\frac{GD^2}{375}\frac{R_a+R_{B2}}{9.55(C_e\Phi_N)^2}=\frac{67}{375}\times\frac{0.2+0.15}{9.55\times0.303^2}\text{s}=0.07\text{s}$$

反接制动到 $0.3n_N$ 时的电枢电流

$$I_{ax}=\frac{-U_N-E'_a}{R_a+R_1}=\frac{-220-60.84}{0.2+2.29}\text{A}=-112.8\text{A}$$

反接制动到 $0.3n_N$ 时所用的时间

$$t_1=T_{m1}\ln\frac{I'_a-I_L}{I_{ax}-I_L}=0.51\times\ln\frac{-172-60.2}{-112.8-60.2}\text{s}=0.15\text{s}$$

能耗制动从 $0.3n_N$ 到 $n=0$ 所用的时间

$$t_2=T_{m2}\ln\frac{I'_a-I_L}{0-I_L}=0.07\times\ln\frac{-172-60.2}{-60.2}\text{s}=0.09\text{s}$$

整个制动停车时间

$$t_0=t_1+t_2=0.15\text{s}+0.09\text{s}=0.24\text{s}$$

（4）上述制动停车的机械特性曲线如图5-13所示。其中，反接制动起始转速

$$n_1=\frac{U_N}{C_e\Phi_N}-\frac{I_LR_a}{C_e\Phi_N}=\frac{220}{0.303}\text{r/min}-\frac{60.2\times0.2}{0.303}\text{r/min}=686\text{r/min}$$

反接制动稳态转速（虚稳态点）

$$n_2=\frac{-U_N}{C_e\Phi_N}-\frac{I_L(R_a+R_{B1})}{C_e\Phi_V}=\frac{-220}{0.303}\text{r/min}-\frac{60.2\times(0.2+2.29)}{0.303}\text{r/min}=-1221\text{r/min}$$

能耗制动稳态转速（虚稳态点）

$$n_3=-\frac{I_L(R_a+R_{B2})}{C_e\Phi_N}=-\frac{60.2\times(0.2+0.15)}{0.303}\text{r/min}=-69.5\text{r/min}$$

上述整个制动过程中，运行点的运动轨迹如图5-13a所示，为 $B\rightarrow E\rightarrow D\rightarrow O$，分为两段进行。首先是 $B\rightarrow E$（$\rightarrow C$）的反接制动过程，然后是 $D\rightarrow O$（$\rightarrow F$）的能耗制动过程。其

中，反接制动过程在 E 点（对应转速为 $0.3n_N$）中断，而不是直接制动到 $n=0$。

（5）过渡过程 $n=f(t)$ 曲线如图 5-13b 所示。

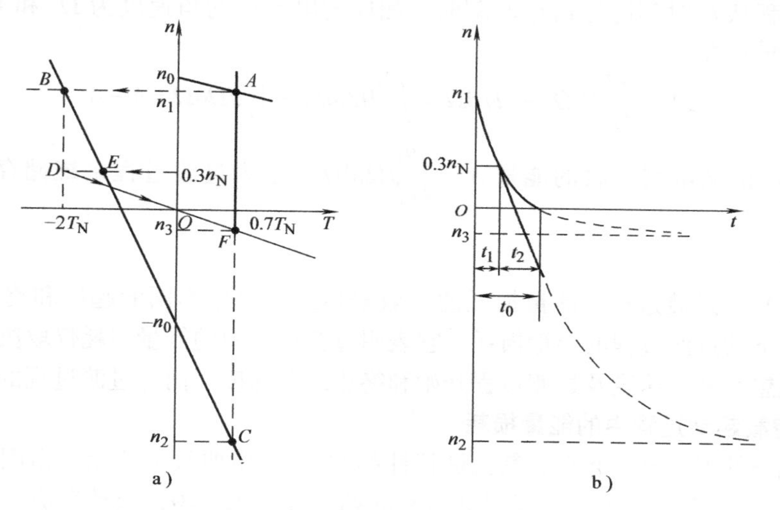

图 5-13　例 5-3 附图

a）运行点的运动轨迹　b）过渡过程 $n=f(t)$ 曲线

5.2.4　他励直流电动机过渡过程的能量损耗

电力拖动系统在起动、制动和反转的过渡过程中，通常为了缩短过渡过程时间，电枢电流较大，能量损耗较大，而能量损耗将导致电动机的发热，电动机的发热又直接影响绝缘材料的寿命。尤其需要频繁起动、制动的电动机，过渡过程反复发生，其能量损耗尤其值得注意。另外，能量损耗过大，影响运行效率，提高运行费用。因此，研究过渡过程的能量损耗，对减少能耗、合理运行具有重要意义。

他励直流电动机的总损耗包括空载损耗和电枢回路的铜耗。在过渡过程中，由于电枢回路电流较大，且通常在过渡过程中电枢回路又外串电阻，因此铜耗在总损耗中占主要部分，相比之下空载损耗较小。为突出主要问题，在分析过渡过程的能量损耗时，只考虑铜耗而忽略空载损耗。另外，为简化问题，假定过渡过程中 $\Phi=\Phi_N$，电枢电压 U 为常数，电枢回路总电阻为 R，电动机为理想空载，即 $T_L=0$。

1. 过渡过程能量损耗的一般表达式

在过渡过程中，一段任意短的时间 $\mathrm{d}t$ 内，能量损耗近似等于电枢回路的铜耗，也等于电动机在该时间从电网吸收的功率与电磁功率之差，因此能量损耗可表示为

$$\mathrm{d}A=I_a^2R\mathrm{d}t=(UI_a-E_aI_a)\mathrm{d}t \tag{5-16}$$

式（5-16）中，从电网吸收的功率和电磁功率分别可以表示为

$$UI_a=C_e\Phi n_0I_a=C_e\frac{60}{2\pi}\Phi I_a\Omega_0=C_T\Phi I_a\Omega_0=T_e\Omega_0$$

$$E_aI_a=T_e\Omega$$

理想空载时，运动方程式为 $T_e=J\dfrac{\mathrm{d}\Omega}{\mathrm{d}t}$，则 $\mathrm{d}t=\dfrac{J}{T_e}\mathrm{d}\Omega$。因此式（5-16）可表示为

$$dA = (T_e\Omega_0 - T_e\Omega)\frac{J}{T_e}d\Omega = (\Omega_0 - \Omega)Jd\Omega$$

设过渡过程从 t_1 时刻进行到 t_2 时刻时，相应的电动机的角速度为 Ω_1 和 Ω_2，则在这段过渡过程中能量损耗为

$$\Delta A = \int_{\Omega_1}^{\Omega_2} J(\Omega_0 - \Omega)d\Omega = \int_{\Omega_1}^{\Omega_2} J\Omega_0 d\Omega - \int_{\Omega_1}^{\Omega_2} J\Omega d\Omega = A - A_k \tag{5-17}$$

式中，A 为电动机从电网吸收的能量 $A = \int_{\Omega_1}^{\Omega_2} J\Omega_0 d\Omega$；$A_k$ 为过渡过程系统储存动能的变化，$A_k = \int_{\Omega_1}^{\Omega_2} J\Omega d\Omega$。

式（5-17）为过渡过程中能量损耗的一般表达式，根据不同的起始和终止条件可得到不同具体情况下的过渡过程的能量损耗。它表明过渡过程中的能量损耗仅取决于拖动系统的转动惯量、理想空载角速度及过渡过程开始和终止的角速度，而与过渡过程的时间无关。

2. 理想空载起动过程中的能量损耗

理想空载条件下串电阻起动，其机械特性如图 5-14 中曲线 1 所示。由图可知，此时理想空载角速度 $\Omega_0 = \Omega_{01}$，完整的起动过渡过程起始角速度 $\Omega_1 = 0$，起动完成后终止角速度为 $\Omega_2 = \Omega_{01}$，代入式（5-17）得起动过程中电枢回路输入能量 A、能量损耗 ΔA 及系统储存的能量分别为

$$A \int_0^{\Omega_{01}} J\Omega_{01} d\Omega = J\Omega_{01}^2$$

$$A_k = \int_0^{\Omega_{01}} J\Omega d\Omega = \frac{1}{2}J\Omega_{01}^2$$

$$\Delta A = \int_0^{\Omega_{01}} J(\Omega_{01} - \Omega)d\Omega = \frac{1}{2}J\Omega_{01}^2$$

由上式可知，电动机从电网吸收的能量，一半用于提高电动机的转速变为动能储存在系统中，一半为过渡过程的能量损耗。

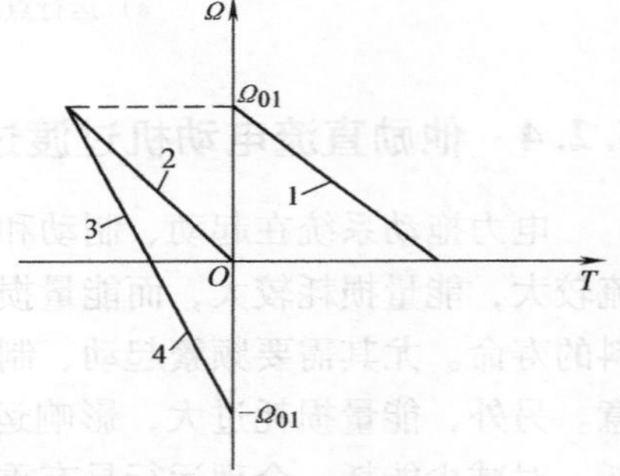

图 5-14　理想空载条件下的过渡过程的机械特性曲线

3. 理想空载能耗制动的能量损耗

图 5-14 中曲线 2 为理想空载能耗制动的机械特性曲线。由图可知，能耗制动电枢电压为零，理想空载角速度 $\Omega_0 = 0$，能耗制动的起始角速度 $\Omega_1 = \Omega_{01}$，结束后终止角速度为 $\Omega_2 = 0$。代入一般表达式得

$$A = \int_{\Omega_{01}}^{0} J\Omega_0 d\Omega = 0$$

$$A_k = \int_{\Omega_{01}}^{0} J\Omega d\Omega = -\frac{1}{2}J\Omega_{01}^2$$

$$\Delta A = \int_{\Omega_{01}}^{0} -J\Omega d\Omega = \frac{1}{2}J\Omega_{01}^2$$

由于能耗制动过程中电动机与电网脱离，因此电动机与电网之间没有能量交换，即 $A = 0$。能耗制动结束时转速为零，即系统的动能为零，因此系统原有的动能全部消耗在过渡过程中。

4. 理想空载电压反接制动过程的能量损耗

理想空载电压反接制动过程的机械特性如图 5-14 中曲线 3 所示。由图可知，由于电压

反接制动时电枢电压反向，所以理想空载角速度 $\Omega_0 = -\Omega_{01}$，电压反接制动的起始角速度 $\Omega_1 = \Omega_{01}$，制动结束时，终止角速度 $\Omega_2 = 0$。代入一般表达式得

$$A = \int_{\Omega_{01}}^{0} -J\Omega_{01}\mathrm{d}\Omega = J\Omega_{01}^2$$

$$A_k = \int_{\Omega_{01}}^{0} J\Omega\mathrm{d}\Omega = -\frac{1}{2}J\Omega_{01}^2$$

$$\Delta A = \int_{\Omega_{01}}^{0} J(\Omega_0 - \Omega)\mathrm{d}\Omega = \int_{\Omega_{01}}^{0} -J\Omega_{01}\mathrm{d}\Omega - \int_{\Omega_{01}}^{0} J\Omega\mathrm{d}\Omega = \frac{3}{2}J\Omega_{01}^2$$

由上式可知，在电压反接制动过程中，系统原储存的动能与从电网吸收的能量全部消耗在过渡过程中。可见电压反接制动消耗的能量是能耗制动的三倍。

5. 理想空载电压反接制动接反转过程的能量损耗

图 5-14 中曲线 3、4 为电压反接制动接反转的机械特性曲线。反转过程，先经历反接制动，转速到零后反向起动，加速到 $-\Omega_{01}$。理想空载角速度 $\Omega_0 = -\Omega_{01}$，电压反接制动的起始角速度 $\Omega_1 = \Omega_{01}$，反向起动结束时，终止角速度为 $\Omega_2 = -\Omega_{01}$。代入一般表达式得

$$A = \int_{\Omega_{01}}^{-\Omega_{01}} -J\Omega_{01}\mathrm{d}\Omega = 2J\Omega_{01}^2$$

$$A_k = \int_{\Omega_{01}}^{-\Omega_{01}} J\Omega\mathrm{d}\Omega = 0$$

$$\Delta A = \int_{\Omega_{01}}^{-\Omega_{01}} J(\Omega_0 - \Omega)\mathrm{d}\Omega = 2J\Omega_{01}^2$$

可见，系统从电网吸收了 $2J\Omega_{01}^2$ 的能量，在制动和反向起动过程中全部消耗，系统仍维持原有动能，只是运动方向变反。

6. 减少过渡过程中能量损耗的方法

过渡过程的能量损耗会提高电动机的温度，降低生产效率。因此，设法减少过渡过程的能量损耗对提高生产率和节能都有很重要的意义。

（1）减少拖动系统的转动惯量

如前所述，过渡过程中的能量损耗与系统的转动惯量成正比，因此减小系统的转动惯量可以明显地降低能量的损耗。如果生产过程要求频繁起、制动，设计系统时就应选择电枢 GD^2 较小的电动机，通常设计成细而长的形状。这种类型的电动机与普通类型的直流电动机相比，当额定功率和额定转速相同时，如果电枢有效长度扩大一倍，则 GD^2 可减少一半。另外，也可采用双电动机拖动，它由两台一半功率的电动机组成，这时相当于电枢的等效长度增加而直径减小，即减小了系统的 GD^2。

（2）过渡过程中采取分级施加电压的方式

由于过渡过程的能量损耗不仅与转动惯量成正比，而且与理想空载转速的平方 Ω_0^2 成正比，因此如果使过渡过程分级完成，降低前级中的理想空载转速，则可以达到减少损耗的目的。由于理想空载转速正比于电枢电压，因此可用降低电压 U 的办法来降低空载转速 Ω_0。以分两级升压起动为例，先加 $\frac{1}{2}U_N$，当角速度到达 $\frac{1}{2}\Omega_{01}$ 时，再将电压升至 U_N，继续升速，直到 $\Omega = \Omega_{01}$。在这种情况下，电动机起动过程变成了两个过渡过程：在第一个过渡过程速

度由 $0\to\frac{1}{2}\Omega_{01}$，其能量损耗为

$$\Delta A_1=\int_0^{\frac{1}{2}\Omega_{01}}J\left(\frac{1}{2}\Omega_{01}-\Omega\right)\mathrm{d}\Omega=\frac{1}{8}J\Omega_{01}^2$$

第二个过渡过程速度由 $\frac{1}{2}\Omega_{01}\to\Omega_{01}$，其能量损耗为

$$\Delta A_2=\int_{\frac{1}{2}\Omega_{01}}^{\Omega_{01}}J(\Omega_{01}-\Omega)\mathrm{d}\Omega=\frac{1}{8}J\Omega_{01}^2$$

则整个过渡过程能量损耗为

$$\Delta A=\Delta A_1+\Delta A_2=\frac{1}{4}J\Omega_{01}^2$$

由此可见，分两级施加电压起动的方式可以将能量损耗降低到直接起动的一半。同理可证，若分 n 级降压起动，起动过程中的能量总损耗将减少到直接起动的 $1/n$。

(3) 选择合理的制动方式

由前分析可知，采用不同的制动方式，制动过程的能量损耗也是不同的。采用能耗制动时的能量损耗仅为反接制动时的1/3。因此，从减小能量损耗的角度考虑，应尽量采用能耗制动。

5.3　异步电动机拖动系统的过渡过程

研究三相异步电动机电力拖动系统的过渡过程，掌握系统在起动、制动、调速等过渡过程的规律，对合理设计电力拖动系统，提高生产率，节约生产时间，减少生产过程的能量损耗都有着重要的意义。

异步电动机电力拖动系统同样存在机械惯性、电磁惯性和热惯性，由于热过渡过程过于缓慢而电磁过渡过程又比机械过渡过程快得多，对于系统转速的影响主要体现在机械过渡过程，因此这里只研究机械惯性引起的机械过渡过程。

三相异步电动机的机械特性是非线性的，又要配合不同类型的负载转矩，其过渡过程求解较为复杂。下面选择几种简单而又典型的情况进行研究，以说明异步电动机拖动系统过渡过程的一般规律。

5.3.1　异步电动机直线段机械特性拖动恒转矩负载工作的过渡过程

前面分析异步电动机的机械特性时已知，三相异步电动机的机械特性曲线由两段组成，一段为近似直线段，一段为曲线段。在拖动恒转矩负载时，直线段为稳定运行段而曲线段为不稳定运行段，因此电动机正常运行在直线段。当电动机工作状态基本满足 $s\ll s_m$ 的条件时，可以采用机械特性的直线表达式分析异步电动机的过渡过程。其机械特性的直线表达式为

$$T_e=\frac{2T_{max}}{s_m}s=\frac{2T_{max}}{s_m}\left(\frac{n_s-n}{n_s}\right)=\frac{2T_{max}}{s_m}-\frac{2T_{max}}{s_m n_s}n \tag{5-18}$$

令 $\beta=\frac{2T_{max}}{s_m n_s}$ 为直线的斜率，则式 (5-18) 可写为

$$T_e = \frac{2T_{max}}{s_m} - \beta n \tag{5-19}$$

图 5-15 所示为异步电动机某一直线工作段的机械特性，图中取机械特性上任一点 Q 为起始点，稳态点即电动机的机械特性与负载转矩特性交点为 W，X 点为从起始点到稳态点运动过程中的任一点。Q 点对应的转速为 n_Q，电磁转矩为 T_Q；W 点对应的转速为 n_W，电磁转矩为 $T_W = T_L$；X 点对应的转速为 n_X，电磁转矩为 T_X。

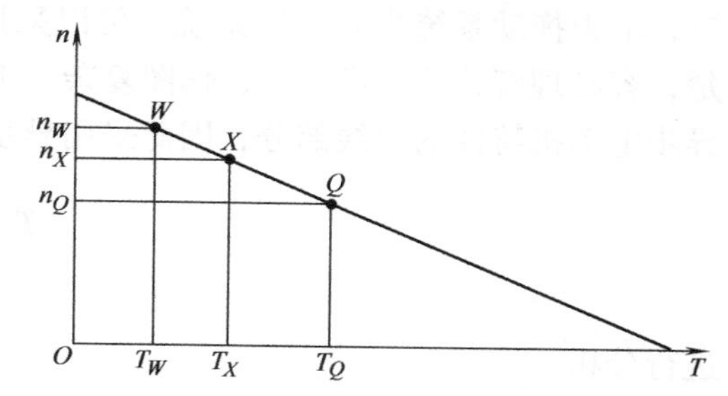

图 5-15　异步电动机某一直线工作段机械特性

系统在由 Q 点向 W 点过渡时，电动机满足运动方程式

$$T_e - T_L = \frac{GD^2}{375}\frac{dn}{dt}$$

同时又满足机械特性

$$T_e = \frac{2T_{max}}{s_m} - \beta n$$

由上式得

$$\frac{dn}{dt} = -\frac{dT_e}{\beta dt}$$

代入运动方程式中，得到关于电磁转矩 T 的一阶微分方程

$$\frac{GD^2}{375\beta}\frac{dT_e}{dt} + T_e = T_L \tag{5-20}$$

令 $T_m = \dfrac{GD^2}{375\beta} = \dfrac{GD^2 s_m n_s}{375 \times 2T_{max}}$为机电时间常数，单位为秒，则式（5-20）变为

$$T_m \frac{dT_e}{dt} + T_e = T_L$$

与式（5-5）有相同的形式，代入初始及稳态点，其转矩有如下的过渡过程：

$$T_e = T_W + (T_Q - T_W)e^{-t/T_m} \tag{5-21}$$

式中，T_Q 为系统过渡过程的起始转矩；T_W 为系统过渡过程的稳态转矩，与过渡过程开始后的负载转矩 T_L 相等。

将起始点与稳态点的转矩与转速值代入式（5-19）、式（5-21），可得转速的过渡过程表达式为

$$n = n_W + (n_Q - n_W)e^{-t/T_m}$$

与 5.2.1 小节中分析方法相同，从过渡过程起始点 Q 开始，到达稳态点 W 之前的某一中间点 X 时，所经历的时间 t_{QX} 可表示为

$$t_{QX} = T_m \ln\frac{n_Q - n_W}{n_X - n_W}$$

或

$$t_{QX} = T_m \ln\frac{T_Q - T_W}{T_X - T_W}$$

而完整的过渡过程所需的时间为 $t = (3\sim4)T_m$。当系统要求达到稳态值的 95% 认为过渡过程

完成时，选择系数为3，当要求达到98%稳态值为过渡过程结束时，则取系数为4。

5.3.2 异步电动机过渡过程的时间分析

异步电动机直线段工作特性是一种近似情况，如果考虑异步电动机机械特性的曲线部分时，电力拖动系统为非线性系统，可以采用图解法和解析法进行分析。图解法虽然概念清楚，容易理解，但精度不高，作图复杂，工作效率低，因此这里主要介绍解析法。由于研究异步电动机特性的曲线部分，因此采用异步电动机机械特性的实用表达式，即采用下式：

$$T_e = \frac{2T_{max}}{\frac{s}{s_m} + \frac{s_m}{s}}$$

进行分析。

现以最简单的异步电动机理想空载为例，介绍异步电动机拖动系统过渡过程的时间问题。

理想空载时，负载转矩 $T_L = 0$，这时拖动系统的运动方程式变为

$$T_e = \frac{GD^2}{375}\frac{dn}{dt}$$

将式中的 T_e 代以转矩的实用表达式，且由于 $n = n_s(1-s)$，则 $dn/dt = -n_s ds/dt$，可得

$$\frac{2T_{max}}{\frac{s_m}{s} + \frac{s}{s_m}} = -\frac{GD^2}{375}\frac{n_s ds}{dt}$$

$$dt = -\frac{GD^2}{375}\frac{n_s}{T_{max}}\frac{1}{2}\left(\frac{s_m}{s} + \frac{s}{s_m}\right)ds$$

记 $T_m = \frac{GD^2 n_s s_m}{375T_{max}}$，为系统的机电时间常数，上式简化为

$$dt = \frac{-T_m}{2}\left(\frac{1}{s} + \frac{s}{s_m^2}\right)ds \tag{5-22}$$

将式（5-22）两边积分，得出过渡过程时间为

$$t = \int_0^t dt = -\frac{T_m}{2}\int_{s_1}^{s_2}\left(\frac{1}{s} + \frac{s}{s_m^2}\right)ds$$

$$t = \frac{T_m}{2}\left(\frac{s_1^2 - s_2^2}{2s_m^2} + \ln\frac{s_1}{s_2}\right) \tag{5-23}$$

式中，s_1、s_2 分别为过渡过程开始与终止时的转差率。

1. 空载起动时间

当空载起动时，由 $s_1 = 1$ 到 $s_2 = 0$，理论上起动时间为无限大，在实际过程中 $s_2 = 0.05$ 时，即可认为起动结束，将 $s_1 = 1$、$s_2 = 0.05$ 代入上式，可得起动过渡过程时间为

$$t_{st} = \frac{T_m}{2}\left(\frac{1^2 - 0.05^2}{2s_m^2} + \ln\frac{1}{0.05}\right) \approx T_m\left(\frac{1}{4s_m^2} + 1.5\right) \tag{5-24}$$

可见异步电动机空载起动时间是 s_m 的二次函数，存在一个临界转差率，使得空载起动过渡过程最短。

将式（5-24）对 s_m 求导，且令 $\frac{dt_{st}}{ds_m}=0$，（注意 T_m 为 s_m 的函数）可得使空载起动过渡过程时间最短的临界转差率为

$$s_{m0}=\sqrt{\frac{s_1^2-s_2^2}{2\ln\frac{s_1}{s_2}}} \tag{5-25}$$

将 $s_1=1$、$s_2=0.05$ 代入式（5-25）求得空载起动时间最短的转差率 $s_{most}\approx 0.407$。

将 $s_{most}\approx 0.407$ 代入式（5-24），可得异步电动机空载起动的最短时间为

$$t_{st}=T_m\left(\frac{1}{4\times 0.407^2}+1.5\right)\approx 3T_m$$

对普通笼型异步电动机，$s_m=0.1\sim 0.15$，不能获得最短起动时间，若想获得最短起动时间，必须采用转子串联电阻较大的高转差率笼型异步电动机。对于绕线转子异步电动机，则可采用转子串联电阻的方法提高临界转差率，以获得最小的起动时间。

2. 空载两相反接制动时间

式（5-23）也同样适用于异步电动机的其他过渡过程。

空载状态下两相反接制动时，将 $s_1=2$、$s_2=1$ 代入式（5-23），可得两相反接制动的过渡过程时间为

$$t_{Bk}=\frac{T_m}{2}\left(\frac{2^2-1^2}{2s_m^2}+\ln\frac{2}{1}\right)\approx T_m\left(\frac{0.75}{s_m^2}+0.346\right) \tag{5-26}$$

将式（5-26）对 s_m 求导，且令 $\frac{dt_{Bk}}{ds_m}=0$，得两相反接制动时间最短的临界转差率 $s_{mobk}\approx 1.47$。

当两相反接制动后反转，且稳定运行于反向电动状态时，将 $s_1=2$、$s_2=0.05$ 代入式（5-23）得

$$t=\frac{T_m}{2}\left(\frac{2^2-0.05^2}{2s_m^2}+\ln\frac{2}{0.05}\right)=T_m\left(\frac{1}{s_m^2}+1.844\right) \tag{5-27}$$

也可求得反接制动加反转的过渡过程时间最短的临界转差率 $s_{mobk}\approx 0.74$。

3. 能耗制动时间

对于能耗制动，其实用表达式为

$$T=\frac{2T_{max}}{v/v_m+v_m/v}$$

式中，v 为能耗制动状态的转差率，$v=\frac{n}{n_s}$。

在理想空载时，负载转矩 $T_L=0$，运动方程式变为

$$-\frac{2T_{max}}{v/v_m+v_m/v}=\frac{GD^2}{375}\frac{dn}{dt}=\frac{GD^2n_s}{375}\frac{dv}{dt}$$

能耗制动过渡过程开始与终止的转速比为 v_1 和 v_2，将上式在 v_1 和 v_2 范围内积分，得

$$t=\frac{T_m}{2}\left(\frac{v_1^2-v_2^2}{2v_m^2}-\ln\frac{v_1}{v_2}\right)$$

式中，T_m 为能耗制动的机电时间常数，$T_m=\dfrac{GD^2 n_s v_m}{375T_{max}}$。

将空载转速时 $v_1=1$ 与停车时 $v_2=0.05$，代入上式得

$$t_{Bk}=T_m\left(\frac{1}{4v_m^2}+1.5\right)$$

使用与上面类似的办法，也可求得从空载转速到停车的能耗制动的过渡过程时间最短的临界转差率为

$$v_m=\sqrt{\frac{v_1^2-v_2^2}{2\ln\dfrac{v_1}{v_2}}}\approx 0.41$$

5.3.3 异步电动机过渡过程的能量损耗

异步电动机在过渡过程中电流比正常工作电流大得多，对于频繁起动的异步电动机，消耗的能量也比正常工作时大得多，会导致电动机发热严重。因此，掌握异步电动机过渡过程的能量损耗规律，找到减小过渡过程能量损耗的方法非常重要。

过渡过程中定子、转子电流都比较大，定、转子铜耗比正常运行时大得多，为使分析简化，忽略铁耗与机械损耗，只研究空载起动、制动等状态下定、转子铜耗的情况。

在过渡过程中，定、转子的铜耗为

$$\Delta A=\int_0^t 3I_1^2R_1\,dt+\int_0^t 3I_2'^2R_2'\,dt \tag{5-28}$$

如果忽略空载电流的影响，可认为 $I_1\approx I_2'$，式（5-28）变为

$$\Delta A=\int_0^t 3I_2'^2R_2'\left(1+\frac{R_1}{R_2'}\right)dt \tag{5-29}$$

由于转子铜耗可用转差功率表示，即

$$3I_2'^2R_2'=sP_e=sT_e\Omega_s \tag{5-30}$$

式（5-29）可写为

$$\Delta A=\int_0^t\left(1+\frac{R_1}{R_2'}\right)sT_e\Omega_s\,dt \tag{5-31}$$

由于空载时，负载转矩 $T_L=0$，这时拖动系统的运动方程式变为

$$T_e=J\frac{d\Omega}{dt}$$

而 $\Omega=\Omega_s(1-s)$，上式变为

$$T_e=-J\Omega_s\frac{ds}{dt}$$

式(5-31)变为

$$\Delta A=\int_{s_1}^{s_2}-J\Omega_s^2\left(1+\frac{R_1}{R_2'}\right)s\,ds=\frac{1}{2}J\Omega_s^2\left(1+\frac{R_1}{R_2'}\right)(s_1^2-s_2^2) \tag{5-32}$$

式中，s_1、s_2 分别为过渡过程开始与终止时的转差率。

式（5-32）就是异步电动机过渡过程能量损耗的一般表达式。

1. 空载起动时过渡过程的能量损耗

此时，$s_1=1$、$s_2=0$，代入式（5-32），得

$$\Delta A=\frac{1}{2}J\Omega_s^2\left(1+\frac{R_1}{R_2'}\right) \tag{5-33}$$

由式（5-33）可知，起动时的过渡过程能量损耗与系统储存的动能和定、转子电阻有关。加大转子电阻可减小起动电流，增加起动转矩。因此绕线转子异步电动机可采用转子串电阻的起动方式，而笼型异步电动机可采用高电阻率导条来减小起动过程的能量损耗。

2. 空载两相反接的反接制动过渡过程的能量损耗

此时，$s_1=2$，$s_2=1$，代入式（5-32），得

$$\Delta A=\frac{1}{2}J\Omega_s^2\left(1+\frac{R_1}{R_2'}\right)(2^2-1)=\frac{3}{2}J\Omega_s^2\left(1+\frac{R_1}{R_2'}\right) \tag{5-34}$$

由此可见，若定、转子电阻相同时，反接制动过程能量损耗是起动过程能量损耗的三倍。如果反接制动停车后反向起动，则此时 $s_1=2$，$s_2=0$，代入式（5-32）得

$$\Delta A=\frac{1}{2}J\Omega_s^2\left(1+\frac{R_1}{R_2'}\right)(2^2-0)=2J\Omega_s^2\left(1+\frac{R_1}{R_2'}\right)$$

3. 空载能耗制动过渡过程的能量损耗

由于能耗制动机械特性有不同的形式，需要重新分析。

异步电动机空载能耗制动的能量损耗为

$$\Delta A=\frac{1}{2}J\Omega_s^2\left(1+\frac{R_1}{R_2'}\right) \tag{5-35}$$

由以上分析可见，与直流电动机过渡过程的能量损耗相同，异步电动机过渡过程的能量损耗均与转动部分的转动惯量和异步电动机的同步转速有关，即与转动部分存储的动能有关。另外，异步电动机过渡过程的能量损耗还与定、转子电阻比值有直接关系。

4. 减少过渡过程能量损耗的方法

减少过渡过程能量损耗有以下方法：

（1）减少拖动系统存储的动能

对于经常起、制动的异步电动机，可采用细长转子的异步电动机，或采用双电动机拖动，以减小拖动系统的转动惯量；适当选择电动机的额定转速，即选择合适的转速比也是有效办法。

（2）合理的选择起、制动方式

改变同步角速度 Ω_s 的起动方法可以减少起动过渡过程的能量损耗，例如由多极对数变少极对数的变极起动和由频率较低至频率较高的变频起动，都能减少起动过程的能量损耗。尽量采用能耗制动，尤其是对频繁起、制动的异步电动机，采用反接制动是能耗制动能量损耗的近三倍，将使电动机发热厉害，严重的还会烧毁电动机。

（3）合理的选择电动机的参数

增大转子电阻可使定子损耗降低，对笼型异步电动机，可选择较大的转子电阻，即高转

差率的异步电动机；对绕线转子异步电动机，可在转子电路中串联适当的电阻，既能增加电磁转矩，缩短过渡过程时间，又能减少过渡过程的能量损耗。

本章小结

电力拖动系统的过渡过程分为三类：机械过渡过程、电磁过渡过程和机电过渡过程。本章主要分析了电力拖动系统中的机械过渡过程，主要包括直流他励电动机和三相异步电动机的机械过渡过程中主要参量的变化情况。另外还分别讨论了他励直流电动机和异步电动机的能量损耗问题。

电力拖动系统的动力学方程式是分析电力拖动系统过渡过程的基本依据。

在直流电力拖动系统中，分析了他励直流电动机直接起动的过渡过程、电枢回路串电阻分级起动的过渡过程、拖动位能性恒转矩负载能耗制动的过渡过程、拖动反抗性恒转矩负载能耗制动的过渡过程、拖动位能性恒转矩负载反接制动的过渡过程和拖动反抗性恒转矩负载反接制动的过渡过程，并分析了他励直流电动机在上述过渡过程的能量损耗。还介绍了减少过渡过程中能量损耗的方法。

三相异步电动机的机械特性比较复杂，分析较为困难，需根据不同的负载、不同的电动机类型采用不同的分析方法。为使分析简单，可进行合理的简化。三相异步电动机过渡过程的分析方法、损耗及减少损耗、缩短过渡过程时间的方法也可和直流电动机进行比对。

通过研究过渡过程，弄清过渡过程中转速、电流、电磁转矩等随时间变化的规律，弄清这些变化规律受哪些因素制约或支配，进而有针对性地采取措施，使电力拖动系统的过渡过程能在一定的程度上得以控制。例如，研究加快和延缓过渡过程的方法，从而满足生产机械对过渡过程提出的不同要求；探讨减小过渡过程中能量损耗的方法，从而实现节能；另外，通过研究过渡过程，给控制系统的设计提供控制原则，也可为设计出最优控制系统打下基础。

思考题与习题

5-1　一台他励直流电动机，额定数据为 $P_N = 21\text{kW}$，$U_N = 220\text{V}$，$I_N = 115\text{A}$，$n_N = 980\text{r/min}$，$R_a = 0.1\Omega$。如果系统总飞轮矩 $GD^2 = 64.7\text{N}\cdot\text{m}^2$，最大起动电流为 $2I_N$，负载电流为 $0.8I_N$。试求：（1）电动机串电阻分级起动的最少级数及电阻值；（2）总起动时间。

5-2　一台他励直流电动机，额定数据为 $P_N = 5.6\text{kW}$，$U_N = 220\text{V}$，$I_N = 31\text{A}$，$n_N = 1000\text{r/min}$，$R_a = 0.4\Omega$。如果系统总飞轮矩 $GD^2 = 9.8\text{N}\cdot\text{m}^2$，$T_L = 49\text{N}\cdot\text{m}$，在电动运行时进行制动停车，制动的起始电流为 $2I_N$，试就反抗性恒转矩负载与位能性恒转矩负载两种情况，求：（1）能耗制动停车时间和到达稳态值时的时间；（2）反接制动停车时间和到达稳态值时的时间；（3）定性画出上述停车过程的 $n = f(t)$ 曲线。

5-3　一台他励直流电动机，额定数据为 $P_N = 5.5\text{kW}$，$U_N = 220\text{V}$，$I_N = 30.3\text{A}$，$n_N = 1000\text{r/min}$，$R_a = 0.74\Omega$。如果系统总飞轮矩 $GD^2 = 9\text{N}\cdot\text{m}^2$，$T_L = 0.8T_N$。试求：（1）最大制动电流为 $2I_N$ 时的反接制动电阻，并绘出机械特性；（2）在求出的制动电阻下，如为位能性负载，写出其 $n = f(t)$ 和 $T = f(t)$ 方程式。

第6章　电力拖动系统电动机的选择

电力拖动系统主要由电动机、传动机构、工作机构（生产机械）、控制设备和电源组成。不同类型的生产机械对电动机会提出不同的要求，这样就存在一个选择电动机的问题。在设计电力拖动系统时，电动机的选择是一项重要的内容，它包括电动机的类型、结构形式、额定电压、额定转速和额定功率等的选择。只有正确地选择电动机，电力拖动系统才能可靠而经济地运行。

6.1　电动机的一般选择

6.1.1　电动机选择的一般原则和主要内容

1. 电动机选择的一般原则

1）选择在结构上与所处环境条件相适应的电动机，如根据使用场合的环境条件选用相适应的防护型式及冷却方式的电动机。

2）选择电动机应满足生产机械所提出的各种机械特性要求，如速度、速度的稳定性、速度的调节以及起动、制动时间等。

3）选择电动机的功率能被充分利用，防止出现“大马拉小车”的现象。通过计算确定出合适的电动机功率，使设备需求的功率与被选电动机的功率相接近。

4）所选择的电动机的可靠性高并且便于维护。

5）互换性能要好，一般情况尽量选择标准电动机产品。

6）综合考虑电动机的极数和电压等级，使电动机在高效率、低损耗状态下可靠运行。

2. 电动机选择的主要内容

根据生产机械性能的要求，选择电动机的种类；根据电动机和生产机械安装的位置和场所环境，选择电动机的结构和防护型式；根据电源的情况，选择电动机的额定电压；根据生产机械所要求的转速以及传动设备的情况，选择电动机的额定转速；根据生产机械所需要的功率和电动机的运行方式，决定电动机的额定功率。综合以上因素，根据制造厂的产品目录，选定一台合适的电动机。

6.1.2　电动机额定功率的选择

电动机选择要合理，主要选择其额定功率，其次选择电压和转速等。如果额定功率太小，电动机经常处于过载下运行，发热严重，会损坏；如果额定功率太大，电动机经常处于轻载下运行，投资大，效率和功率因数低，会造成浪费。选择电动机额定功率的原则是在满足负载要求的前提下，最经济、最合理地决定功率。确定电动机的额定功率，要考虑三个方面，即电动机的发热、过载能力与起动能力，其中尤以发热问题最为重要。

电力拖动的工程实践证明，一个电力拖动系统若要经济、可靠地运行，正确选择电动机的额定功率是一个非常重要的因素。

电动机运行时的损耗，转变为热能，使电动机各部分温度升高。电动机允许温度主要决定于电动机所用绝缘材料的耐热等级。根据耐热程度的不同，电动机常用绝缘材料分为五个等级，见表6-1。

表6-1　绝缘材料的耐热等级

耐热等级	A	E	B	F	H
极限工作温度/℃	105	120	130	155	180

电动机的额定功率是指环境温度为标准值40℃时，电动机带额定负载长期连续工作，其稳定工作温度接近或等于绝缘材料允许的最高温度。

研究电动机发热时，常用“温升”这一概念。所谓“温升”是电动机温度与周围环境温度之差，周围环境温度的标准值定为40℃。

同一种类型的电动机，当额定功率和额定转速相同时，电动机的绝缘等级越高，则电动机的额定温升越高，而且体积越小，但是其成本一般越高。因此，应根据工作需要和经济条件合理地选择电动机的绝缘等级。如果需要尽量减小机械设备的体积和重量时，应该选择绝缘等级较高的电动机。

电动机的过载能力，受最大转矩 T_{max} 的限制，校验电动机的过载能力可按式（6-1）进行。

$$T_{max} \leqslant \lambda_m T_N \tag{6-1}$$

式中，λ_m 为过载倍数，$\lambda_m = T_{max}/T_N$；T_{max} 为电动机工作中可能出现的最大负载转矩。

异步电动机的 $\lambda_m \geqslant (1.6 \sim 2.0)$；直流电动机的 $\lambda_m \geqslant (1.5 \sim 2.0)$；同步电动机的 $\lambda_m \geqslant (2.0 \sim 3.0)$。

如果过载校验不能通过，则需另选过载能力较大的电动机或改选功率较大的电动机，以满足过载条件的要求。

对于笼型异步电动机，还应校验其起动能力，使其满足 $T_{st} \geqslant 1.1T_L$。如不满足，则应另选起动转矩 T_{st} 较大的电动机或功率较大的电动机。

6.1.3　电动机额定电压的选择

电动机的额定电压应根据电动机的额定功率和供电电压及配电方式综合考虑。

三相异步电动机的额定电压通常为380V、3000V、6000V、10000V。直流电动机的额定电压通常为110V、160V、220V、440V。一般高压电器设备的初期投资大，维护费用高。

电动机的额定电压和额定频率应与供电电源的电压和频率相一致。如果电源电压高于电动机的额定电压太多，会使电动机烧毁；如果电源电压低于电动机的额定电压，会使电动机的输出功率减小，若仍带额定负载运行，将会烧毁电动机。如果电源频率与电动机的额定频率不同，将直接影响交流电动机的转速，且对其运行性能也有影响。因此，电源的电压和频率必须与电动机铭牌规定的额定值相符。电动机的额定电压一般可按下列原则选用。

1）当高压供电电源为6kV时，额定功率 $P_N \geqslant 200$kW 的电动机应选用额定电压为6kV的电动机，额定功率 $P_N < 200$kW 的电动机应选用额定电压为380V的电动机。

2）当高压供电电源为3kV时，额定功率 $P_N \geqslant 100$kW 的电动机应选用额定电压为3kV

的电动机，额定功率 $P_N < 100kW$ 的电动机应选用额定电压为380V 的电动机。

我国生产的常用电动机的额定电压与功率见表6-2。

表6-2　常用电动机的额定电压与功率

电压/V	容量范围/kW		
	交流电动机		
	同步电动机	笼型异步电动机	绕线转子异步电动机
380 6000 10 000	3～320 250～10 000 1000～10 000	0.37～320 200～5000	0.6～320 200～500
	直流电动机		
110 220 440	0.25～110 0.25～320 1.0～500		

6.1.4　电动机额定转速的选择

额定功率相同的电动机，额定转速越高，电动机的体积越小，重量越轻，成本越低，效率和功率因数一般也越高，因此选用高速电动机较为经济。但是，由于生产机械对转速的要求一定，电动机的转速选得太高，势必加大传动机构的转速比，导致传动机构复杂化和传动效率降低。此外，电动机的转矩与“输出功率/转速”成正比，额定功率相同的电动机，极数越少，转速就越高，但转矩将会越小。因此，一般应尽可能使电动机与生产机械的转速一致，以便采用联轴器直接传动；如果两者转速相差较多时可选用比生产机械的转速稍高的电动机，采用带传动等。

额定转速应综合分析电动机和生产机械两方面的各种因素确定。

对于连续工作，起动、制动和反转不频繁的电力拖动系统，主要从设备投资、占地面积、维护检修等几个方面进行技术比较，最后确定电动机的额定转速。

对于经常起动、制动和反转的电力拖动系统，且过渡过程的持续时间对加工机械的生产率影响较大，如龙门刨、轧钢机等，主要根据过渡过程时间最短的条件选择电动机的额定转速。

几种常用负载所需电动机的转速如下，仅供参考。

1）泵：主要使用2极、4极三相异步电动机（同步转速为3000r/min 或1500 r/min）。

2）压缩机：采用带传动时，一般选用4极、6极三相异步电动机（同步转速为1500r/min 或1000 r/min）；采用直接传动时，一般选用6极、8极三相异步电动机（同步转速为1000r/min 或750 r/min）。

3）轧钢机、破碎机：一般选用6极、8极、10极三相异步电动机（同步转速为1000r/min、750 r/min 或600 r/min）。

4）通风机、鼓风机：一般选用2极、4极三相异步电动机。

总之，选用电动机的转速需要综合考虑，既要考虑负载的要求，又要考虑电动机与传动机构的经济性等。具体根据某一负载的运行要求，进行方案设计。但一般情况下，多选用同步转速为1500r/min 的三相异步电动机。

6.1.5 电动机种类的选择

电动机种类很多，有异步电动机、直流电动机、同步电动机等。为生产机械选择电动机的种类，首先是要满足生产机械对电动机的机械特性、起动性能、调速性能、制动方法、过载能力等的要求。在满足性能要求的前提下，再优先选用结构简单、运行可靠、维修方便、价格便宜的电动机，在这些方面交流电动机优于直流电动机，交流异步电动机优于交流同步电动机，笼型异步电动机优于绕线转子异步电动机。

常用电动机的主要种类、性能特点及典型应用实例见表6-3，供选择电动机的种类时参考。需要指出的是，随着电动机控制技术的发展，原来使用直流电动机调速的一些生产机械，现在可以改用交流电动机变频调速系统进行拖动。

表6-3 电动机的主要种类、性能特点及典型应用实例

<table>
<tr><th colspan="4">电动机种类</th><th>主要性能特点</th><th>典型生产机械举例</th></tr>
<tr><td rowspan="7">交流电动机</td><td rowspan="4">三相异步电动机</td><td rowspan="3">笼型转子</td><td>普通笼型</td><td>机械特性硬、起动转矩不大、调速时需要调速设备</td><td>调速性能要求不高的各种机床、水泵、通风机等</td></tr>
<tr><td>高起动转矩</td><td>起动转矩大</td><td>带冲击性负载的机械、如剪床、冲床、锻压机等</td></tr>
<tr><td>多速</td><td>有几档转速（2~4速）</td><td>要求有级调速的机床、电梯、水泵、通风机等</td></tr>
<tr><td colspan="2">绕线转子</td><td>机械特性硬（转子串电阻后变软）、起动转矩大、调速方法多、调速性能及起动性能较好</td><td>要求有一定调速范围、调速性能较好的生产机械，以及起动、制动频繁且对起动、制动转矩要求高的生产机械，如起重机、矿井提升机、压缩机、不可逆轧钢机等</td></tr>
<tr><td colspan="3">单相异步电动机</td><td>功率小，机械特性硬、起动性能较差</td><td>用于仅有单相电源供电的小功率电气设备，如空调、洗衣机、电风扇等家用电器，以及医疗设备和农副产品加工机械等</td></tr>
<tr><td colspan="3">同步电动机</td><td>转速不随负载变化、功率因数可调节</td><td>转速恒定的大功率生产机械，如大中型鼓风及排风机、泵、压缩机、连续式轧钢机和球磨机等</td></tr>
<tr><td colspan="3">变频调速用交流电动机</td><td>机械特性硬、调速范围宽、平滑性好</td><td>要求调速范围大、调速平滑的龙门刨床、高精度车床、可逆轧钢机和电梯等</td></tr>
<tr><td rowspan="3">直流电动机</td><td colspan="3">他励、并励</td><td>机械特性硬、起动转矩大、调速范围宽、平滑性好</td><td>调速性能要求高的生产机械，如大型机床（车、铣、刨、磨、镗）、高精度车床、可逆轧钢机、造纸机和印刷机等</td></tr>
<tr><td colspan="3">串励</td><td>机械特性软、起动转矩大、过载能力强、调速方便</td><td rowspan="2">要求起动转矩大、机械特性软的机械，如电车、电气机车、起重机、吊车、卷扬机和电梯等</td></tr>
<tr><td colspan="3">复励</td><td>机械特性硬度适中、起动转矩大、调速方便</td></tr>
</table>

6.1.6 电动机的结构及安装型式的选择

1. 常用电动机的结构及安装型式

电动机的结构及安装型式代号，由“国际安装”的英文缩写字母“IM”表示。卧式安

装电动机的安装型式代号由字母IM，空一格，随后为字母B和1位或2位数字组成；立式安装电动机的安装型式代号由字母IM，空一格，随后为字母V和1位或2位数字组成。常用电动机的结构及安装型式见表6-4。

表6-4 常用电动机的结构及安装型式

安装代号	结构型式	安装型式
IMB3	有底脚，无凸缘	卧式安装：借底脚安装，底脚在下
IMB5	无底脚，端盖上带凸缘，凸缘有通孔，凸缘在轴伸端	卧式安装：借凸缘面安装
IMB35	有底脚，端盖上带凸缘，凸缘有通孔	卧式安装：借底脚安装，用轴伸端的凸缘面作附加安装
IMV1	无底脚，端盖上带凸缘，凸缘有通孔	立式安装：借轴伸端的凸缘面安装，轴伸端向下
IMV3	无底脚，端盖上带凸缘，凸缘有通孔	立式安装：借轴伸端的凸缘面安装，轴伸端向上

2. 电动机安装型式的选择

电动机的安装方式有卧式和立式两种。卧式安装时，电动机的转轴处于水平位置。立式安装时，电动机的转轴则为垂直地面的位置。两种安装方式的电动机使用的轴承不同，立式的价格较高。一般情况下采用卧式安装。通风机一般采用IMB35安装型式，其底脚用于固定电动机，其轴伸端的凸缘面用于固定通风管道。深井泵用电动机和潜水电泵的电动机一般采用立式安装。

3. 电动机轴伸个数的选择

伸出到电动机端盖外面与负载连接或安装测速装置的转轴部分，称为轴伸。电动机有单轴伸和双轴伸两种，多数情况下采用单轴伸。某些特殊设备（如电动砂轮机等）采用双轴伸。

4. 电动机冷却方式的选择

电动机的冷却方式主要指电动机冷却回路的布置方式、冷却介质的性质以及冷却介质的推动方式（如自扇冷式、他扇冷式、管道通风式）等。一般用途的电动机用空气作为冷却介质，采用机壳表面冷却方式。

6.1.7 电动机防护型式的选择

1. 常用电动机的防护型式

电动机的外壳防护型式分两种。第一种，防止固体异物进入电动机内部及防止人体触及电动机内的带电或运动部分的防护；第二种，防止水进入电动机内部程度的防护。

电动机外壳防护等级的标志由字母IP和两个数字表示。IP后面的第一个数字代表第一种防护型式（防尘）的等级，见表6-5；第二个数字代表第二种防护型式（防水）的等级，见表6-6。数字越大，防护能力越强。

表6-5　电动机的外壳按防止固体异物进入内部及防止人体触及内部的带电或运动部分划分的防护等级

防护等级	简　称	定　义
0	无防护	没有专门的防护
1	防止大于50mm的固体进入的电动机	能防止直径大于50mm的固体异物进入壳内，能防止人体的某一大面积部分（如手）偶然或意外地触及壳内带电或运动部分，但不能防止有意识地接近这些部分
2	防止大于12mm的固体进入的电动机	能防止直径大于12mm的固体异物进入壳内，能防止手指、长度不超过80mm物体触及或接近壳内带电或运动部分
3	防止大于2.5mm的固体进入的电动机	能防止直径大于2.5mm的固体异物进入壳内，能防止厚度（或直径）大于2.5mm的工具、金属线等触及或接近壳内带电或转动部分
4	防止大于1mm的固体进入的电动机	能防止直径大于1mm的固体异物进入壳内，能防止厚度（或直径）大于1mm的导线、金属条等触及或接近壳内带电或转动部分
5	防尘电动机	能防止触及或接近机内带电或转动部分。不能完全防止尘埃进入，但进入量不足以影响电机的正常运行

表6-6　电动机外壳按防止水进入内部程度的防护等级

防护等级	简　称	定　义
0	无防护电动机	没有专门的防护
1	防滴电动机	垂直的滴水应无有害影响
2	15°防滴电动机	与铅垂线成15°角范围内的滴水，应无有害影响
3	防淋水电动机	与铅垂线成60°角范围内的淋水，应无有害影响
4	防溅水电动机	任何方向的溅水应无有害的影响
5	防喷水电动机	任何方向的喷水应无有害的影响
6	防海浪电动机	猛烈的海浪或强力喷水应无有害的影响
7	防浸水电动机	在规定的压力和时间内浸在水中，进入水量应无有害的影响
8	潜水电动机	在规定的压力下长时间浸在水中，进入水量应无有害的影响

2. 电动机防护型式的选择

为了防止电动机被周围介质损坏，或者为了防止电动机本身的故障引起灾害，应根据不同的环境选择适当的防护型式。常用电动机的防护型式有开启式、防滴式、封闭式和防爆式等。

1）开启式电动机的定子两侧和端盖上都有很大的通风口，散热好，价格便宜，但容易进灰尘、水滴和铁屑等杂物，只能在清洁、干燥的环境中使用。

2）防滴式（又称防护式）电动机（IP23）的机座和端盖下方开有通风口，散热好，能防止灰尘、水滴、铁屑从上方落入电动机内，但是不能防止外部的潮气和灰尘进入电动机内，适用于比较干燥、没有腐蚀性和爆炸性气体的环境。

3）封闭式电动机（IP44、IP54）的机座和端盖下无通风口，完全封闭，外部的潮气和灰尘不易进入，多用于灰尘多、潮湿等恶劣环境中。

4）密封式电动机的密封程度高，外部的气体和液体都不能进入电动机，可以浸在液体中使用。例如：潜水电动机是一种用于水下驱动的动力源，它常与潜水泵组装成潜水电泵机组或直接在潜水电动机的轴伸端装上泵部件组成机泵合一的潜水电泵产品，潜入井下或江、河、湖泊、海洋水中以及其他任何场合的水中工作。

5）防爆式电动机不仅有严密的封闭结构，而且外壳有足够的机械强度。进一步加强了机械、电气和热保护措施，使之在过载条件下避免出现电弧、火花或高温危险，确保防爆安全性。防爆电动机适用于石油、化工、制药、煤矿及储存、输送燃料油等行业中具有易燃、易爆的气体的场合。

6.2　电动机的发热与电动机工作制的分类

6.2.1　电动机的发热过程

电动机的发热是由于工作时其内部产生损耗 ΔP 造成的，由于电动机运行时的发热情况较为复杂，为方便起见，假定电动机为一均质等温固体，即假定电动机是一个表面均匀散热，内部没有温差的理想发热体。

设电动机在恒定负载下长期连续工作，单位时间内由电动机损耗所产生的热量为 Q，则在 $\mathrm{d}t$ 时间内产生的热量为 $Q\mathrm{d}t$，其中一部分为电动机所吸收（使电动机温度升高），另一部分散发于周围介质中，为此可得热平衡方程式

$$Q\mathrm{d}t = C\mathrm{d}\tau + A\tau\mathrm{d}t \tag{6-2}$$

式中，C 为电动机的热容，即使电动机温度升高 1℃所需的热量；$\mathrm{d}\tau$为电动机在 $\mathrm{d}t$ 内温度升高的数值；A 为电动机的散热系数，为电动机与周围环境温度相差 1℃时，单位时间向周围介质散发的热量；τ为电动机的温升。

式（6-2）两边同时除以 $A\mathrm{d}t$，则得微分方程

$$\tau + \frac{C}{A}\frac{\mathrm{d}\tau}{\mathrm{d}t} = \frac{Q}{A} \tag{6-3}$$

令 $C/A = T_\theta$，$Q/A = \tau_W$，得基本形式的微分方程

$$\tau + T_\theta\frac{\mathrm{d}\tau}{\mathrm{d}t} = \tau_W \tag{6-4}$$

解此微分方程，则可得温升曲线方程式

$$\tau = \tau_W(1 - e^{-t/T_\theta}) + \tau_Q e^{-t/T_\theta} \tag{6-5}$$

式中，τ_Q 为发热过程的起始温升（又称初始温升）；τ_W 为稳定温升；T_θ 为发热时间常数。

若起动时电动机处于冷态，$\tau_Q = 0$，则式（6-5）可以化简为

$$\tau = \tau_W(1 - e^{-t/T_\theta}) \tag{6-6}$$

由式（6-5）和式（6-6）可以作出两条$\tau = f(t)$曲线，如图 6-1 所示。曲线 1 为起始温升$\tau_Q \neq 0$ 时的温升曲线，曲线 2 为起始温升$\tau_Q = 0$ 时的温升曲线。

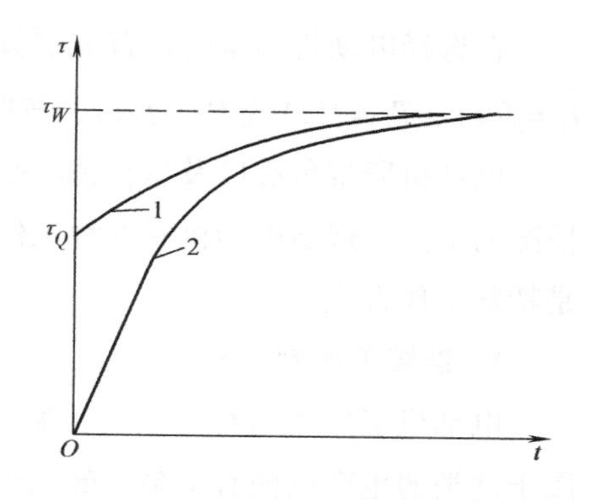

图 6-1　电动机的发热过程曲线

可见，温升是按指数规律上升的，最终趋于稳定温升τ_W，这时电动机的发热量等于散热量，即

$$\tau_W=\frac{Q_N}{A}=\frac{0.24\times\Delta P_N}{A} \tag{6-7}$$

式中，ΔP_N、Q_N 分别为电动机在额定功率下运行时的损耗功率及热流量。

稳定温升τ_W 与发热量、电动机损耗和负载大小有关。负载越重，τ_W 就越高；同时，散热系数 A 越大，则τ_W 越低。电动机在运行中只要发出的热流量 $Q\leqslant Q_N$ 或 $\Delta P\leqslant\Delta P_N$，电动机温度就不会超过允许值。

因为 $T_\theta=C/A$，所以电动机的体积越大，C 越大，T_θ 就越大，同时，散热系数 A 越大，则 T_θ 越小。

6.2.2　电动机的冷却过程

电动机的负载减小或停机时，其损耗下降或为零，温升下降，电动机进入冷却过程。冷却过程的温升曲线方程与发热时相同，只是发热过程的$\tau_W>\tau_Q$，而冷却过程的$\tau_W<\tau_Q$。由此可得电动机冷却过程的温升曲线如图 6-2 所示。

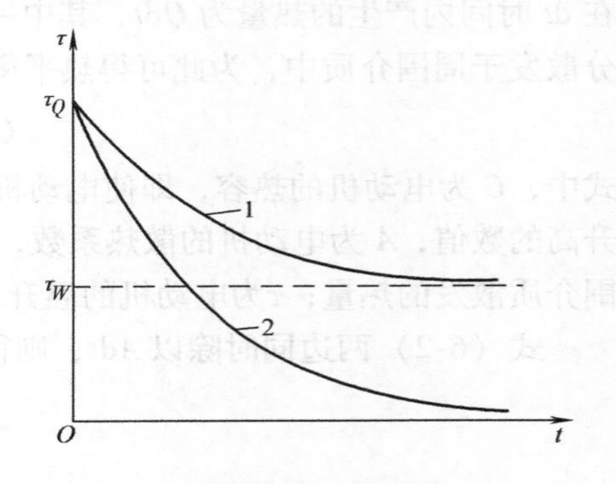

图 6-2　电动机的冷却过程曲线

图 6-2 中，曲线 1 为负载减小时的温升曲线，曲线 2 为停机时的温升曲线。因为停机时$\tau_W=0$，所以曲线方程为

$$\tau=\tau_Q e^{-t/T'_\theta} \tag{6-8}$$

式中，T'_θ为冷却时间常数，$T'_\theta=C/A'$。

如果电动机为外部风冷，则此曲线的时间常数$T'_\theta=T_\theta$，如果用自扇冷式，则由于散热条件变差，冷却时间常数 $T'_\theta=(2\sim3)T_\theta$。

6.2.3　电动机工作制的分类

在选择电动机容量时，首先要知道生产机械在生产过程中负载随时间的变化关系，即 $I_L=f(t)$、$T_L=f(t)$ 或 $P_L=f(t)$，按照此关系绘制的曲线称为生产机械的负载图。

电动机所带负载以及运行情况是多种多样的，按照电动机工作时间的长短与发热和冷却情况的不同，规定电动机有九种工作方式（或称工作制）。其中三种是基本工作方式，六种是特殊工作方式。

1. 连续工作制（S1）

电动机工作时间 t_g 很长，其温升可达稳定值，即 $t_g>(3\sim4)T_\theta$，可达几小时甚至几天。属于这类的生产机械有水泵、鼓风机、造纸机、机床主轴等。其简化负载图 $P=f(t)$ 及温升曲线$\tau=f(t)$ 如图 6-3所示。

2. 短时工作制（S2）

电动机的工作时间较短，一般 $t_g < (3 \sim 4)T_\theta$，在此时间内温升达不到稳定值，而停车时间 t_0 又较长，电动机的温度可以降到周围介质的温度，即温升为零。属此类的生产机械有机床的辅助运动机械、某些冶金辅助机械、水闸闸门启闭机等。负载图 $P=f(t)$ 及温升曲线 $\tau=f(t)$ 如图 6-4 所示。国标规定短时工作制标准时限为 15min、30min、60min、90min。

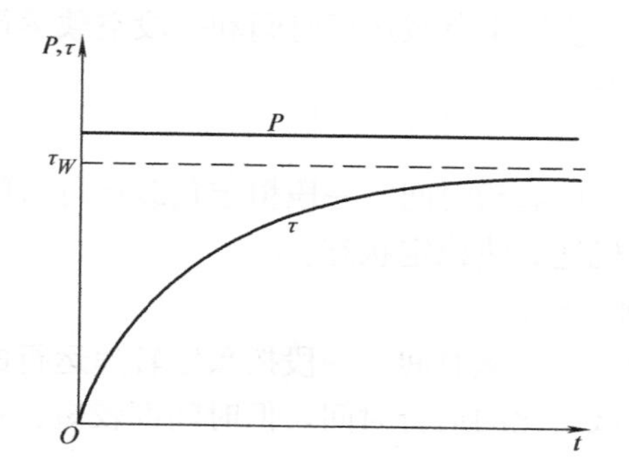

图 6-3　连续工作制时的负载和温升曲线

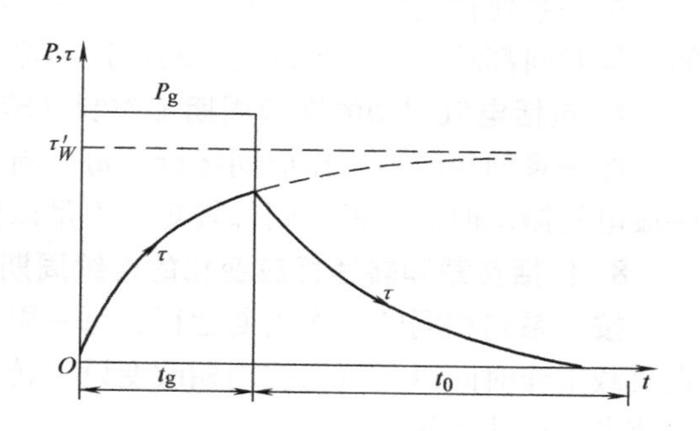

图 6-4　短时工作制时的负载和温升曲线

3. 断续周期工作制（S3）

工作时间 t_g 和停歇时间 t_0 轮流交替，两段时间都短。t_g 期间，温升来不及达到稳定值，t_0 期间，温升也来不及降至零。但经过一个周期，温升有所上升，最后温升将在某一范围内上下波动。例如起重机、电梯、轧钢辅助机械等。负载图 $P=f(t)$ 及温升曲线 $\tau=f(t)$ 如图 6-5所示。

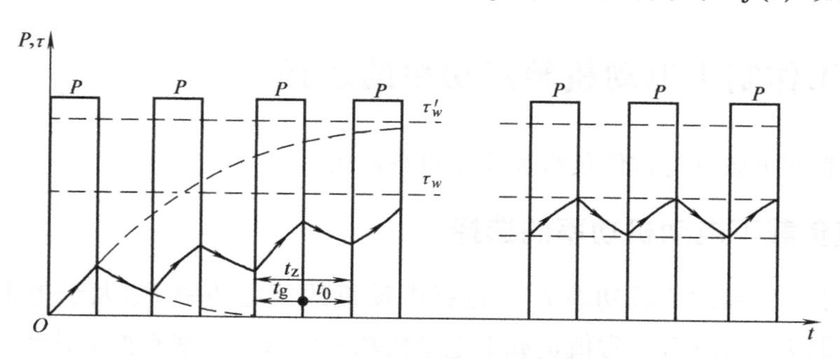

图 6-5　断续工作制时的负载和温升曲线

在断续周期工作制中，负载工作时间与整个周期之比称为负载持续率 $ZC\%$（或 $FC\%$）

$$ZC\% = \frac{t_g}{t_g + t_0} \times 100\% \tag{6-9}$$

我国规定的标准负载持续率为 15%、25%、40%、60% 四种，并规定 $t_g + t_0 \leqslant 10\text{min}$。电机厂专门设计和制造了适应不同工作制的电动机，供不同的负载性质选配。

4. 包括起动的断续周期工作制（S4）

电动机工作于一系列相同的断续工作周期，每个周期包括一段对电动机温升有明显影响的起动时间，一段恒定负载运行时间和一段停止运行时间。但这些时间都较短，不足以使电动机达到热稳定状态。起重机及冶金、建筑机械用电动机通常为S4工作制，如电动葫芦用锥形转子三相异步电动机，负载持续率为25%，通电起动次数为每小时120次。

5. 包括电气制动的断续周期工作制（S5）

按一系列相同的工作周期运行，每一周期包括一段起动时间、一段恒定负载运行时间、一段电气制动时间和一段停止运行时间。但时间都较短，不足以使电动机达到热稳定状态。

6. 连续周期工作制（S6）

按一系列相同的工作周期运行，每一周期包括一段恒定负载运行时间和一段空载运行时间。但时间都较短，不足以使电动机达到热稳定状态。

7. 包括电气制动的连续周期工作制（S7）

按一系列相同的工作周期运行，每一周期包括一段起动时间、一段恒定负载运行时间和一段电气制动时间。但时间都较短，不足以使电动机达到热稳定状态。

8. 包括负载和转速相应变化的连续周期工作制（S8）

按一系列相同的工作周期运行，每一周期包括一段加速时间、一段按预定转速运行的恒定负载工作时间以及可以按周期改变设定转速和负载变化的运行时间。但时间都较短，不足以使电动机达到热稳定状态。

9. 负载和转速作非周期变化的工作制（S9）

负载和转速在允许范围内作非周期变化的工作制，包括：经常性过载，其值可远远超过基准负载。

电机厂专门设计和制造了适应不同工作制的电动机，供按不同的负载性质选配。不同工作制下电动机功率的选择方法是不同的。下面以三种重点基本工作制为主说明电动机功率选择的方法。

6.3 连续工作制下电动机额定功率的选择

连续工作制的负载分为常值负载和变化负载两类。

6.3.1 常值负载下电动机功率的选择

先计算出生产机械的负载功率 P_L，选择电动机的额定功率 P_N 大于等于负载功率，即 $P_N \geqslant P_L$，一般取 $P_N = 1.1P_L$。常值负载下电动机功率的选择步骤有如下几步。

1. 计算负载功率 P_L

首先介绍几种常见的负载功率 P_L 的计算公式。

（1）直线运动机械的负载功率 P_L（W）

$$P_L = \frac{F_L v}{\eta} \tag{6-10}$$

式中，F_L 为生产机械的静阻力（N）；v 为生产机械的速度（m/s）；η 为传动装置的效率，直接连接时取0.95~1，带传动取0.9。

（2）旋转运动机械的负载功率 P_L（W）

$$P_L = \frac{T_L n_L}{9.55\eta} \tag{6-11}$$

式中，T_L 为生产机械的静转矩（N·m）；n_L 为生产机械的速度（r/min）；η 为传动装置的效率，取值同上。

(3) 泵类机械的负载功率 P_L（kW）

$$P_L = \frac{Q\gamma H}{102\eta\eta_1} \tag{6-12}$$

式中，Q 为泵的流量（m^3/s）；H 为馈送高度（扬程）（m）；γ 为液体密度（kg/m^3）；102 为因数，等于1000/9.8；η_1 为泵的效率，其中低压离心泵 $\eta_1 = 0.3 \sim 0.6$，高压离心泵 $\eta_1 = 0.5 \sim 0.8$，活塞泵 $\eta_1 = 0.8 \sim 0.9$；η 为传动装置的效率，取值同上。

(4) 风机类机械的负载功率 P_L（W）

$$P_L = \frac{Qh}{\eta\eta_1} \tag{6-13}$$

式中，Q 为气体流量（m^3/s）；h 为风机压力（N/m^2）；η_1 为风机的效率，大型风机 $\eta_1 = 0.5 \sim 0.8$，中型风机 $\eta_1 = 0.3 \sim 0.5$，小型风机 $\eta_1 = 0.2 \sim 0.5$；η 为传动装置的效率，取值同上。

2. 按负载功率 P_L 选择电动机的额定功率 P_N

电动机的额定功率是按标准环境温度40℃确定的。如果使用时周围环境温度与标准值40℃相差较大，为了充分利用电动机，其输出功率可与 P_N 不同。

根据发热等效的原则，即在不同的环境温度下，带负载运行时电动机的温度均达绝缘材料的最高允许温度 θ_m 这一原则，可以推导出电动机在实际环境温度为 θ_0 时允许输出功率 P 的计算公式

$$P = P_N\sqrt{\frac{\theta_m - \theta_0}{\theta_m - 40}(k+1) - k} \tag{6-14}$$

式中，θ_m 为绝缘材料允许的最高温度；k 为不变损耗（空载损耗）与额定负载下可变损耗（铜耗）之比，$k = p_0/p_{CuN}$，其值决定于电动机的结构与转速，一般为0.4～1.1，直流电动机 $k = 1.0 \sim 1.5$，笼型异步电动机 $k = 0.5 \sim 0.7$，大型绕线转子异步电动机 $k = 0.9 \sim 1$。

显然，如果 $\theta_0 > 40℃$，则 $P < P_N$；$\theta_0 < 40℃$，则 $P > P_N$。

实际工作中，也可按表6-7近似确定 θ_0 不等于40℃时电动机允许输出的功率 P。

表6-7 不同环境温度下电动机容量的修正

环境温度/℃	30	35	40	45	50	55
电动机功率增减的百分数(%)	+8	+5	0	−5	−12.5	−25

环境温度低于30℃时，一般电动机功率也只增加8%。

必须指出，工作环境的海拔对电动机温升有影响，这是由于海拔越高，虽然气温降低越多，但由于空气稀薄，散热条件大为恶化。这两方面的因素互相补偿，因此规定，使用地点的海拔不超过1000m时，额定功率不必进行校正。当海拔在1000m以上时，平原地区设计的电动机，出厂试验时必须把允许温升降低，才能供高原地带应用。

此外，空气湿度对电动机工作也有影响，湿度较大，绝缘降低。一般要求年平均相对湿度不应超过85%。

例6-1 一台与电动机直接连接的离心式水泵，流量为 $Q = 90m^3/h$，扬程为25m，转速为2900r/min，泵的效率 $\eta_1 = 0.78$，试选择电动机。

解：泵类机械的负载功率 P_L

$$P_L = \frac{Q\gamma H}{102\eta\eta_1} = \frac{\frac{90}{3600} \times 1000 \times 25}{102 \times 0.95 \times 0.78} \text{kW} = 8.3\text{kW}$$

选一台 Y2 系列的异步电动机即可，其数据为：$P_N = 11\text{kW}$，$U_N = 380\text{V}$，$n_N = 2920\text{r/min}$。对选用的电动机不必进行发热校验。

6.3.2　变化负载下电动机功率的选择

电动机带变化负载运行时，其发热量不断变化，温升也不断变化，但长时间运行后，温升应在一个小范围内波动。若按其最小负载功率选择电动机的额定功率 P_N，会使电动机过热甚至烧坏；如按其最大负载来选，则会造成电动机容量的浪费。解决这一问题的方法是根据一个周期内各段时间实际的负载功率求取平均负载功率，然后根据平均负载功率预选电动机。选择电动机的功率，应保证运行时最高温升不超过电动机的最高允许温升。

在变化负载下所使用的电动机，一般是为常值负载工作而设计的。因此，这种电动机用于变化负载下的发热情况，必须进行校验。所谓发热校验，就是看电动机在整个运行过程中所达到的最高温升是否接近并低于允许温升，因为只有这样，电动机的绝缘材料才能充分利用而又不至过热。

变化负载下电动机功率选择的一般步骤如下：

1）计算并绘制生产机械负载图。

2）预选电动机功率。

可以根据经验或参考类似系统来预选功率。利用生产机械的平均功率来预选功率。连续周期性变化负载的平均功率和平均转矩可按下列公式计算：

$$P_{zd} = \frac{P_{z1}t_1 + P_{z2}t_2 + \cdots}{t_1 + t_2 + \cdots} = \frac{\sum_1^n P_{zi}t_i}{\sum_1^n t_i} \tag{6-15}$$

$$T_{zd} = \frac{T_{z1}t_1 + T_{z2}t_2 + \cdots}{t_1 + t_2 + \cdots} = \frac{\sum_1^n T_{zi}t_i}{\sum_1^n t_i} \tag{6-16}$$

在过渡过程中，可变损耗与电流二次方成正比，电动机发热较为严重，上述平均功率和平均转矩中没有反映过渡过程中的发热情况。因此，根据平均负载功率或平均负载转矩预选电动机的额定功率时应当乘以 1.1～1.6 的系数，即

$$P_N \geqslant (1.1 \sim 1.6) P_{zd} \tag{6-17}$$

或

$$P_N \geqslant (1.1 \sim 1.6) \frac{T_{zd} n_N}{9550} \tag{6-18}$$

3）计算预选电动机负载图。

4）利用电动机负载图，进行发热、过载、起动校验。

预选电动机后先校核发热，后校核过载能力，必要时再校核起动能力。

校核发热的方法有平均损耗法和等效法，等效法中又包括等效电流法、等效转矩法和等效功率法。

1. 平均损耗法

根据国家标准规定，当变化周期 $t_z \leqslant 10\text{min}$ 时，周期性变化负载下电动机的稳定温升不会有大的波动，可用平均温升代替最高温升，因此可以用平均损耗来校核发热。电动机发热量 Q 正比于损耗，所以只要电动机的平均损耗不超过额定损耗，其温升就不会超过容许温升。

平均损耗法利用电动机负载图和预选电动机效率曲线，求出每段时间的损耗功率。平均损耗可按下式计算：

$$\Delta P_\text{d} = \frac{\sum_1^n \Delta P_i t_i}{\sum_1^n t_i} \tag{6-19}$$

式中，ΔP_i 为第 i 段电动机的损耗，$\Delta P_i = \dfrac{P_i}{\eta_i} - P_i$。

只要 $\Delta P_\text{d} \leqslant \Delta P_\text{N}$，发热校核通过，其中 $\Delta P_\text{N} = \dfrac{P_\text{N}}{\eta_\text{N}} - P_\text{N}$ 为电动机额定运行时的损耗。

如果 $\Delta P_\text{d} > \Delta P_\text{N}$，说明预选电动机功率小，发热校验通不过，需重选功率较大的电动机，重新校核发热直至通过。

如果 $\Delta P_\text{d} \ll \Delta P_\text{N}$，说明预选电动机功率太大，电动机得不到充分利用，这时需改选功率较小的电动机，重新进行发热校验。

平均损耗法适用于任何类型电动机，只要 $t_z \leqslant 10\text{min}$ 即可。

2. 等效法

平均损耗法需先求出 $\Delta P = f(t)$，计算步骤比较复杂，一般采用以下三种等效法。

(1) 等效电流法

等效电流法用一个等效电流 I_dx 来代替实际电流，两者发热相等。电动机的损耗包含不变损耗和可变损耗两类，为此变化负载下第 i 级负载的损耗可以表示为

$$\Delta P_i = p_0 + p_{\text{Cu}i} = p_0 + CI_i^2 \tag{6-20}$$

把平均损耗 ΔP_d 中可变损耗所对应的电流称为等效电流 I_dx，则有

$$p_0 + CI_\text{dx}^2 = \frac{\sum_1^n (p_0 + CI_i^2)t_i}{\sum_1^n t_i} = p_0 + \frac{C\sum_1^n I_i^2 t_i}{\sum_1^n t_i} \tag{6-21}$$

化简可得

$$I_\text{dx} = \sqrt{\frac{\sum_1^n I_i^2 t_i}{\sum_1^n t_i}} \tag{6-22}$$

在预选电动机之后，根据生产机械的负载变化曲线和电动机的工作情况，求出电动机电流的变化曲线 $I=f(t)$，从而按上式求出等效电流 I_{dx}，如果 $I_{dx}\leqslant I_N$，则发热校验通过，否则需重选电动机，再进行校核，直至通过为止。

等效电流法是从平均损耗法引申出来的，在推导 I_{dx} 的过程中，认为空载损耗 p_0 和常数 C 都不变。故应用此法需符合三个条件：①$t_z\leqslant T_\theta$ 或 $t_z\leqslant 10\text{min}$；②空载损耗 p_0 不变；③与绕组电阻有关的 C 不变。

（2）等效转矩法

如果已知的不是电流负载图而是转矩负载图，且转矩与电流成正比，可用等效转矩 T_{dx} 来代替等效电流 I_{dx}，计算公式为

$$T_{dx}=\sqrt{\frac{\sum_{1}^{n}T_i^2t_i}{\sum_{1}^{n}t_i}} \tag{6-23}$$

如果预选电动机的 $T_{dx}\leqslant T_N$，则发热校验通过。T_N 可由预选电动机的 P_N 和 n_N 通过下式求得：

$$T_N=9550\frac{P_N}{n_N} \tag{6-24}$$

由于等效转矩法是由等效电流法推导得到的，所以应用此法的条件除等效电流法的三个条件以外，还要满足第四个条件：T_e 与 I 成正比。如不满足此条件，应用此方法时应修正各段的 T_i。

（3）等效功率法

若整个工作期间转速基本不变，输出功率近似与转矩成正比，则可用功率代替转矩，这就叫等效功率法。等效功率计算公式为

$$P_{dx}=\sqrt{\frac{\sum_{1}^{n}P_i^2t_i}{\sum_{1}^{n}t_i}} \tag{6-25}$$

如果预选电动机的 $P_{dx}\leqslant P_N$，发热校验通过。

由于等效功率法是在等效转矩法的基础上，加上转速基本不变的条件推导出来的，所以等效功率法的使用条件除以上四个条件外，还要加上第五个条件：转速保持基本不变。如果某段转速不同，则应进行折算以修正各段的 P_i。

6.3.3 有起动、制动及停歇过程时校验发热公式的修正

当一个周期内包含起动、制动、停歇等过程时，如果电动机是自扇冷式的，由于这些时间段中散热条件变坏，实际温升会偏高。按平均损耗法或等效法计算时，应将公式分母中相应的起动与制动时间乘以小于1的系数 α，在对应停歇的时间上乘以系数 α_0。对直流电动机，可取 $\alpha=0.75$，$\alpha_0=0.5$；对于异步电动机，可取 $\alpha=0.5$，$\alpha_0=0.25$。

以图6-6所示负载图为例。图中，t_1 为起动时间，t_2 为稳定运转时间，t_3 为制动时间，t_0 为停歇时间，I_1、I_2、I_3 分别为起动、稳定运转和制动过程中的电流。则修正后的等效电

流为

$$I_{\mathrm{dx}}=\sqrt{\frac{I_1^2t_1+I_2^2t_2+I_3^2t_3}{at_1+t_2+at_3+a_0t_0}} \tag{6-26}$$

以上方法以等效电流法为例推得，同样适用于等效转矩法和等效功率法。

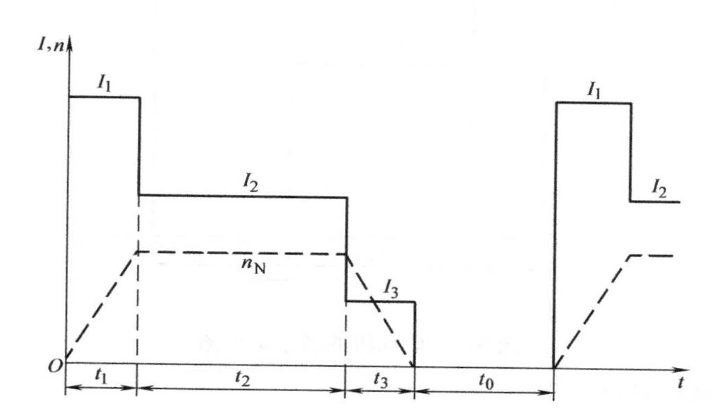

图 6-6　有起动、制动、停歇过程的负载图

6.3.4　等效法在非恒值变化负载下的应用

设有非恒值变化负载如图 6-7 的电流负载图所示，其等效电流为

$$I_{\mathrm{dx}}=\sqrt{\frac{\int_0^{\sum t}i^2\mathrm{d}t}{\int_0^{\sum t}\mathrm{d}t}}=\sqrt{\frac{\int_0^{\sum t}i^2\mathrm{d}t}{\sum t}} \tag{6-27}$$

另一种较简便的方法是把变化曲线分成许多直线段，求出各段的等效值，然后求出等效电流值。图 6-7 中曲线除包含恒值部分外，还有三角形和梯形段。这时需先求出三角形段和梯形段的等效电流。

由于三角形段电流具有 $I=\frac{I_1}{t_1}t$ 的特点，电流等效值大小为

$$I_{\mathrm{dx1}}=\sqrt{\frac{1}{t_1}\int_0^{t_1}\frac{I_1^2}{t_1^2}t^2\mathrm{d}t}=\frac{I_1}{\sqrt{3}} \tag{6-28}$$

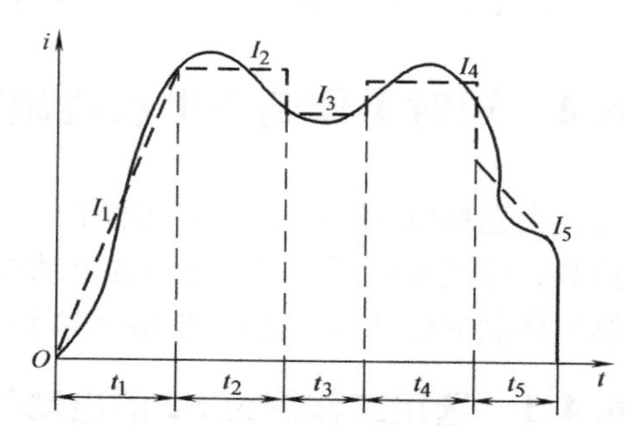

图 6-7　非恒值变化负载的电流负载图

梯形段等效电流用同样方法可得

$$I_{\mathrm{dx5}}=\sqrt{\frac{I_4^2+I_4I_5+I_5^2}{3}} \tag{6-29}$$

以上方法以等效电流法为例推得，同样适用于等效转矩法和等效功率法。

例 6-2　一台他励直流电动机，$P_{\mathrm{N}}=7.5\mathrm{kW}$，$n_{\mathrm{N}}=1500\mathrm{r/min}$。一个周期的转矩负载图如图 6-8 所示，已知电动机起动阶段$T_{\mathrm{L1}}=60\mathrm{N\cdot m}$，起动时间为 5s；运行阶段$T_{\mathrm{L2}}=40\mathrm{N\cdot m}$，运

行时间为 25s；制动阶段 $T_{L3}=-32\text{N}\cdot\text{m}$，制动时间为 3s；停机时间为 10s；试对该电动机进行发热校验。

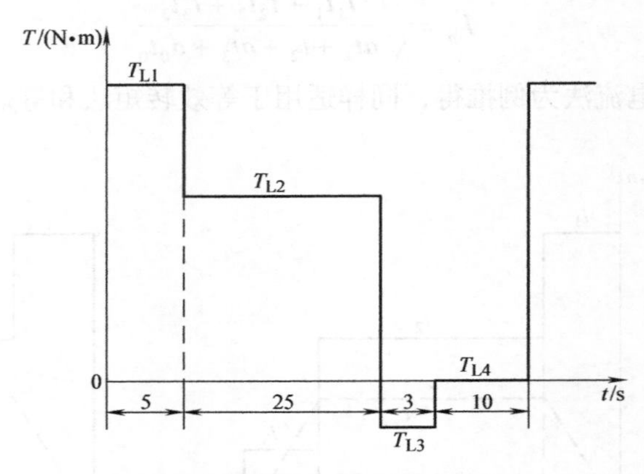

图 6-8　电动机的转矩负载图

解: 负载的等效转矩为

$$T_{dx}=\sqrt{\frac{T_1^2t_1+T_2^2t_2+T_3^2t_3}{at_1+t_2+at_3+a_0t_0}}$$

$$=\sqrt{\frac{60^2\times5+40^2\times25+(-32)^2\times3}{0.75\times5+25+0.75\times3+0.5\times10}}\text{N}\cdot\text{m}=41.19\text{N}\cdot\text{m}$$

电动机的额定转矩为

$$T_N=9550\frac{P_N}{n_N}=9550\times\frac{7.5}{1500}\text{N}\cdot\text{m}=47.75\text{N}\cdot\text{m}$$

由于预选电动机的 $T_N>T_{dx}$，电动机的发热校验通过。

6.4　短时工作制下电动机额定功率的选择

在选择电动机时，电动机的工作制应尽量与负载的工作制一致。所以对于短时工作制的负载，应优先选用短时工作制的电动机，如果没有专用的短时工作制的电动机，也可选用连续工作制的电动机，还可选用断续周期工作制的电动机。

6.4.1　选用工作制为 S2 的电动机

我国专为短时工作制设计的电动机，其工作时间为 15min、30min、60min 和 90min 四种。对同一台电动机，对应不同的工作时间，其额定功率不同，关系为 $P_{15}>P_{30}>P_{60}>P_{90}$，显然过载能力也不同，其关系为 $\lambda_{15}<\lambda_{30}<\lambda_{60}<\lambda_{90}$。一般在铭牌上标的是小时功率，即 P_{60}。

选择这种电动机时，如果实际工作时间等于上述标准时间则会很方便，只要按对应的工作时间与功率，由产品目录直接选用即可。

当电动机实际工作时间 t_{gx} 与标准值 t_g 不同时，应把 t_{gx} 下的功率 P_x 换算到 t_g 下的功率 P_g，再按 P_g 来进行电动机功率的选择。步骤如下：

1）选择标准运行时间 t_g 与实际运行时间 t_{gx} 相近的短时工作制电动机。

2）把实际运行时间 t_{gx} 下的负载功率 P_x 换算到标准运行时间 t_g 下的功率 P_g，换算公式为

$$P_g = \frac{P_x}{\sqrt{\frac{t_g}{t_{gx}} + k\left(\frac{t_g}{t_{gx}} - 1\right)}} \tag{6-30}$$

式中，k 为不变损耗（空载损耗）与额定负载下的可变损耗（铜耗）之比，$k = \frac{p_0}{p_{CuN}}$。

当 $t_{gx} \approx t_g$ 时，式（6-30）可近似化简为

$$P_g \approx P_x \sqrt{\frac{t_{gx}}{t_g}} \tag{6-31}$$

3）选择电动机的额定功率 $P_N > P_g$ 的短时工作制的电动机。

4）校验电动机的起动能力（对笼型三相异步电动机而言）。

6.4.2　选用工作制为 S1 的电动机

由于短时工作制的电动机的生产量较少，因而也常选用连续工作制的电动机拖动短时工作制的负载。从发热与温升的角度考虑，电动机在短时工作方式下输出的功率应该比连续工作方式下输出的功率大，这样才能充分发挥电动机的能力。或者说，预选电动机时要把短时工作制的负载功率折算到连续工作制上去。

设短时工作制的负载功率为 P_g，短时工作时间为 t_g，图 6-9 为短时工作时的功率和温度曲线图。这时，如果选择连续工作制电动机，使 $P_N > P_g$，显然在 $t = t_g$ 时，温升按曲线 1 只能达到 τ'_g，而达不到稳定后的最高温升 τ_m，即 $\tau'_g < \tau_m$，如图 6-9中的曲线 1 所示。从发热的观点看，这时电动机没有得到充分利用。

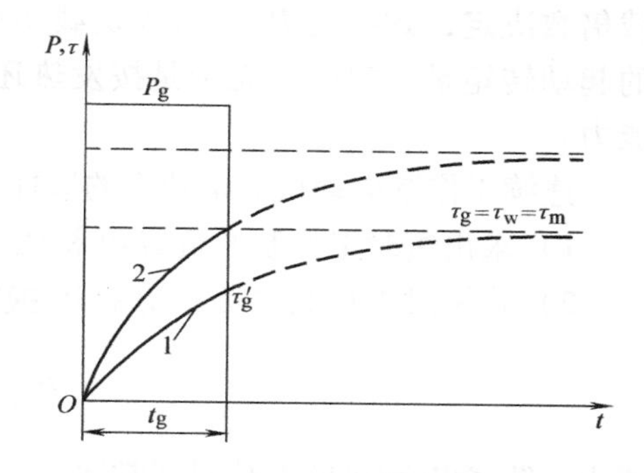

图 6-9　短时工作时的功率和温度曲线图

因此，在选用连续工作制的电动机时，应使 $P_N < P_g$，让电动机在工作时间 t_g 内过载运行，温升按图 6-9 中曲线 2 上升。若 P_N 选择得当，使得当 $t = t_g$ 时，电动机的温升 τ_g 刚好等于稳定温升 τ_w，也即等于由绝缘材料决定的电动机的最高允许温升 τ_m，即 $\tau_g = \tau_w = \tau_m$，这样，电动机在发热方面就得到了充分利用。选择连续工作制的电动机的依据是 $\tau_g = \tau_w = \tau_m$，经过一系列的推导、简化后，可得到按发热观点的功率过载倍数（又称热过载倍数）λ_Q 为

$$\lambda_Q = \frac{P_g}{P_N} = \sqrt{\frac{1 + k e^{-t_g/T_\theta}}{1 - e^{-t_g/T_\theta}}} \tag{6-32}$$

式中，k 为不变损耗与额定负载下的可变损耗之比，$k = \frac{p_0}{p_{CuN}}$；T_θ 为电动机的发热时间常数。可见，k 一定时，λ_Q 取决于 t_g/T_θ，随 t_g/T_θ 的减小而增大，其关系曲线如图 6-10 所示。

按发热观点可选额定功率大于$\frac{P_g}{\lambda_Q}$的连续工作制电动机，此时有

$$P_N \geqslant \frac{P_g}{\lambda_Q} \tag{6-33}$$

由图6-10可以看出，当t_g/T_θ减小到一定程度，将出现$\lambda_Q > \lambda_m$。此时如仍按发热观点选择P_N，过载能力就通不过，此时应从过载能力出发，按式（6-34）选择连续工作方式电动机的额定功率。这样，不但过载能力满足要求，发热也肯定可以通过，还有裕度。

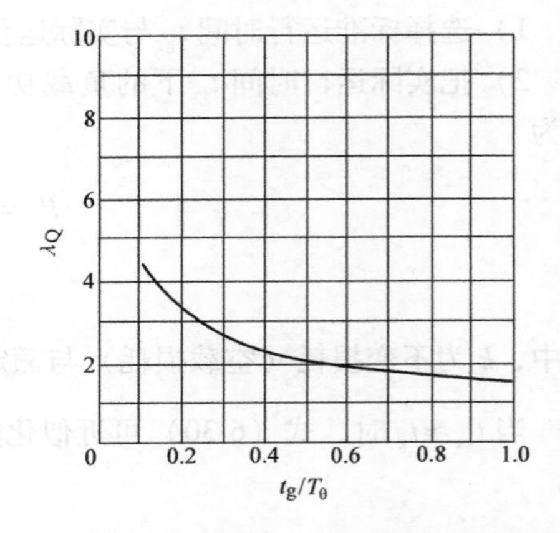

图6-10 当$k=1$时λ_Q与t_g/T_θ的关系曲线

$$P_N \geqslant \frac{P_g}{\lambda_m} \tag{6-34}$$

式中，λ_m为电动机的过载能力，$\lambda_m = \frac{T_{max}}{T_N}$。

短时工作期间负载功率变化时，若按发热观点选连续工作制的电动机，应先求等效功率，代替式中的P_g，此时还必须用最大负载功率来校验电动机的过载能力。一台电动机的最大允许输出是固定值，连续工作时电动机输出功率小，允许过载倍数较大，同一台电动机短时工作时输出功率增大，其允许过载倍数将下降，如电动机功率系按允许过载倍数决定，式中的P_g为最大负载功率，则不必进行过载能力的校验。笼型异步电动机的起动转矩是一定的，无论是按发热还是过载能力决定的电动机功率，都必须校验起动能力。

连续工作制电动机额定功率的选择步骤如下：

1）求出短时工作制的负载功率P_g。

2）将短时工作制的负载功率P_g换算成连续工作制的负载功率P_{gN}，换算公式为

$$P_{gN} = P_g \sqrt{\frac{1 - e^{-t_g/T_\theta}}{1 + k e^{-t_g/T_\theta}}} \tag{6-35}$$

式中，T_θ为电动机的发热时间常数，t_g为短时运行时间。

3）选择电动机的额定功率P_N，使$P_N \geqslant P_{gN}$。

4）校验电动机的起动能力和过载能力。由于异步电动机的起动转矩和最大转矩与定子电压的二次方成正比，校验时要计及供电电压波动的影响。

从式（6-35）可以看出，如果负载的实际工作时间t_g越短，从温升来看，选用的电动机的功率就越小，若$t_g < (0.3 \sim 0.4) T_\theta$时，按式（6-35）求得的$P_{gN}$将远小于$P_g$，发热问题不大。这时决定电动机额定功率的主要因素是电动机的过载能力和起动能力（对笼型异步电动机而言），因此可以直接由过载能力和起动能力选择电动机的额定功率。即首先按式（6-34）选择电动机的额定功率，然后再校验电动机的起动能力。

例6-3 一台电动机，额定功率$P_N = 11\text{kW}$，过载倍数$\lambda_m = 2.3$，发热时间常数$T_\theta = 30\text{min}$，额定负载时铁损耗与铜损耗之比$k = \frac{p_0}{p_{CuN}} = 0.7$，请校核下列两种情况下是否能用此

台电动机。

(1) 短时工作方式负载，$P_g=20\text{kW}$，$t_g=20\text{min}$；

(2) 短时工作方式负载，$P_g=22\text{kW}$，$t_g=10\text{min}$。

解：(1) $P_g=20\text{kW}$，$t_g=20\text{min}$ 时，校验能否应用。

折算成连续工作方式下负载功率 P_{gN} 为

$$P_{gN}=P_g\sqrt{\frac{1-e^{-\frac{t_g}{T_\theta}}}{1+ke^{-\frac{t_g}{T_\theta}}}}=20\times\sqrt{\frac{1-e^{-\frac{20}{30}}}{1+0.7\times e^{-\frac{20}{30}}}}\text{kW}=11.96\text{kW}$$

$$P_N=11\text{kW}<P_{gN}$$

发热通不过，不能运行。

(2) $P_g=22\text{kW}$，$t_g=10\text{min}$ 时，校验能否应用。

折算成连续工作方式下负载功率为

$$P_{gN}=P_g\sqrt{\frac{1-e^{-\frac{t_g}{T_\theta}}}{1+ke^{-\frac{t_g}{T_\theta}}}}=22\times\sqrt{\frac{1-e^{-\frac{10}{30}}}{1+0.7\times e^{-\frac{10}{30}}}}\text{kW}=9.56\text{kW}$$

$P_N=11\text{kW}>8.94\text{kW}$，发热通过。实际热过载倍数 λ_Q 为

$$\lambda_Q=\frac{P_g}{P_N}=\frac{22}{11}=2.0$$

$$\lambda_m=2.3>\lambda_Q$$

过载能力也通过，故可以应用。

6.4.3　选用工作制为 S3 的电动机

如果没有合适的专为短时工作制设计的电动机，也可采用断续周期工作制的电动机拖动短时工作制的负载，选择断续周期工作制电动机额定功率的方法如下。

首先根据负载的工作时间，选择相应的负载持续率，负载持续率 $ZC\%$ 与短时工作制负载的工作时间 t_g 的关系可近似为

$t_g=30\text{min}$ 相当于 $ZC\%=15\%$

$t_g=60\text{min}$ 相当于 $ZC\%=25\%$

$t_g=90\text{min}$ 相当于 $ZC\%=40\%$

然后根据 6.4.1 节中的步骤进行计算。

6.5　断续周期工作制下电动机额定功率的选择

在工业企业中，特别是冶金企业中，许多生产机械是在断续周期性工作制下工作的。为了满足大量生产机械的需要，有专为断续周期工作制设计的电动机。这类电动机的共同特点是：起动能力强，过载能力大，惯性小，机械强度好，绝缘等级高，临界转差率 s_m（对笼型异步电动机）设计得较高等。

对同一台具体的电动机，不同负载持续率 $ZC\%$ 时对应的额定功率不同，以国产的一台起重及冶金用绕线转子异步电动机为例，其型号及数据见表 6-8。

表6-8　断续周期工作制绕线转子电动机的型号与数据

型　　号	负载持续率(*ZC*%)(%)	电动机功率/kW	过载能力
YZR225	15	40	
	25	34	—
	40	30	3.3
	60	26	—
	100	22	—

表6-8中，过载能力一项仅给出 $ZC\% =40\%$ 时的过载能力，这是由于这台电动机的 T_{max} 是一个固定值，而 T_N 是随 $ZC\%$ 的改变而变化的，$ZC\%$ 越小，P_N 与 T_N 越大，过载能力就越低。

断续周期工作制下电动机功率的选择与连续工作制变化负载下电动机功率的选择相似，在一般情况下，也要经过预选及校验等步骤。即先根据负载初步确定负载持续率 $ZC\%$ 和负载功率的平均值 P_{zd}，预选电动机，做出电动机的负载图，进行发热、过载能力及必要时起动能力的校验。

如果实际的 $ZC_x\%$ 不等于标准的 $ZC\%$，则选与实际 $ZC_x\%$ 最接近的标准 $ZC\%$，再把 $ZC_x\%$ 下的功率 P_x 换算为 $ZC\%$ 的功率 P，换算公式为

$$P=\frac{P_x}{\sqrt{\dfrac{ZC\%}{ZC_x\%}+k\left(\dfrac{ZC\%}{ZC_x\%}-1\right)}} \tag{6-36}$$

当 $ZC\%\approx ZC_x\%$ 时，可化简为

$$P\approx P_x\sqrt{\frac{ZC_x\%}{ZC\%}} \tag{6-37}$$

如果 $ZC\%<10\%$，可按短时工作制选择电动机；如果 $ZC\%>70\%$，可按连续工作制选择电动机。

例6-4　电动机的负载图如图6-11所示，试按发热能力校验 YZR200L 型绕线转子异步电动机能否适用。该电动机在负载持续率 $ZC\% =25\%$ 时，额定功率 $P_N=18.5\text{kW}$，额定转速 $n_N=700\text{r/min}$；假定电动机为他扇冷式，而且在不同输出功率时，其功率因数不变。

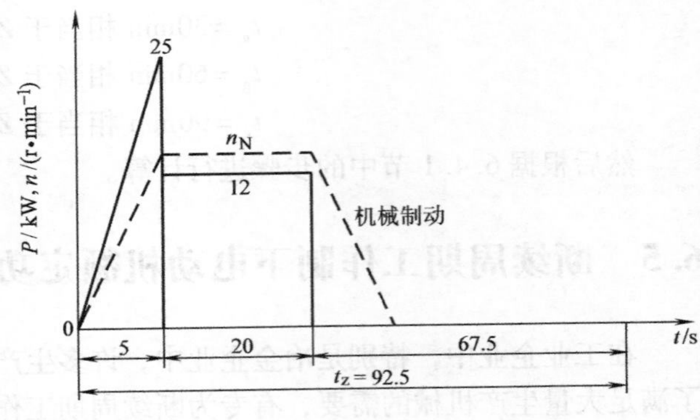

图6-11　例6-4附图

解：在第一阶段，负载为三角形，转速是变化的，故不能直接用等效功率法进行发热校验，必须进行修正

$$P_{dx1}=\frac{P_1}{\sqrt{3}}=\frac{25}{\sqrt{3}}\text{kW}=14.43\text{kW}$$

$$n_1 = \frac{n_N}{\sqrt{3}}$$

由于转速低于额定转速，第一阶段修正功率为

$$P_1' = \frac{n_N}{n_N} P_{dx1} = \frac{n_N}{n_1/\sqrt{3}} \frac{25}{\sqrt{3}} \text{kW} = 25\text{kW}$$

由于电动机是他扇冷却，在起动、制动和停歇过程不存在散热恶化问题，即 $\alpha = \alpha_0 = 1$。电动机在工作期间的等效功率为

$$P_{dx} = \sqrt{\frac{P_1'^2 t_1 + P_2^2 t_2 + P_3^2 t_3}{at_1 + t_2 + at_3 + a_0 t_0}}$$

$$= \sqrt{\frac{25^2 \times 5 + 12^2 \times 20}{5 + 20}} \text{kW} = 15.5\text{kW}$$

由于在机械制动过程中电动机断电，故停歇时间应包括制动时间，所以负载持续率为

$$ZC_x\% = \frac{t_g}{t_g + t_0} \times 100\% = \frac{5 + 20}{5 + 20 + 67.5} \times 100\% = 27\%$$

折算到标准持续率 $ZC\% = 25\%$ 时，等效功率为

$$P_{dx}' = P_{dx}\sqrt{\frac{ZC_x\%}{ZC\%}} = 15.5\sqrt{\frac{27\%}{25\%}} \text{kW} = 16.1\text{kW}$$

由于预选电动机的 $P_N > P_{dx}'$，电动机的发热校验通过。

6.6　选择电动机功率的统计法或类比法

对各国同类型先进的设备所选用的电动机功率进行统计和分析，找出电动机的功率和设备主要参数之间的关系，结合我国具体情况得出相应的计算公式，设计时按这些公式确定电动机的功率，称之为统计法：

1）车床用电动机功率（kW）

$$P = 36.5D^{1.54}$$

式中，D 为工件最大直径（m）。

2）立式车床用电动机功率（kW）

$$P = 20D^{0.88}$$

式中，D 为工件最大直径（m）。

3）摇臂钻床用电动机功率（kW）

$$P = 0.0646D^{1.19}$$

式中，D 为最大的钻孔直径（mm）。

4）外圆磨床用电动机功率（kW）

$$P = 0.1KB$$

式中，B 为砂轮宽度（mm）；K 为轴承系数，当主轴采用滚动轴承时，$K = 0.8 \sim 1.1$，当主轴采用滑动轴承时，$K = 1.0 \sim 1.3$。

5）卧式镗床用电动机功率（kW）

$$P = 0.004D^{1.7}$$

式中，D 为镗杆直径（mm）。

6）龙门铣床用电动机功率（kW）

$$P = \frac{B^{1.15}}{166}$$

式中，B 为工作台宽度（mm）。

另一种实用的方法为类比法，是在调查同类生产机械采用电动机的功率数值的基础上，通过类比方法，确定所选电动机的功率。

本章小结

本章的重点是电动机的选择，包括电动机的额定电压、额定转速、结构形式以及额定功率的选择，其中最重要的是额定功率的选择。电动机的额定功率与自身的发热和冷却密切相关，本章首先分析了电动机的发热和冷却过程，给出了电动机额定功率与所允许温升之间的关系。电动机所带负载以及运行情况是多种多样的，按照电动机工作时间的长短与发热和冷却情况的不同，电动机有九种工作方式（或称工作制）。其中连续工作制、短时工作制和断续周期工作制是三种基本工作方式。根据电动机的不同工作方式，按负载变化的生产机械负载图预选电动机功率，在绘制电动机负载图的基础上进行发热、过载能力及起动能力（笼型异步电动机）的校验。发热校验的方法有多种，计算公式都是以变化负载下电动机达到发热稳定循环时的平均温升等于或接近但小于绝缘材料所允许最高温升为条件推导出来的。常用方法有平均损耗法和等效法，等效法中又包括等效电流法、等效转矩法和等效功率法。对于难以确定负载图的生产机械，可以通过实验、实测或类比、统计等工程经验方法选择电动机的功率。

思考题与习题

6-1 电力拖动系统中电动机的选择主要包括哪些内容？

6-2 电动机运行时允许温升的高低取决于什么？

6-3 电动机的九种工作制是如何划分的？

6-4 选择电动机额定功率时，一般应校验哪些方面？

6-5 电动机的额度功率是如何确定的？环境温度长期偏离标准环境温度40℃时，应如何修正？

6-6 某连续工作制电动机的额定功率 $P_N = 11\text{kW}$，采用B级绝缘，不变损耗与额定可变损耗之比 $k = 0.75$，试问：当环境温度 $\theta_0 = 50℃$ 和 $\theta_0 = 30℃$ 时该电动机所能带动恒定连续负载的最大功率各是多少？

6-7 一台功率 P_N 为22kW、额定转速 n_N 为2940r/min的三相笼型异步电动机，现用它直接拖动离心式水泵，流量 $Q = 100\text{m}^3/\text{h}$，总扬程为50m，转速为2900r/min，泵的效率 $\eta_1 = 0.8$，问该电动机能否使用？

6-8 某生产机械采用四极绕线式异步电动机拖动，已知电动机的转矩曲线如图6-12所示，其中第一段是起动阶段，$T_{L1} = 250\text{N·m}$、$t_1 = 10\text{s}$；第二段是运行阶段，$T_{L2} = 150\text{N·m}$、$t_2 = 40\text{s}$；第三段也是运行阶段，$T_{L3} = 100\text{N·m}$、$t_3 = 50\text{s}$；第四段是制动阶段，$T_{L4} = -100\text{N·m}$、$t_4 = 15\text{s}$；制动完毕停歇时间 $t_5 = 20\text{s}$，再重复周期性地工作。试选择合适的电动机。

6-9 已知某生产机械的负载曲线如图6-13所示。已知 $t_1 = 20\text{s}$，$P_{L1} = 20\text{kW}$，$t_2 = 40\text{s}$，$P_{L2} = 12\text{kW}$，$t_3 = 40\text{s}$，$P_{L3} = 10\text{kW}$。拟用一台转速为1470r/min左右的笼型三相异步电动机拖动，试选择电动机的额定功率。

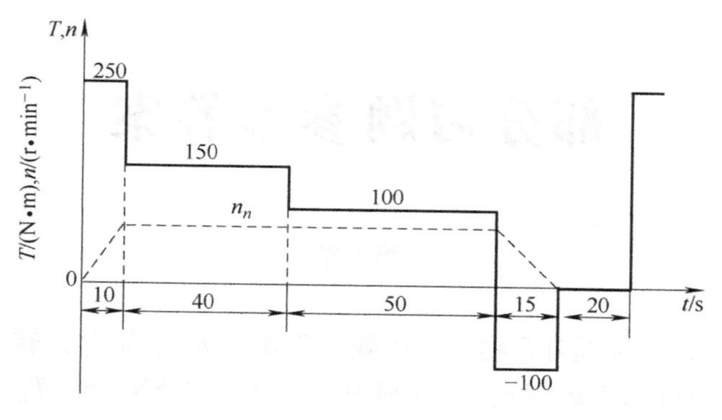

图 6-12　题 6-8 附图

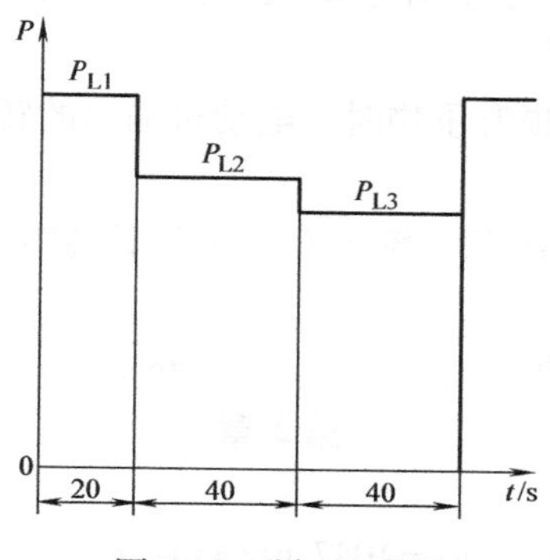

图 6-13　题 6-9 附图

6-10　某三相异步电动机，额定功率 $P_N = 15\text{kW}$，$n_N = 1460\text{r/min}$，过载倍数 $\lambda_m = 2.2$，发热时间常数 $T_\theta = 60\text{min}$，铁损耗与额定负载时的铜损耗之比 $k = \dfrac{p_0}{p_{CuN}} = 0.6$。现欲用它直接拖动恒转矩负载作短时运行，负载功率 $P_g = 18\text{kW}$，短时工作时间 $t_g = 20\text{min}$。请从发热和过载能力方面校核是否能用该电动机。

部分习题参考答案

第1章

1-8

（1）以速度 $v=0.3\mathrm{m/s}$ 提升重物时，负载（重物G及吊钩 G_0）转矩 T_L、卷筒转速 n_L、电动机输出功率 P_L 及电动机的转速 n_d 分别为：$T'_L=12\ 725\mathrm{N\cdot m}$，$T_L=353.53\mathrm{N\cdot m}$，$n_L=11.465\mathrm{r/min}$，$P_L=17.818\mathrm{kW}$，$n_d=481.5\mathrm{r/min}$

（2）负载的飞轮矩 GD_L^2 及折算到电动机轴上的系统总飞轮矩 GD^2 分别为：$GD_L^2=7.212\mathrm{N\cdot m^2}$，$GD^2=138.39\mathrm{N\cdot m^2}$

（3）以加速度 $a=0.1\mathrm{m/s^2}$ 提升重物时，电动机输出的转矩 $T_{总}$ 为：$T_{总}=412.76\mathrm{N\cdot m}$

1-9

（1）折算到电动机轴上的系统总飞轮矩 GD^2 及负载转矩 T_L 分别为：$GD^2=362.03\mathrm{N\cdot m^2}$，$T_L=473.6\mathrm{N\cdot m}$

（2）切削时电动机的输出功率 P_2 为：$P_2=11.48\mathrm{kW}$

第2章

2-9

（1）固有机械特性：$T_e=0$ 时，$n_0=1047.6\mathrm{r/min}$；$n=n_N=1000\mathrm{r/min}$ 时，$T_{eN}=56.28\mathrm{N\cdot m}$

（2）电枢回路串入 R_Ω 时的人为机械特性：$T_e=0$ 时，$n_0=1047.6\mathrm{r/min}$；$T_e=T_{eN}$时，$n=763.71\mathrm{r/min}$

（3）电枢电压 $U'=50\%U_N$ 时的人为机械特性：$U'=50\%U_N=50\%\times220=110\mathrm{V}$；$T_e=0$ 时，$n'_0=523.81\mathrm{r/min}$；$T_e=T_{eN}$时，$n=500.59\mathrm{r/min}$

（4）磁通 $\Phi'=80\%\Phi_N$ 时的人为机械特性：$T_e=0$ 时，$n''_0=1309.52\mathrm{r/min}$；$T_e=T_{eN}$时，$n=1264.2\mathrm{r/min}$

2-10

（1）固有机械特性：$T_e=0$ 时，$n_0=1103.86\mathrm{r/min}$；$n=n_N=1000\mathrm{r/min}$ 时，$T_{eN}=218.85\mathrm{N\cdot m}$

（2）转速 $n'=1100\mathrm{r/min}$ 时，电枢电流 I'_a 为：$I'_a=4.28\mathrm{A}$

（3）电压 U'降至200V，电枢电流 $I''_a=I_N=115\mathrm{A}$ 时的转速 n''为：$n''=899.6\mathrm{r/min}$

2-11

（1）直接起动的起动电流 I_{st}为：$I_{st}=220\mathrm{A}$

（2）如果 $I_{st}=2I_N$，采用降压起动时，所需的 U'为：$U'=18.5\mathrm{V}$；采用电枢串电阻起动时，应串入的电阻 R_{st}为：$R_{st}=2.473\Omega$

2-12

（1）计算各级起动时，电枢回路总电阻分别为：$R_1=0.686\Omega$，$R_2=1.194\Omega$，$R_3=2.077\Omega$

（2）各级起动时，电枢回路应串入的起动电阻分别为：$R_{st1}=0.292\Omega$，$R_{st2}=0.508\Omega$，$R_{st3}=0.883\Omega$

（3）各级起动时，电阻切除瞬间，电动机的转速分别为：①切除 R_3 瞬间：$n_3=469.9\text{r/min}$；②切除 R_2 瞬间：$n_2=740.2\text{r/min}$；③切除 R_1 瞬间：$n_1=895.5\text{r/min}$

2-13

（1）各级起动总电阻分别为：$R_1=0.0556\Omega$，$R_2=0.0965\Omega$，$R_3=0.1677\Omega$，$R_4=0.2913\Omega$

（2）各级分段起动电阻分别为：$R_{st1}=0.0236\Omega$，$R_{st2}=0.0405\Omega$，$R_{st3}=0.0712\Omega$，$R_{st4}=0.1236\Omega$

2-14

（1）采用能耗制动时，电枢应串入的最小电阻 $R_{min}=0.763\Omega$

（2）采用电压反接的反接制动时，电枢应串入的最小电阻 $R'_{min}=1.643\Omega$

2-15

（1）电动机以 $n'=800\text{r/min}$ 提升重物时，电枢回路应串入的电阻 $R_\Omega=0.426\Omega$

（2）断开电源，在电枢回路串入 $R_\Omega=2\Omega$ 时，电动机的稳定转速 $n''=-1020.2\text{r/min}$

（3）若以 $n'''=-1200\text{r/min}$ 下放重物，有以下几种方法：①能耗制动运行时，$R_\Omega=2.38\Omega$；②反向回馈制动运行时，$R_\Omega=0.068\Omega$；③转速反向的反接制动运行时，$R_\Omega=4.7\Omega$

2-16

（1）吊起重物后，停在空中 $n'=0$，实现方法为：采用在电枢回路串电阻调速，$R_\Omega=2.47\Omega$

（2）$n''=510\text{r/min}$，电枢反接 $U''=-U_N$，稳定时的转速 $n'''=-126\text{r/min}$

2-17

（1）能耗制动，电枢串入 $R_\Omega=0.5\Omega$，$I_a=I_N$ 时的转速 $n'=-862.7\text{r/min}$

（2）回馈制动时，$I_a=I_N$，$R_\Omega=0$ 时的转速 $n''=1156.9\text{r/min}$

（3）上述两种情况下，电动机的输入功率 P_1 和轴上输出功率 P_2 分别为：①能耗制动运行时，$P_1=0$，$P_2=56.29\text{kW}$；②回馈制动时，$P_1=70.4\text{kW}$；$P_2=75.487\text{kW}$

2-18

（1）采用调压调速时的调速范围 $D=2.64$

（2）采用电枢串电阻调速时的调速范围 $D=1.14$

2-19

（1）调速范围 $D=\dfrac{n_{max}}{n_{min}}=\dfrac{1200}{400}=3$

（2）低速下工作时的电源电压 $U'=193.93\text{V}$

（3）最低转速机械特性的静差率 $\delta=15.4\%$

2-20

（1）$\Phi'=\dfrac{1}{3}\Phi_N$ 时，稳定转速 n'和电枢电流 I'_a 分别为：$I'_a=630\text{A}$，$n'=1251.97\text{r/min}$

（2）因为 $n'\gg n_N, I'_a\gg I_{aN}$，所以电动机不能长期运行。

2-21

（1）D=5 时，采用调压调速时的最低转速 n_{min}和低速时的 δ 分别为：$n_{min}=300\text{r/min}$，$\delta=39.1\%$

（2）$\delta = 25\%$，采用调压调速时的最低转速 n_{min} 和调速范围 D 分别为：$n_{min} = 576.9\text{r/min}$，$D = 2.6$

2-22

若负载转矩增大为原来的四倍，则 $I'_a = 2I_{aN} = 20\text{A}$，$n' = 495.4\text{r/min}$

第 3 章

3-11

（1）额定转矩 $T_N = 30.75\text{N} \cdot \text{m}$

（2）最大转矩 $T_{max} = 71.2\text{N} \cdot \text{m}$

（3）过载能力 $\lambda_m = 2.32$

（4）临界转差率 $s_m = 0.21$

3-12

（1）简化实用表达式：$T_e = \dfrac{2747.2}{\dfrac{s}{0.145} + \dfrac{0.145}{s}}$

（2）较准确的实用表达式：$T_e = \dfrac{3145.5}{\dfrac{s}{0.145} + \dfrac{0.145}{s} + 0.29}$

（3）机械特性曲线（略）

3-13

（1）直接起动时，$T_{st} = 732.2\text{N} \cdot \text{m}$，$I_{st} = 1654.4\text{A}$

（2）串入 R'_{st} 起动时，$T_{st} = 3193.7\text{N} \cdot \text{m}$，　$I_{st} = 1116.8\text{A}$

（3）定子串入 X_{st} 起动时，$T_{st} = 204.6\text{N} \cdot \text{m}$，$I_{st} = 874.5\text{A}$

3-14

（1）直接起动时，$I_{st} = 348\text{A}$，$T_{st} = 202.158\text{N} \cdot \text{m}$；因为 $I_{st} > I_{st1}$，所以不能采用

（2）Y-△起动时，$I'_{st} = 116\text{A}$，$T'_{st} = 67.39\text{N} \cdot \text{m}$；因为 $T'_{st} < T_{st1}$，所以不能采用

（3）定子串电抗器起动时，因为限定 $I_{st1} = 150\text{A}$，所以 $T'_{st} = 37.4\text{N} \cdot \text{m}$，而 $T'_{st} < T_{st1}$，故不能采用

（4）采用自耦变压器起动：①选用 55% 的抽头时，$I'_{st} = 105.27\text{A}$，$T'_{st} = 61.15\text{N} \cdot \text{m}$，因为 $T'_{st} < T_{st1}$，所以不能采用；②选用 64% 的抽头时，$I'_{st} = 142.5\text{A}$，$T'_{st} = 82.80\text{N} \cdot \text{m}$，因为 $I'_{st} < I_{st1}$，$T'_{st} > T_{st1}$，所以可以采用 64% 抽头；③选用 73% 的抽头时，$I'_{st} = 185.45\text{A}$，因为 $I'_{st} > I_{st1}$，所以不能采用 73% 的抽头

3-15

（1）各级起动时，转子回路的总电阻分别为：$R_{Z1} = 0.113\Omega$，$R_{Z2} = 0.189\Omega$，$R_{Z3} = 0.318\Omega$，$R_{Z4} = 0.534\Omega$

（2）各级起动时，转子回路串入的电阻分别为：$R_{st1} = 0.046\Omega$，$R_{st2} = 0.076\Omega$，$R_{st3} = 0.129\Omega$，$R_{st4} = 0.216\Omega$

3-16

（1）额定运行时的 P_e、s_N、n_N 和 T_e 分别为：$P_e = 155.86\text{kW}$；$s_N = 0.0141$，$n_N = 1479\text{r/min}$，$T_e = 992.7\text{N} \cdot \text{m}$

（2）T_e 不变，转子串入 R'_Ω 时，电动机的 s、n 和 p_{Cu2} 分别为：$s = 0.1226$，$n = 1316\text{r/min}$，

$p_{Cu2} = 19.108kW$

（3）临界转差率：①转子不串电阻时，$s_m = 0.1077$；②转子回路串入 R'_Ω 时，$s_m = 0.936$

（4）欲使 $T_{st} = T_{max}$，应使 $s_m = 1$，则 $R'_\Omega = 0.1077\Omega$

3-17

转子回路应串入的电阻 $R_\Omega = 0.5552\Omega$

3-18

（1）转差率：$s_1 = 0.1004$，$s_2 = 0.1769$，$s_3 = 0.3297$

（2）转速：$n_1 = 899.6r/min$，$n_2 = 823.1r/min$，$n_3 = 670.3r/min$

（3）调速范围：$D_1 = 1.085$，$D_2 = 1.186$，$D_3 = 1.456$

（4）静差率：$\delta_1 = 0.1$，$\delta_2 = 0.177$，$\delta_3 = 0.33$

3-19

（1）提升重物时电动机的转速 $n = 965r/min$

（2）$n' = -280r/min$ 时，需在转子回路串入的电阻 $R'_\Omega = 0.747\Omega$

（3）$n'' = 0$ 时，需在转子回路串入电阻 $R''_\Omega = 0.579\Omega$

第 5 章

5-1

（1）电动机串电阻分级起动最少级数 m 及电阻值分别为：$m = 3$；$R_1 = 0.212\Omega$，$R_2 = 0.451\Omega$，$R_3 = 0.958\Omega$；$R_{st1} = 0.112\Omega$，$R_{st2} = 0.239\Omega$，$R_{st3} = 0.507\Omega$

（2）总起动时间 $t = 1.54s$

5-2

（1）能耗制动：①能耗制动停车时间（位能负载和反抗性负载）$t_{BK} = 0.27s$；②拖动位能性负载，到达稳态时的时间 $t = 0.86s$

（2）反接制动：①反接制动停车时间（两者一样）$t'_{Bk} = 0.189s$；②到达稳态值的时间 $t = 1.943s$

（3）上述停车过程的 $n = f(t)$ 曲线（略）

5-3

（1）制动电流为 $2I_N$ 时的 $R_B = 6.225\Omega$

（2）位能性负载在 R_B 时的 $n = f(t)$ 和 $T = f(t)$ 分别为：$n = -1963.78 + 2984.28e^{-2.24t}$，$T_e = 45.84 + 68.75e^{-2.24t}$

第 6 章

6-6

（1）$\theta_0 = 50℃$ 时，$P = 9.873kW$

（2）$\theta_0 = 30℃$ 时，$P = 12.022kW$

6-7

因为 $P_N = 22kW > P_L = 17.2kW$，所以该电动机可以使用

6-8

（1）等效转矩 $T_{dx} = 142.24N \cdot m$

（2）按照 $T_N \geqslant T_{dx}$ 的要求，选择 YR200L2－4 型绕线式异步电动机，$P_N = 22kW$，$n_N =$

1465r/min，过载倍数 $\lambda_m = 3.0$，额定转矩 $T_N = \dfrac{9550P_N}{n_N} = 143.4\text{N}\cdot\text{m}$

（3）再校验其短时过载能力：$\lambda_m T_N = 430.2 > 250\text{N}\cdot m$，故过载能力也符合要求

6-9

（1）等效功率 $P_L = 13.327\text{kW}$

（2）根据等效功率，预选 Y160L－4 型三相异步电动机 $P_N = 15\text{kW}$，起动转矩倍数 $K_{st} = 2.2$，过载能力 $\lambda_m = 2.3$

（3）校验过载能力：因为转速近似不变，所以可直接用功率校验过载能力：$\lambda_m P_N = 2.3 \times 15\text{kW} = 34.5\text{kW} > P_{L1} = 20\text{kW}$，即 $T_{max} > T_{L1}$，过载能力合格

6-10

（1）因为 $P_N = 11\text{kW} > P_{gN} = 8.016\ \text{kW}$，所以发热校核通过。

（2）因为 $\lambda_m = 2.2 > \lambda_Q = 1.64$，所以过载能力校核通过

故该电动机可以使用

参考文献

[1] 许实章. 电机学 [M]. 北京: 机械工业出版社, 1996.
[2] 汤蕴璆, 等. 电机学 [M]. 3 版. 北京: 机械工业出版社, 2008.
[3] 李发海, 等. 电机与拖动基础 [M]. 3 版. 北京: 清华大学出版社, 2005.
[4] 许建国. 电机与拖动基础 [M]. 北京: 高等教育出版社, 2004.
[5] 顾绳谷. 电机及拖动基础 [M]. 4 版. 北京: 机械工业出版社, 2008.
[6] 张连仲. 电机与电气传动基础 [M]. 北京: 兵器工业出版社, 1997.
[7] 周绍英. 电力拖动 [M]. 北京: 冶金工业出版社, 1990.
[8] 戴文进. 电力拖动 [M]. 北京: 电子工业出版社, 2004.
[9] 魏炳贵. 电力拖动基础 [M]. 北京: 机械工业出版社, 1993.
[10] 赵昌颖, 等. 电力拖动基础 [M]. 哈尔滨: 哈尔滨工业大学出版社, 1996.
[11] 刘凤春. 电机与拖动 MATLAB 仿真与学习指导 [M]. 北京: 机械工业出版社, 2008.
[12] 洪乃刚. 电力电子、电机控制系统的建模和仿真 [M]. 北京: 机械工业出版社, 2010.
[13] 张爱玲. 电力拖动与控制 [M]. 北京: 机械工业出版社, 2010.
[14] 赵颖. 电机与电力拖动 [M]. 北京: 国防工业出版社, 2006.
[15] 汤天浩. 电机及拖动基础 [M]. 北京: 机械工业出版社, 2008.
[16] 刘锦波. 电机与拖动 [M]. 北京: 清华大学出版社, 2006.
[17] 周定颐. 电机与电力拖动 [M]. 北京: 机械工业出版社, 2007.
[18] 曹承志. 电机、拖动与控制 [M]. 北京: 机械工业出版社, 2000.